# KUHMINSA

한 발 앞서나가는 출판사, **구민사**

## 구민사 출간도서 中 수험서 분야

- 용접
- 자동차
- 조경/산림
- 품질경영
- 산업안전
- 전기
- 건축토목
- 실내건축
- 기술사
- 기계
- 금속
- 환경
- 보일러
- 가스
- 공조냉동
- 위험물

전국 도서판매처

- 일산남부서점
- 안산대동서적
- 대전계룡서점
- 대구북앤북스
- 대구하나도서
- 포항학원사
- 울산처용서림
- 창원그랜드문고
- 순천중앙서점
- 광주조은서림

# 자격증 시험 접수부터 자격증 수령까지!

### 필기 원서 접수
큐넷(www.q-net.or.kr)
필기 시험은 회원 가입 후 인터넷 접수만 가능
(사진 파일, 접수비(인터넷 결제) 필요)
응시자격 요건 반드시 확인

### 필기시험
입실 시간 미준수 시 시험 응시 불가
준비물 : 수험표, 신분증, 필기구 지참

### 필기 합격 확인
큐넷(www.q-net.or.kr)
사이트에서 확인

### 실기 원서 접수
큐넷(www.q-net.or.kr)
응시 자격 서류는 실기시험 접수기간(4일 내)에
제출해야만 접수 가능

# KUHMINSA

전문가를 위한 첫걸음, 구민사는 그 이상을 봅니다!

### 실기 시험
필답형과 작업형으로 분류
원서 접수 시 선택한 장소와 시간에 맞게 시험을 봅니다.
준비물 : 수험표, 신분증, 필기구 지참

### 최종합격 확인
큐넷(www.q-net.or.kr)
사이트에서 확인

### 자격증 신청
인터넷으로 신청
(수첩형 자격증의 경우 내방신청 폐지 예정)

### 자격증 수령
상장형 자격증은 인터넷으로 합격자발표당일부터 발급 가능
수첩형 자격증은 인터넷 신청 후 우편수령만 가능(등기비용 발생)

## D-DAY 60 에너지관리산업기사 실기 D-60일 합격 플랜

(위의 플랜은 가장 이상적인 것이므로 참고하여 개인의 입장과 일정에 맞춰 준비하시기 바랍니다.)

| 월요일 | 화요일 | 수요일 | 목요일 | 금요일 | 토요일 | 일요일 |
|---|---|---|---|---|---|---|
| D-60 | D-59 | D-58 | D-57 | D-56 | D-55 | D-54 |
| PART 01. 이론편 ||||||||
| D-53 | D-52 | D-51 | D-50 | D-49 | D-48 | D-47 |
| PART 02. 실기편(CHAPTER 01~05) |||||||
| D-46 | D-45 | D-44 | D-43 | D-42 | D-41 | D-40 |
| PART 02. 실기편(CHAPTER 01~05) |||||||
| D-39 | D-38 | D-37 | D-36 | D-35 | D-34 | D-33 |
| PART 02. 실기편 과년도 문제 풀이 |||||||
| D-32 | D-31 | D-30 | D-29 | D-28 | D-27 | D-26 |
| 복습 |||||||

## D-DAY 60 놓친 부분 다시보기

| 월요일 | 화요일 | 수요일 | 목요일 | 금요일 | 토요일 | 일요일 |
|---|---|---|---|---|---|---|
| D-25 | D-24 | D-23 | D-22 | D-21 | D-20 | D-19 |
|  |  | 이론복습 (O/X) |  |  |  | 문제풀이 (O/X) |
| D-18 | D-17 | D-16 | D-15 | D-14 | D-13 | D-12 |
|  |  | 이론복습 (O/X) |  |  |  | 문제풀이 (O/X) |
| D-11 | D-10 | D-9 | D-8 | D-7 | D-6 | D-5 |
|  |  | 이론복습 (O/X) |  |  |  | 문제풀이 (O/X) |
| D-4 | D-3 | D-2 | D-1 |  |  |  |
|  |  | 이론복습 (O/X) |  |  |  |  |

**시험장 가기 전에 Tip**

**Q** 계산기를 따로 가져가야 하나요?
**A** 시험을 치르는 PC에 설치된 계산기를 이용하실 수 있습니다.(개인 계산기 지참 가능)

**Q** PC로 시험을 치르면 종이는 못 쓰나요?
**A** 시험장에서 필요한 사람에 한해 종이를 제공합니다. 시험장마다 상황이 다를 수 있으니 전화로 해당 시험장의 상황을 파악해보시길 권장합니다. 이 때 시험이 끝나고 종이 반납은 필수입니다.

# Preface 머리말

최근 주변 선진국에서 국가발전의 주요 정책의 일환으로 에너지 절약기술의 개발, 보급, 대체 에너지 개발 등에 관한 고도의 기술을 추진함으로써 에너지관리산업기사가 절실하게 요구되고 있는 실정에 있다.

이에 본서는 시대의 상황에 발맞추어 전문적인 에너지관리산업기사의 배출을 위한 정보를 철저히 파악하고 국가기능검정에 기출되었던 문제를 철저히 분석하여 수험생 여러분이 가장 쉽고 짧은 시간 내에 자격증을 취득할 수 있도록 이론과 실기편을 나누어 각 장을 정리하였고 스스로 독학을 할 수 있게끔 이해식의 방법으로 요점을 수록하였다. 이론은 단기간에 습득하도록 기초적인 부분을 정리하였고 작업형인 실기부분은 실무를 중요시 하는 출제기준을 따라 문제를 파악하고 해설을 수록하여 수험자의 이해를 도왔다.

아울러 시험을 대비하는 수험생들의 적극적인 사고로 본서 한 권만으로 국가기술자격의 벽을 충분히 해결하리라 믿는 바, 뜻깊은 갈채를 보내며 끝으로 내용 중 미비된 점이 있을 시 지적하여 구민사 홈페이지에 올려주시면 부분적인 내용을 수정, 보완할 것이다. 이 책이 나오기까지 아낌없이 도움을 주신 도서출판 구민사 조규백 대표님과 관계 직원분들께 감사드린다.

저자 **안동칠, 장영오**

# Contents 목차

## PART 01 이론편

### 01. 보일러의 기초 이론 ... 02
- 01. 보일러 용량 및 효율 계산 ... 02
- 02. 냉동기초이론 ... 15

### 02. 보일러의 개요 및 분류 ... 19
- 01. 보일러(Boiler)의 개요 및 분류 ... 19
- 02. 원통형 보일러(cylindrical boiler)의 구조 및 특성 ... 19
- 03. 수관식 보일러(water tube boiler)의 구조 및 특성 ... 24
- 04. 주철제 보일러(section boiler) ... 29
- 05. 특수 열매체 보일러 ... 30
- 06. 간접 가열 보일러 ... 30

### 03. 보일러 부속설비 및 부속품 ... 31
- 01. 급수장치 ... 31
- 02. 송기장치 ... 34
- 03. 폐열 회수장치(여열장치) ... 43
- 04. 안전장치 및 부속품 ... 45
- 05. 기타 부속품 ... 52
- 06. 기타 부속 장치 ... 57

### 04. 연소장치 ... 62
- 01. 액체연료의 연소 장치 ... 62
- 02. 연소계산 ... 67
- 03. 통풍장치 및 집진장치 ... 74
- 04. 보일러 자동제어 ... 81

| | |
|---|---:|
| 05. 기타 장치 및 부품의 종류 및 개요 | 85 |
| **06. 단열재·보온재·내화물·열전달** | **94** |
| 01. 단열재 | 94 |
| 02. 보온재의 종류 | 96 |
| 03. 내화물(로재) | 99 |

## PART 02 필답실기편

| | |
|---|---:|
| **01. 보일러의 출력 계산** | **106** |
| 01. 열의 이동(temperature) | 106 |
| 02. 보일러의 출력계산 | 108 |
| 03. 열정산 | 112 |
| **02 온수난방설비** | **118** |
| 01. 온수난방의 특징 및 개요 | 118 |
| 02. 순환수두의 계산 | 123 |
| 03. 팽창 탱크 설치 및 특징 | 124 |
| 04. 팽창 탱크의 용량계산 | 126 |
| 05. 공기방출기 | 127 |
| 06. 방열기 쪽수의 계산 | 128 |
| **03. 도면해독 및 작성** | **139** |
| 01. 보일러시공 도면 도시법 | 139 |
| 02. 온수온돌 시공순서 | 143 |
| 03. 보일러의 구비조건 | 149 |
| 04. 보온재 종류 및 특성 | 150 |
| 05. 보온시공법 | 151 |

## Contents 목차

**PART 02**
**필 답 실 기 편**

**04. 공작용 공구 및 접합** — 159
- 01. 강관용 공구 — 159
- 02. 동관용 공구 — 162
- 03. 연관용 공구 — 164
- 04. 주철관용 공구 — 164
- 05. 관의 접합 및 벤딩 — 165

**05. 배관 재료** — 174
- 01. 강관 — 174
- 02. 동관 — 174
- 03. PE 파이프[고밀도 폴리에틸렌관(XL-pipe)] — 175
- 04. PB 파이프 — 175
- 05. PP-C관 — 175
- 06. 스테인리스관 — 175
- 07. 관의 이음쇠 — 176
- 08. 신축 이음 — 178
- 09. 밸브의 종류 — 180
- 10. 여과기, 유수분리기, 화염검출기, 저수위경보장치 — 182
- 11. 관 지지기구 — 185
- 12. 밀봉 재료 — 188

## 06. 통풍장치　　　　　　　　　　　　　　　195
01. 통풍(Draught)　　　　　　　　　　　　195
02. 송풍기　　　　　　　　　　　　　　　197
03. 댐퍼(Damper)　　　　　　　　　　　　198
04. 집진장치　　　　　　　　　　　　　　198
05. 매연　　　　　　　　　　　　　　　　199

## 07. 보일러 설치·시공 기준　　　　　　　206
01. 보일러 설치·시공 기준　　　　　　　　206
02. 보일러 설치검사 기준 및 계속사용검사 기준　　220
03. 온수 보일러 설치·시공 기준　　　　　　226
04. KS 배관 도시기호　　　　　　　　　　234
05. 도면 해독　　　　　　　　　　　　　　245

## 08. 실기도면 실습　　　　　　　　　　　250

## 09. 실기작업형 공개도면　　　　　　　　258

## 10. 에너지관리산업기사 실기(필답) 예상문제　　284

## 11. 에너지관리산업기사 과년도 복원 문제　　346

# Construct 구성

## 01. 핵심이론 수록

에너지관리산업기사 실기 이론의 핵심만을 정리하였습니다.
또한 풀컬러 사진으로 이해를 도왔습니다.

## 02. 필답형 예상문제 수록

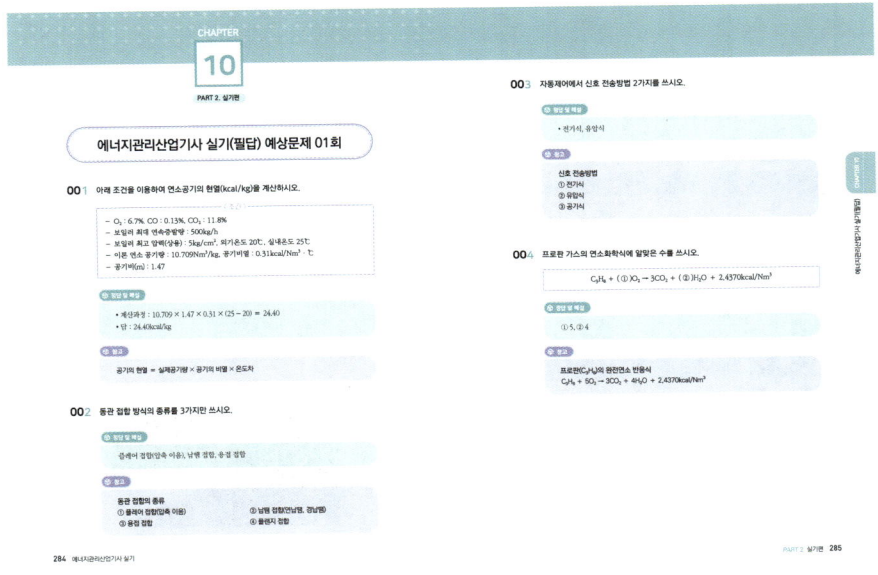

에너지관리산업기사 실기 필답형 예상문제와 해설을 각 챕터별로 수록하였습니다.

# Construct 구성

## 03. 도면해독 및 작성

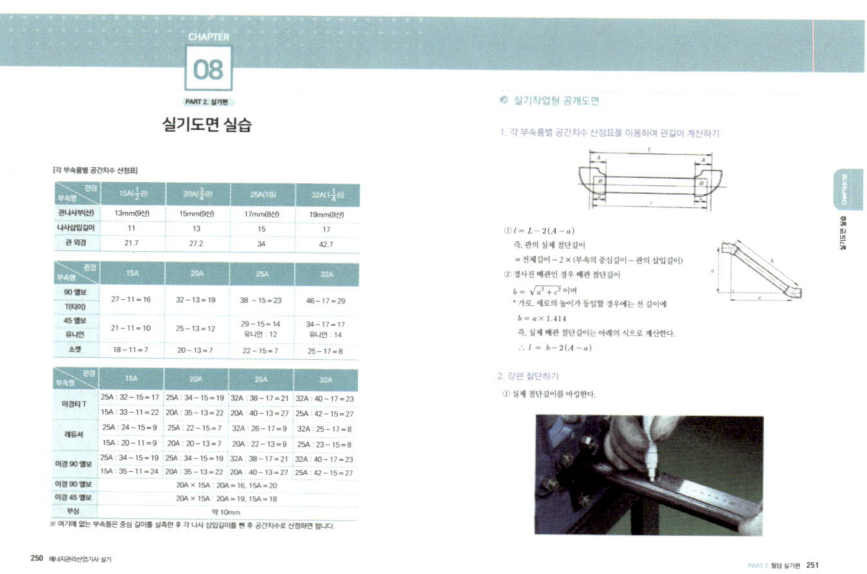

- 작업형 실기또한 풀컬러로 수록하여 이해를 도왔습니다.
- 실기 도면을 수록하였습니다.

## [지급재료 목록]

| 일련번호 | 재료명 | 규격 | 단위 | 수량 | 비고 |
|---|---|---|---|---|---|
| 1 | 강관(SPP) 흑관 | 25 A × 1200 | 개 | 1 | KS규격품 |
| 2 | 강관(SPP) 흑관 | 20 A × 1500 | 개 | 1 | KS규격품 |
| 3 | 동관경질, L형, 직관 | 15 A × 800 | 개 | 1 | KS규격품 |
| 4 | 90° 엘보(가단주철제)(백) | 20 A | 개 | 2 | KS규격품 |
| 5 | 90° 엘보(가단주철제)(백) | 25 A | 개 | 1 | KS규격품 |
| 6 | 90° 이경엘보(가단주철제)(백) | 25 A × 20 A | 개 | 2 | KS규격품 |
| 7 | 90° 이경엘보(가단주철제)(백) | 20 A × 15 A | 개 | 1 | KS규격품 |
| 8 | 45° 엘보(가단주철제)(백) | 20 A | 개 | 1 | KS규격품 |
| 9 | 이경티(가단주철제)(백) | 25 A × 20 A | 개 | 1 | KS규격품 |
| 10 | 레듀샤(가단주철제)(백) | 25 A × 20 A | 개 | 1 | KS규격품 |
| 11 | 동관용 어댑터(C × M형) | 황동제 15 A | 개 | 2 | KS규격품 |
| 12 | 동관용 엘보(C × C형) | 동관제 15 A | 개 | 2 | KS규격품 |
| 13 | 압력계(RF형) | 25 A(10 kgf/cm²) | 개 | 1 | KS규격품 |
| 14 | 플랜지 가스킷(비석면제) | 25 A 플랜지용(t1.5 mm) | 개 | 1 | KS규격품 |
| 15 | 육각 볼트, 너트(플랜지용) | M16 × 50 | 조 | 4 | KS규격품 |
| 16 | 실링 테이프 | t0.08 × 12 × 10,000 | R/L | 5 | |
| 17 | 인동납 용접봉 | B Cup – 3 (ϕ2.4 × 500) | 개 | 1 | |
| 18 | 봉세동관 브레징용 | 200 g | 통 | 1 | 30인 공용 |
| 19 | 고산화티탄계 아크 용접봉 | ϕ3.2 × 350 | 개 | 8 | KS : E4313 |
| 20 | 산소 | 120 kgf/cm²(내용적 40 L) | 병 | 1 | 30인 공용 |
| 21 | 아세틸렌 | 3 kg | | 1 | 30인 공용 |
| 22 | 절삭유(중절삭용) | 활성 극압유 (3.5 L) | 통 | 1 | 30인 공용 |
| 23 | 동력나사 절삭기 체이서 | 20 A 용 | 조 | 1 | 15인 공용 |
| 24 | 동력나사 절삭기 체이서 | 25 A 용 | 조 | 1 | 15인 공용 |

※국가기술자격 실기시험 지급재료는 시험종료 후(기권, 결시자 포함) 수험자에게 지급하지 않습니다.

| 자격종목 | 에너지관리산업기사 | 과제명 | 강판 및 동관조립 | 척도 | N.S |
|---|---|---|---|---|---|

[도면 1]

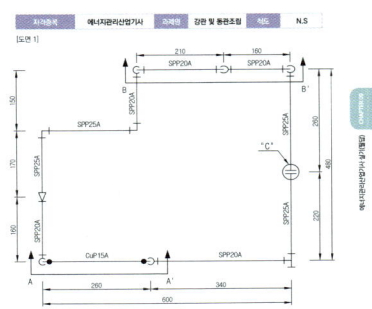

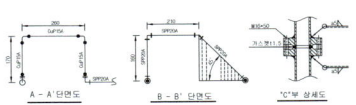

A – A′ 단면도    B – B′ 단면도    "C"부 상세도

# Information 시험정보

| 직무분야 | 환경·에너지 | 중직무분야 | 에너지·기상 | 자격종목 | 에너지관리산업기사 | 적용기간 | 2023.1.1.~ 2025.12.31 |
|---|---|---|---|---|---|---|---|
| 직무내용 | 에너지 관련 열설비에 대한 구조 및 원리를 이해하고 에너지 관련 설비를 시공, 보수·점검, 운영 관리하는 직무이다. ||||||||
| 수행준거 | 1. 보일러의 연소설비를 파악함으로써 에너지의 효율적 이용과 대기오염예방, 보일러의 안전연소를 관리할 수 있다.<br>2. 에너지원별 특성을 파악하여 보일러 및 관련 설비를 효율적으로 관리할 수 있다.<br>3. 보일러 및 흡수식 냉온수기 등과 관련된 설비를 안전하고 효율적으로 운전할 수 있다.<br>4. 보일러 및 관련 설비 취급 시 발생할 수 있는 안전사고를 사전에 예방할 수 있다.<br>5. 보일러의 스케일 및 부식 등을 방지하기 위하여 보일러수와 수처리 설비를 관리할 수 있다.<br>6. 보일러 설비의 효율적인 운영을 위하여 유체를 이송하는 배관설비를 설계도서에 따라 설치할 수 있다.<br>7. 보일러 운전 중에 발생할 수 있는 안전사고를 예방하기 위하여 안전장치를 정비할 수 있다.<br>8. 보일러 부속설비(수처리설비, 환경시설, 열회수장치 및 계측기기 등)를 설계도서에 따라 설치할 수 있다.<br>9. 보일러 부대설비(증기설비, 급탕설비, 압력용기, 열교환장치, 펌프 등)를 설계도서에 따라 설치할 수 있다.<br>10. 보일러 및 부속장치를 효율적으로 운영 관리할 수 있다.<br>11. 냉동기 및 부속장치를 효율적으로 운영 관리할 수 있다. ||||||||
| 실기검정방법 | 복합형 ||| 시험시간 ||| 4시간 30분 정도<br>(필답 1시간 30분, 작업 3시간 정도) ||

| 실기과목명 | 주요항목 | 세부항목 |
|---|---|---|
| 열설비 취급 실무 | 1. 보일러 연소설비 관리<br>1505020502_17v1 | 1. 연료공급설비 관리하기<br>2. 연소장치 관리하기<br>3. 통풍장치 관리하기 |
| | 2. 보일러 에너지 관리<br>1505020509_17v1 | 1. 에너지원별 특성 파악하기<br>2. 에너지효율 관리하기<br>3. 에너지 원단위 관리하기 |
| | 3. 보일러 운전<br>1505020505_17v1 | 1. 설비 파악하기<br>2. 보일러운전 준비하기<br>3. 보일러 운전하기<br>4. 흡수식 냉온수기 운전하기 |

| 실기과목명 | 주요항목 | 세부항목 |
|---|---|---|
| 열설비 취급 실무 | 4. 보일러 안전관리<br>1505020511_17v1 | 1. 법정 안전검사하기<br>2. 보수공사 안전관리하기 |
| | 5. 보일러 수질 관리<br>1505020503_17v1 | 1. 수처리설비 운영하기<br>2. 보일러수 관리하기 |
| | 6. 보일러 배관설비 설치<br>1505020409_18v2 | 1. 배관도면 파악하기<br>2. 배관재료 준비하기 |
| | 7. 보일러 안전장치 정비<br>1505020410_18v2 | 1. 보일러 본체 안전장치 정비하기<br>2. 연소설비 안전장치 정비하기<br>3. 소형 온수보일러 안전장치 정비하기 |
| | 8. 보일러 부속설비 설치<br>1505020407_18v2 | 1. 보일러 수처리설비 설치하기<br>2. 보일러 급수장치 설치하기<br>3. 보일러 환경설비 설치하기<br>4. 보일러 열회수장치 설치하기<br>5. 보일러 계측기기 설치하기 |
| | 9. 보일러 부대설비 설치<br>1505020408_18v2 | 1. 증기설비 설치하기<br>2. 급탕설비 설치하기<br>3. 압력용기 설치하기<br>4. 열교환장치 설치하기<br>5. 펌프 설치하기 |
| | 10. 보일러 설비운영<br>1505020322_16v2 | 1. 보일러 관리하기<br>2. 급탕탱크 관리하기<br>3. 증기설비 관리하기<br>4. 부속장비 점검하기<br>5. 보일러 운전전 점검하기<br>6. 보일러 운전중 점검하기<br>7. 보일러 운전후 점검하기<br>8. 보일러 고장시 조치하기 |
| | 11. 냉동설비 운영<br>1505020321_16v2 | 1. 냉동기관리하기<br>2. 냉동기·부속장치 점검하기<br>3. 냉각탑 점검하기 |

## 취득방법

① 시행처 : 한국산업인력공단
② 시험과목
　　- 필기 : 1. 열 및 연소설비  2. 열설비설치  3. 열설비운전  4. 열설비안전관리 및 검사기준
　　- 실기 : 열설비취급 실무
③ 검정방법
　　- 필기 : 객관식 4지 택일형 과목당 20문항(과목당 30분)
　　- 실기 : 복합형(필답형(1시간 30분, 60점) + 작업형(종합응용배관작업 3시간 정도, 40점)
④ 합격기준
　　- 필기 : 100점을 만점으로 하여 과목당 40점 이상, 전과목 평균 60점 이상
　　- 실기 : 100점을 만점으로 하여 60점 이상

## 출제경향

- 필기시험의 내용은 고객만족〉자료실의 출제기준을 참고바랍니다.
- 실기시험은 복합형(필답형 + 작업형)으로 시행되며 고객만족〉자료실의 출제기준을 참고바랍니다.
　에너지관리산업기사 - 에너지 사용설비 원리를 이용하여 설비 점검 및 진단과 에너지절약 기법을 활용하여, 손실요인 개선과 관리 능력을 평가(공개문제 참조)

## 시험수수료

- 필기 : 19,400원
- 실기 : 121,200원

# 에너지관리산업기사

구민사

Industrial
Engineer
Energy
Management

# PART 01

## 이론편

- **CHAPTER 01** 보일러의 기초 이론
- **CHAPTER 02** 보일러의 개요 및 분류
- **CHAPTER 03** 보일러 부속설비 및 부속품
- **CHAPTER 04** 연소 장치
- **CHAPTER 05** 기타 장치 및 부품의 종류 및 개요
- **CHAPTER 06** 단열재·보온재·내화물·열전달

# CHAPTER 01

PART 01. 이론편

# 보일러의 기초 이론

## 01. 보일러 용량 및 효율 계산

### 1. 온도(temperature)

#### (1) 섭씨 온도[℃](Centigrade)

표준 대기압(1.0332[kg/cm²]·760[mmHg])하에서 순수한 물의 빙점을 0, 끓는점을 100으로 하여 두 점 사이를 100 등분한 눈금 사이를 1[℃]라 한다.

#### (2) 화씨 온도[℉](Fahrenheit)

섭씨와 동일 조건하에 순수한 물의 빙점을 32, 끓는점을 212로 두 점 사이를 180등분한 눈금 사이를 1[℉]라 한다.

> **섭씨와 화씨와의 관계식**
>
> $\dfrac{℃}{100} = \dfrac{(℉-32)}{180}$ 에서
>
> ① $℃ = \dfrac{9}{5}(℉-32)$   ② $℉ = \dfrac{9}{5}℃+32$

#### (3) 절대 온도[K](Kelvin)

기체의 체적은 일정 압력하에서 1[℃] 강하하므로 0[℃]를 기준으로 할 때 그 상태체적이 $\dfrac{1}{273.15}$ (= 0.0037)씩 감소하며, 따라서 분자 운동 에너지가 0이 되는 -273.15[℃]를 절대 0도로 기준한 온도이다(섭씨의 절대 온도).

### (4) 절대 온도[R](Rankine)

화씨의 절대 온도로 K와 동일한 상태이며, 섭씨와 화씨의 등분차로 약속한 온도이다.

> 📦 **온도관계식**
>
> $R = K \times \dfrac{9}{5}$ 이므로 $R = K \times 1.8$, $K = \dfrac{5}{9} \times R$
>
> ① $K = ℃ + 273.15$　　　② $R = ℉ + 460$

## 2. 압력(Pressure)

압력이란 단위면적당 작용하는 수직방향의 힘을 말한다.

### (1) 표준 대기압(atm)

토리첼리의 진공 시험 압력으로 0[℃]의 수은주 760[mmHg]에 상당하는 압력이다.

> $P = rh = 13,595[kg/m^3] \times 0.76[m] = 10332[kg/m^2] = 1.0332[kg/cm^2]$
> $1[atm] = 760[mmHg] = 1.0332[kg/cm^2a] = 10.332[mH_2O] = 14.7[lb/in^2a]$
> 　　　　$= 1013[mbar] = 101325[N/m^2] = 101325[Pa] = 0.101325[MPa]$
> $P : 압력[kg/m^2]$　　$r : 비중량[kg/m^3]$　　$h : 높이[m]$

### (2) 공학 기압(at)

입력의 단위로 SI 단위는 아니다.

> $1[at] = 1[kg/cm^2] = 735.5[mmHg] = 10[mH_2O] = 14.2[psi] = 0.098[MPa] ≒ 0.1[MPa]$

### (3) 절대 압력(abs) (진공도 100[%])

완전 진공을 기준으로 계산된 압력(absolute)

> 절대 압력 = 대기압 + 게이지 압력 = 대기압 − 진공 게이지 압력

### (4) 게이지 압력(atg) (진공도 0[%])

대기압이 0으로 계산된 게이지가 측정한 압력

> 게이지 압력 = 절대 압력 – 대기 압력

## 3. 열량(heat quantity)

### (1) 열량의 분류

① Kcal : 순수한 물 1[kg]을 1[℃] 상승시키는 데 필요한 열량. 즉, 15℃[kcal]는 순수한 물 1[kg]을 표준 대기압하에서 14.5[℃]에서 15.5[℃]로 1[℃] 상승시키는 데 필요한 열량

② BTU(British Thermal Unit) : 순수한 물 1[lb]를 1[℉](60.5[℉]에서 61.5[℉]) 상승시키는 데 필요한 열량
1[kg] = 2.205[lb]이고, 1[℃] = 1.8[℉]이므로
∴ 1[kcal] = 2.205 × 1.8 = 3.968[BTU]

③ CHU(Centigrade Heat Unit) : 순수한 물 1[lb]를 1[℃](14.5[℃]~15.5[℃]) 상승시키는 데 필요한 열량
1[kcal] = 2.2045 = 2.205[CHU]

### (2) 열량의 단위 관계

> **동력의 단위(공률이라고도 한다)**
>
> HP(Horse Power), PS(Pferde Stärke), kW(Kilo Watt), kg·m/sec, ft·lb/sec 등이며 상호 관계는
> - 1[PS] = 75[kg·m/s] = 0.736kW
> - 1[HP] = 76[kg·m/s] = 0.746kW
> - 1[kW] = 102[kg·m/s] = 1kJ/s = 3600kJ/h

※ 1w = 1J/s(1kW = 1kJ/s = 1kN·m/s), 1kW = 3600kJ/h

## 4. 비열과(specific heat)와 열용량

어떤 물질 1[kg]을 1[℃]만큼 올리는 데 필요한 열량을 비열이라 하고 다음과 같이 표시한다.

## (1) 비열비

정압 비열과 정적 비열의 비를 말한다.

$$k = \frac{C_p}{C_v} > 1 \quad \text{공기의 경우 } k = 1.4$$

$C_p$(정압 비열) : 압력이 일정한 상태에서의 기체 비열

$C_v$(정적 비열) : 체적이 일정한 상태에서의 기체 비열

즉, $C_p > C_v$

## (2) 물질의 비열

물질마다 다르며 변화 온도에 대해서도 다르다.

① 물 : 1[kcal/kg℃] = 4.18[kJ/kg°K]

② 증기 : 0.44[kcal/kg℃] = 1.84[kJ/kg°K]

③ 공기 : 0.24[kcal/kg℃] = 1.01[kJ/kg°K]

④ 얼음 : 0.5[kcal/kg℃] = 2.1[kJ/kg°K]

## (3) 비열식

$$C = \frac{Q}{G(t_2-t_1)} \text{[kJ/kg°k]} \qquad Q = GC\triangle t \enspace \cdots\cdots\cdots\cdots \text{ 현열량}$$

$$C = \frac{Q}{G} \qquad\qquad\qquad\qquad Q = GC \enspace \cdots\cdots\cdots\cdots\cdots \text{ 열용량}$$

$C$ : 비열[kJ/kg°k]     $Q$ : 열량[kcal]     $G$ : 질량[kg]

$t_1$ : 처음 온도[℃]     $t_2$ : 나중 온도[℃]

$$\text{혼합(평균)온도}(\triangle t) = \frac{(G \times C \times t) + (G' \times C' \times t')}{(G \times C) + (G' \times C')}$$

## (4) 열용량[kJ/°k]

어떤 물질의 온도를 1[℃] 변화시키는 데 필요한 열량

❖ 질량이 동일할 때 열용량이 크면 비열이 크다.

> 열용량 = $G \times C$ [kJ/°K]
> $G$ : 질량[kg]　　　　　$C$ : 비열[kJ/kg°K]

## 5. 현열(감열)과 잠열

### (1) 현열(감열)

물질상태의 변화 없이 온도가 변화하는 데 필요한 열량

> $Q = G \cdot C \cdot \triangle t$

### (2) 잠열

온도의 변화 없이 상태가 변화하는 데 필요한 열량

> $Q = G \times$ 잠열
> ① 얼음의 융해 잠열 → 약 80[kcal/kg] 79.68(0[℃]에서) = 335[kJ/kg]
> ② 물의 증발 잠열 → 약 539[kcal/kg] 538.8(100[℃]에서) = 2256[kJ/kg]

## 6. 열의 이동

### (1) 열전달

① 전도

> $Q = \dfrac{\lambda \cdot A \cdot (t_1 - t_2)}{d}$ [kw] ················· (고체의 벽이 하나인 경우)
>
> $Q = \dfrac{A \cdot (t_1 - t_2)}{\dfrac{d_1}{\lambda_1} + \dfrac{d_2}{\lambda_2} + \dfrac{d_3}{\lambda_3}}$ [kw] ················· (고체의 벽이 2개 이상인 경우)
>
> $Q$ : 열량[kw]　$\lambda$ : 열전도율[kw/m°K]　$A$ : 면적[m²]　$d$ : 두께[m]
> $t_1$ : 고온측온도　$t_2$ : 저온측온도　$\alpha$ : 열전달률[kw/m²°K]

② 대류
  ㉠ 자연대류(natural convection) : 유체는 열을 받으면 밀도가 작아져 부력이 생기기 때문에 상승현상이 생겨 유체 스스로 대류 현상이 된다. 이러한 현상을 자연대류라 한다.
  ㉡ 강제대류(forced convection) : 송풍기나 배풍기 등으로 대류를 촉진시키는 것을 강제대류라 한다.

③ 복사(방사)
흑체로부터의 복사 전열량은 절대온도(T)의 4제곱에 비례한다.

$$Q = \varepsilon \cdot Cb \cdot A[(\frac{T_1}{100})^4 - (\frac{T_2}{100})^4] = 4.88 \times Cb \times A[(\frac{T_1}{100})^4 - (\frac{T_2}{100})^4]$$

$T_1$, $T_2$는 각각의 고온체와 저온체의 절대온도이다.
$A$ : 방사면적($m^2$)   $Cb$ : 흑체의 방사정수(4.88)

## (2) 대수평균온도차($\Delta tm$)

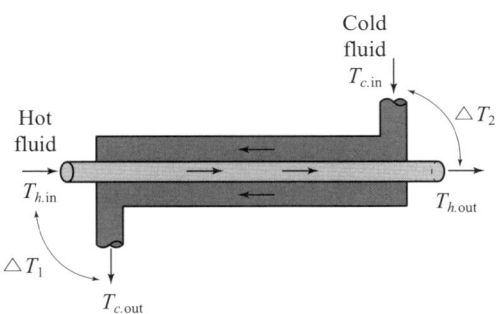

$$\therefore \Delta tm = \frac{\Delta T_1 - \Delta T_2}{\log \frac{\Delta T_1}{\Delta T_2}}$$

### (3) 열관류

열이 한 유체에서 벽을 통하여 다른 유체로 전달되는 현상으로 열통과라고도 한다.

$$Q = K \cdot A \cdot (t_1 - t_2) \text{ 에서}$$

$$K = \cfrac{1}{\cfrac{1}{\alpha_1} + \cfrac{d}{\lambda} + \cfrac{1}{\alpha_2}} \, [\text{kw/m}^2 {}^\circ\text{K}]$$

$$K = \frac{1}{R}$$

$$\therefore R = \cfrac{1}{\cfrac{1}{\alpha_1} + \cfrac{d}{\lambda} + \cfrac{1}{\alpha_2}} \, [\text{kw/m}^2 {}^\circ\text{K}]$$

$K$ : 열관류율[kw/m²°K]   $R$ : 열저항[m²·k/kw]

## 7. 보일러 열정산

### (1) 열정산(열수지)의 목적

① 열의 손실을 파악
② 열설비의 성능 능력을 파악
③ 조업방법을 개선
④ 열설비의 구축자료

### (2) 열정산 기준

① 단위 : kJ/kg, kJ/Nm³ 연료, kJ/s, kJ/t 백분율, kJ/kg 제품 등
② 기준온도 : 외기온도
③ 발열량 : 고위발열량(필요에 따라 저위발열량 - 사용 시는 뜻을 명확하게 명기)
④ 시험부하 : 정격부하
⑤ 시험 보일러 : 다른 보일러와 무관한 상태
⑥ 결과표시
　㉠ 입열 : 설비 내로 들어오는 에너지 및 발생된 열
　㉡ 출열 : 설비 내에서 외부 쪽으로 방출되는 에너지
　㉢ 순환열 : 설비 내에서의 순환하는 열

## (3) 열정산 방법

① 입열항목

㉠ 연료의 연소열(발열량)

㉡ 연료의 현열

㉢ 공기의 현열

$AC\Delta t = mA_0C(t_1 - t_2)$ [kcal/kg]

$A$ : 실제 공기량($mA_0$[Nm³/kg])

$m$ : 공기비($\dfrac{N_2}{N_2 - 3.76(O_2 - 0.5CO)}$), $\dfrac{N_2}{N_2 - 3.76O_2}$, $\dfrac{21}{21 - O_2}$

$A_0$ : 이론 공기량   $t_1$ : 실내 온도[℃]   $t_2$ : 외기 온도[℃]

㉣ 노내분입증기에 의한 입열

② 출열 항목

㉠ 유효 출열(발생증기 보유열)

㉡ 손실열

ⓐ 배기가스에 의한 손실열

ⓑ 불완전 연소에 의한 손실열

ⓒ 미연분에 의한 손실열

ⓓ 노벽방산에 의한 손실열

## (4) 측정방법

① 외기 온도

보일러실 외기 주위의 입구에서 측정한다.(공기예열기가 있는 경우 → 입구 측에서 측정)

② 연료량

㉠ 고체 연료 : 연소 직전에 계량(계량기 허용오차 ±1.5[%])

㉡ 액체 연료 : 중량 탱크, 용량 탱크, 체적식 유량계(허용오차 ±1.0[%])

㉢ 기체 연료 : 체적식, 오리피스 유량계(허용오차 ±1.6[%])

③ 급수량

중량 탱크, 용량 탱크, 체적식 유량계, 오리피스 유량계(허용오차 ±1.0[%]) 등으로 측정한다.

④ 급수온도 측정

   절탄기 입구에서 측정(절탄기가 없는 경우 보일러 몸체의 입구에서 측정)한다.

⑤ 발생 증기량 측정

   급수량에서 산정한다(시험 시 및 종료 시 보일러 수면이 다른 경우 보정한다).

⑥ 증기압력의 측정

   포화증기의 압력은 보일러동 또는 그에 상당하는 부분에서 측정한다.

⑦ 배기가스 온도 측정

   보일러의 최종 가열기의 출구에서 측정한다.

### (5) 측정 시간의 간격

① 기체 및 액체의 채취 : 시험시간 중 2회 이상

② 석탄 시료채취 : 시험시간 중 가능한 많은 횟수

③ 증기압력 및 온도, 급수온도 : 10~30분마다

④ 급수유량 : 5~30분마다

⑤ 공기 및 배기가스 등의 압력 및 온도 : 15~30분마다

⑥ 배기가스 시료채취 : 30분마다

### (6) 열계산의 기준

① 보일러 가동 후 같은 부하에서 배기가스 온도 변화가 없는 시간에서부터 시작(가동 후 1~2시간 이후에 측정)하고 측정시간은 2시간 이상

② 연료발열량 : B - C 중유는 9,750[kcal/kg]

③ 연료의 비중 : 0.963[kg/$l$]

④ 증기의 건도는 0.98로 한다.(단, 주철제는 0.97로 한다.)

⑤ 열계산은 사용한 연료 1[kg]에 대하여

⑥ 압력의 변동은 ±7[%] 이내로(증기 발생량의 변동은 ±15[%])

⑦ 측정은 10분마다 한다.

### (7) 열효율 향상 대책

① 손실열을 가급적 적게 한다.

② 장치의 설계조건과 운전조건을 일치시키도록 노력한다. 또 장치 개개에 대해서도 적정 연료, 적정 조업조건을 연구한다.

③ 전열량이 증가되는 방법을 취한다. 예를 들어 폐열회수에 의하여 급수 등을 예열하여 효율을 높인다.
④ 조업이 불연속식인 경우에는 축열로 인한 손실이 많으므로 될수록 연속으로 조업할 수 있게 한다.

## 8. 보일러 열효율

열효율이란 보일러 내에 공급된 총입열과 그에 따라 발생된 유효출열(발생증기 보유열)과의 비를 말한다.

### (1) 보일러 열효율($\eta$)

① 입·출열에 의한 계산

$$\eta = \frac{유효출열}{입열} \times 100$$

❖ 입열 = (Hl) + 공기현열 + 연료현열

$$\eta = \frac{G(h''-h)}{Gf \times (H + 공기현열 + 연료현열)} \times 100 \quad \therefore \eta = \frac{G(h''-h)}{Gf \times H} \times 100$$

② 손실열에 의한 계산

$$\eta = \frac{입열 - 손실열}{입열} \times 100 = \left(1 - \frac{손실열}{입열}\right) \times 100 [\%]$$

> **기타 열효율 산출공식**
>
> ① $\eta = \dfrac{Ge \times 539}{Gf \times H} \times 100[\%]$
>
> ② $\eta = 연소효율 \times 전열효율 \times 100[\%]$
>
> ③ $\eta = \dfrac{증발계수 \times G \times 539}{Gf \times H} \times 100[\%]$
>
> $G$ : 매시간당 실제증발량(kg/h)  $h''$ : 증기 엔탈피(kJ/kg)  $h'$ : 급수 엔탈피(kJ/kg)
> $Gf$ : 시간당 연료사용량(kg/h)  $Hh$ : 연료의 고위발열량(kJ/kg)
> $Hl$ : 연료의 저위발열량(kJ/kg)  $Ge$ : 상당 증발량(kg/h)

> **증발계수**
>
> $$\frac{(h'' - h')}{539}$$

## (2) 연소 효율($\eta_c$)

$$\eta_c = \frac{연소열}{공급열} \times 100$$

## (3) 전열 효율($\eta_f$)

$$\eta_f = \frac{유효출열}{연소열} \times 100$$

## 9. 보일러 용량

> **보일러의 크기**
>
> ① 정격용량  ② 정격출력
> ③ 보일러마력  ④ 전열면적
> ⑤ 상당방열면적(EDR)  ⑥ 상당증발량
> ⑦ 최대 연속 증발량

### (1) 보일러 열출력[kw]

1시간에 발생된 증기가 갖는 순수 열량

$$G \times (h'' - h') = Ge \times 539 [kcal/h]$$

$G$ : 실제 증발량(= 급수량)[kg]   $h''$ : 발생증기 엔탈피[kcal/kg]

$h'$ : 급수 엔탈피[kw/kg]   $Ge$ : 상당 증발량[kw]

> **온수 보일러의 경우**
>
> $$GC(t_1 - t_2)$$
>
> $G$ : 발생 온수량[kg]   $C$ : 온수 비열[kw/kg°K]   $t_1, t_2$ : 입구 및 출구 온도[℃]

## (2) 상당 증발량[$Ge$(kg/h)]

환산 증발량( = 기준 증발량)이라고도 하며 표준대기압하에서 100[℃]의 포화수가 100[℃]의 건 포화 증기로 변화시키는 경우의 1시간당 증발량

$$Ge = \frac{G(h'' - h')}{2256} [\text{kg/h}]$$

2256 : 표준상태 대기압(1.0332[kg/cm²])에서의 증발 잠열[kJ/kg]

## (3) 증발계수[단위 없음]

보일러에서 발생한 순수 열량을 표준 상태의 증발 잠열로 나눈 값

$$증발계수 = \frac{Ge}{G} = \frac{h'' - h'}{539}$$

## (4) 보일러 마력(B-HP)

① 표준대기압(760[mmHg])에서 100[℃]의 포화수 15.65[kg]을 1시간에 100[℃]의 포화증기로 바꿀 수 있는 능력
② 상당 증발량이 15.65[kg]인 보일러의 능력

$$보일러 마력[\text{B-HP}] = \frac{Ge}{15.65}$$

❖ 보일러 1마력의 열량은 약 (35258.3[kJ]), 상당증발량은 15.65kg/h이다.

## (5) 전열면 증발률[kg/m²h]

① 전열면(실제) 증발률

$$보일러 마력[\text{B-HP}] = \frac{G}{H_A} [\text{kg/m}^2\text{h}]$$

$G$ : 시간당 실제 증발량[kg/h]   $H_A$ : 전열면적[m²]

② 전열면 상당 증발률

$$\frac{G_e}{H_A} \, [\text{kg/m}^2\text{h}]$$

### (6) 증발 배수[kg/kg 연료]

① 증발 배수

$$\frac{G}{G_f} \, [\text{kg/kg 연료}]$$

$G_f$ : 시간 연료 소비량[kg/h 연료]   ※ 단위 꼭 쓸 것

② 환산 증발배수

$$\frac{G_e}{G_f} \, [\text{kg/kg 연료}]$$

연료 1[kg]이 발생 시킨 환산 증발능력

### (7) 화격자 연소율[kg/m²h]

① 화격자 연소율

$$\frac{G_f}{Ar} \, [\text{kg/m}^2\text{h}]$$

$G_f$ : 시간당 연소석탄량[kg/h]   $Ar$ : 화격자 면적[m²]

② 버너 연소율

$$\frac{\text{전연료소비량}}{\text{가동시간}} \, [\text{kg/h}]$$

### (8) 전열면 열부하(열발생률)[kJ/m²]

$$전열면\ 열부하 = \frac{G(h'' - h_1)}{H_A}\ [kJ/m^2]$$

### (9) 연소실 열발생률[kcal/m³h]

$$연소실\ 열발생률 = \frac{Gf \times (Hl + 공기\ 현열 + 연료현열)}{V}\ [kJ/m^3]$$

$V$ : 연소실 용적[m³]

## 02. 냉동기초이론

### 1. 몰리에르 선도와 냉동 사이클

몰리에르 선도는 냉매의 특성치를 하나의 선도상에 모아 표시해 놓은 것이며, 냉동장치의 기본적인 네 가지 변화(압축 → 응축 → 팽창 → 증발)를 선도상에 그려 넣어 설계계산을 하거나 운전상태를 알기 위하여 도시한다.
몰리에르 선도상에 냉동 사이클을 도시할 때에는 다음과 같은 사항을 주의해야 한다.

① 증발기 내에서 냉매가 증발하는 동안의 변화나 응축기 내에서 냉매가 응축하는 동안의 변화는 일정압력하에서 일어나는 정압변화로서 수평선으로 표시되며 엔탈피의 변화는 가해졌거나 제거된 열량과 같다.
② 압축기 실린더 내에서의 가스압축은 단열압축으로 간주하여 엔트로피 일정하에서 일어나는 것으로 한다. 따라서 압축과정은 등엔트로피선으로 표시되며 압축기의 일량은 압축기 실린더의 입구와 출구 간의 냉매의 엔탈피 변화와 같은 것으로 한다.
③ 팽창밸브를 통과할 때의 교축팽창은 등엔탈피선, 즉 수직선으로 표시되며 그 밸브의 전후 냉매의 엔탈피는 같다.
④ 증발기 및 응축기를 제외한 부분에서는 냉매와 그 주위 사이의 열의 수수(授受)가 없고 또한 장치 내에서도 마찰 등에 의한 압력손실이 없는 것으로 가정한다. 따라서 실제의 냉동 사이클과는 약간의 차이가 있다.

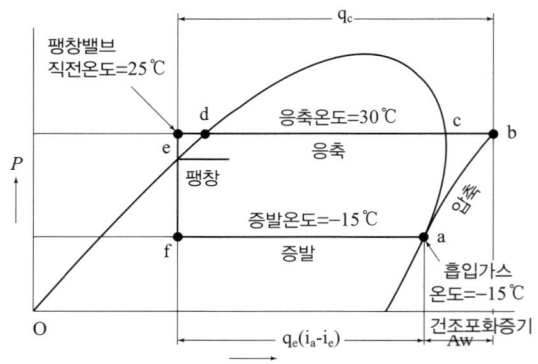

▲ 기준냉동 사이클의 몰리에르 선도

❖ **기준냉동 사이클에서의 온도조건**
- 증발온도 : -15℃, 응축온도 : +30℃, 압축기의 흡입 가스온도 : -15℃(건포화증기= 과열도 0)
- 팽창밸브 직전의 액온도 : +25℃(과냉각도 = 5℃)

## 2. 과냉각의 변화

냉각수나 냉각 공기의 온도저하 등에 의하여 응축기 출구의 액·냉매가 과냉각이 $C$에서 $C'$로 되면 팽창밸브를 통과한 후에 후레쉬 가스량이 감소된다. 이에 따라 냉동력이 커지고 따라서 성적계수도 상승하게 된다.

이 목적에 사용되는 것이 열교환기이며 프레온과 같이 흡입 증기가 과열되어도 토출가스온도가 심하게 상승되지 않는 경우에는 이 열교환기가 필요하지만 암모니아와 같이 토출 가스온도가 높은 경우에는 열교환을 시켜서는 안 된다.

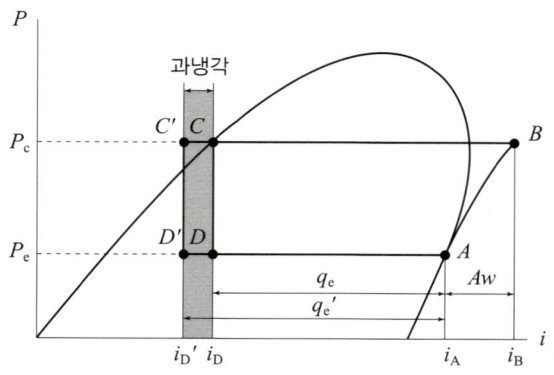

## 3. 냉동 사이클의 계산

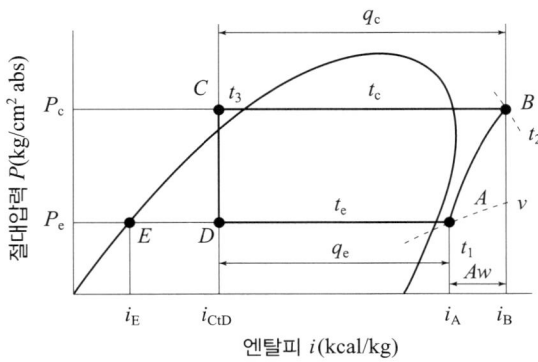

▲ 냉동 사이클 계산

① 증발잠열(kw/kg)

$$q = i_A - i_E$$

② 냉동력(kw/kg)

$$qe = i_A - i_C$$

③ 응축열량(kw/kg)

$$qc = i_B - i_C = AW + qe$$

④ 냉매순환량(kg/h)

$$G = \frac{Q_2}{qe} = \frac{Q_2}{i_A - i_C} = \frac{V}{v} \times \eta_v$$

$Q_2$ : 냉동능력(kw)  $V$ : 이론적인 피스톤 압출량($m^3$)
$v$ : 혼합가스 비체적($m^3$/kg)

⑤ 성적계수

$$COP = \frac{qe}{AW} = \frac{i_A - i_C}{i_B - i_A}$$

⑥ 소요동력(kw/kg, kw 또는 HP)

$$AW = i_B - i_A (\text{kw/kg}) = \frac{G \times AW}{860} (\text{kw})$$

⑦ 냉동능력(RT)

$$R = \frac{V}{C} = \frac{V \times qe \times \eta_v}{3.86 \times v}$$

$V$ : 이론적인 피스톤 압출량(m³/h)   $qe$ : 냉동력(kw/kg)

$\eta_v$ : 체적효율   $C$ : 압축가스의 상수

$v$ : −15℃ 상태의 건조포화 증기의 비체적(m³/kg)

# CHAPTER 02

**PART 01. 이론편**

# 보일러의 개요 및 분류

## 01. 보일러(Boiler)의 개요 및 분류

### 1. 보일러(Boiler)의 정의

밀폐된 용기 속에 물 또는 열매체를 넣고 가열하여 증기 또는 온수를 발생 시키는 장치를 '보일러'라고 한다.

> ❖ **열매체 종류**: 수은, 다우섬, 카네크롤액, 모빌섬
> ❖ **열매체 사용 시 이점**
> ① 고온 저압의 증기를 얻는다.
> ② 동결의 우려가 없다.
> ③ 급수처리가 필요 없다.

### 2. 보일러 3대 구성

① 보일러 본체
② 연소 장치
③ 부속 설비

## 02. 원통형 보일러(cylindrical boiler)의 구조 및 특성

### 1. 원통형 보일러

강도상 유리한 점을 들어 원통형으로 제작되며 그 내부에 노통, 연소실, 연관 등을 설비한 보일러이다.

> 📦 **특징**
> 
> [장점]
> ① 구조 간단, 취급 용이
> ② 청소·검사 용이
> ③ 보유수량이 많아 부하 변동에 응하기가 쉽다.
> ④ 급수처리가 수관식 보일러에 비해 까다롭지 않다.
> 
> [단점]
> ① 고압, 대용량에 부적당하다.
> ② 전열면적이 적어 효율이 낮다.
> ③ 보유수량이 많아 파열 시 피해가 크다.
> ④ 증발시간이 오래 걸린다.

### (1) 입형 보일러

① 입형 횡관식 보일러(Vertical tube boiler)

> ❖ **횡관의 설치 이점**
> ① 물의 순환 양호
> ② 전열면적 증가
> ③ 화실판(연소실) 강도 보강

② 입형 연관식 보일러
③ 코크란 보일러(Cochran boiler)

> ❖ **입형으로 제작하면**
> ① 설치장소를 작게 차지한다.
> ② 효율은 일반적으로 낮다.
> ③ 연소실이 좁아 완전연소 곤란
> ④ 습증기 발생이 많다.

### (2) 횡형 보일러(horizontal boiler)

① 노통 보일러(flue boiler)
  ㉠ 코르니시 보일러(Cornish boiler) : 노통이 한 개인 것으로 노통은 물의 순환을 촉진하기 위하여 편심으로 제작하여 설치한다.

### 코르니시 보일러 전열면적 계산

전열면적 $H_A = \pi DL$

$D$ : 동의 안지름[m]    $L$ : 동의 길이[m]

### 완전 연소 구비 조건

① 연료와 공기의 혼합이 양호할 것
② 연소실 온도가 높을 것
③ 연소 생성물의 완전 연소를 위한 충분한 시간
④ 연소실 용적이 클 것

### 보일러의 전열면적 계산

① 랭커셔 보일러 $H_A[m^2] = 4Dl$
② 코르니시 보일러 $H_A[m^2] = \pi Dl$
③ 입횡관 보일러 $H_A[m^2] = \pi D(H+d_n)$
④ 수관 보일러 $H_A[m^2] = \pi \cdot d \cdot l \cdot n$

$D$ : 동의 안지름(mm)    $l$ : 동의 길이(mm)
$d$ : 수관의 바깥지름
즉, 수관은 연소가스와 외경이 접하므로 바깥지름이 전열면적이다.

### 파형노통, 평형노통

(a) 파형노통                    (b) 평형노통

❖ 특징

(1) 평형노통 특징

　① 제작 용이, 가격 저렴

　② 청소, 검사 용이

　③ 열에 의한 신축성 불량

　④ 고압에 부적당

　⑤ 강도에 약하다.

(2) 파형노통 특징

　① 열에 의한 신축성 양호

　② 강도에 강하다.

　③ 전열면적 증가(평형 노통의 1.4배)

　④ 청소, 검사 곤란

　⑤ 제작이 어렵고 가격이 비싸다.

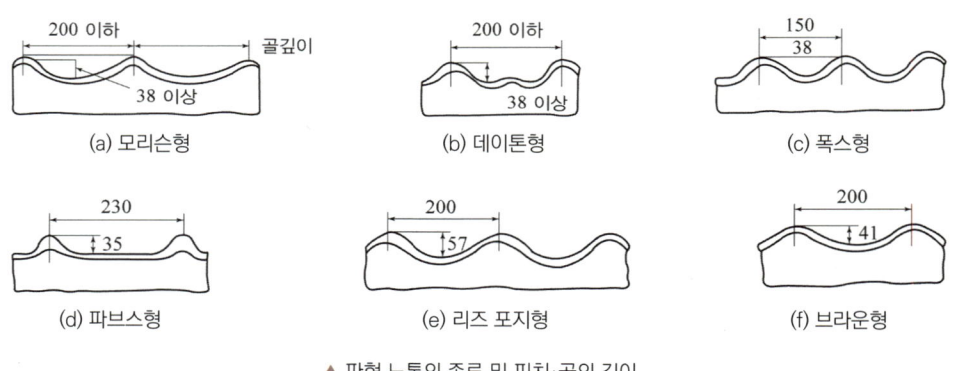

▲ 파형 노통의 종류 및 피치·골의 깊이

ⓒ 랭커셔 보일러(Lancashire boiler) : 노통이 2개로 구성되어 있다.

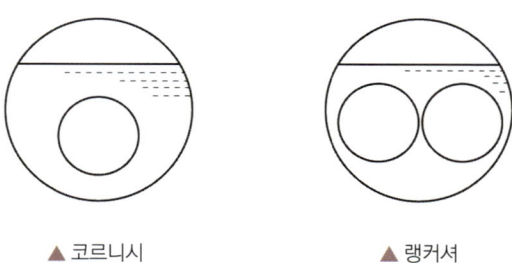

### 랭커셔 보일러 전열면적 계산

전열면적 $H_A = 4DL$

$D$ : 동의 안지름[m]   $L$ : 동의 길이[m]

### 아담슨 접합(Adamson joint)

노통의 열응력에 따른 신축 문제를 고려 1~2[m] 정도로 분할제작 플랜지 형식으로 접합한 방식이며 강도 보강, 열에 의한 수축 팽창 양호

### 브리딩 스페이스(Breathing space) : 노통 호흡장소

노통 보일러의 경우 경판과 동판의 강도를 보강하기 위해 가셋트 스테이를 설치하게 되는데 가셋트 스테이의 하단부와 노통 사이의 거리를 브리딩 스페이스라 하고 최소 225[mm] 이상 유지되어야 하고 그루빙 현상(도랑 모양의 부식) 방지를 위해 설치되며 경판의 두께에 따라 거리가 달라지게 된다(안전관리 참조).

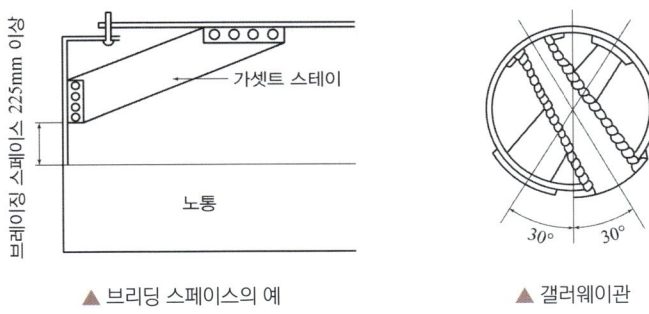

▲ 브리딩 스페이스의 예        ▲ 갤러웨이관

### 갤러웨이관의 설치 이점

① 물의 순환 양호  ② 전열면적 증가  ③ 노통강도 보강

② 연관 보일러(smoke tube boiler)
  ㉠ 횡연관식 보일러(horizontal type)
  ㉡ 기관차 보일러(locometive boiler)
  ㉢ 케와니 보일러(Kewanee boiler)

▲ 노통 연관 보일러

③ 노통 연관 보일러(flue – smoke tube boiler)
  ㉠ 노통 연관 패키지 보일러(package boiler)
  ㉡ 스코치 보일러(Scotch boiler) : 선박용으로 동의 지름은 크나 길이가 짧은 형식으로 보유 수량이 많고 설치공간이 적으며 증발률도 높으나 순환이 자유롭지 못하다.
  ㉢ 하우덴 – 존슨 보일러(Howden – Johnson boiler) : 연소실 주위가 건조한 형식

## 03. 수관식 보일러(water tube boiler)의 구조 및 특성

일반적으로 상부에 증기(기수) 드럼, 하부에 물(수) 드럼으로 구성되며, 고압 대용량의 보일러이다.

[장점]
  ① 고온, 고압, 대용량에 적당하다.
  ② 효율이 대단히 높다.
  ③ 외분식이여서 연료의 질에 장애를 받지 않으며 연소 상태도 양호하다.
  ④ 보유수량이 적어 파열 시 피해가 적다.

[단점]
  ① 급수 처리가 까다롭다.
  ② 구조가 복잡하여 청소, 검사, 수리가 불편하다.
  ③ 제작이 까다로우며 비용도 많이 든다.
  ④ 보유수량이 적어 부하 변동에 응하기가 어렵다

❖ 수랭 노벽
① 전열 면적을 증가
② 복사열을 흡수
③ 노벽 보호
④ 효율 증가

▲ 수관 보일러

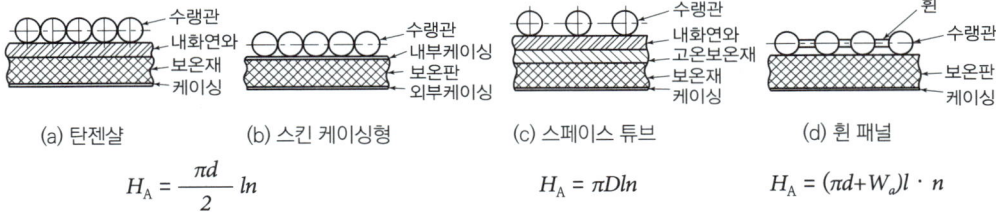

(a) 탄젠샬   (b) 스킨 케이싱형   (c) 스페이스 튜브   (d) 휜 패널

$H_A = \dfrac{\pi d}{2} ln$   　　　$H_A = \pi D ln$   　　$H_A = (\pi d + W_a) l \cdot n$

▲ 수랭 노벽의 구조

## 1. 자연순환식 수관 보일러

### (1) 바브콕 보일러(Babcok boiler)

상부에 증기드럼을 설치하고 순환이 용이한 헤더(관모음)를 이용하여 수평에서 15°의 경사로 장착하며, 연소 가스 이용도를 높이기 위해 배플판(baffle - plate)으로 구획을 나눈 조립식 수관 보일러이다.

### (2) 쓰네기찌 보일러

2동 형식의 직관 자연순환식 보일러이며 수관을 드럼의 경판부에 연결시켜 30° 경사도의 소형 난방용 보일러이다.

### (3) 타쿠마 보일러(Takumas boiler)

상부에 증기 드럼 하부에 수 드럼을 설치하여 그 사이에 45°의 경사수관을 연결한 형식으로 중앙에 2중관으로 된 130[mm](내부 90[mm])의 강수관을 두고 주위를 다수의 증발관으로 에워싸 강수관을 가열하지 못하게 함으로 증기 드럼으로 공급된 관수를 수드럼으로 원활·순환시키는 보일러이다.

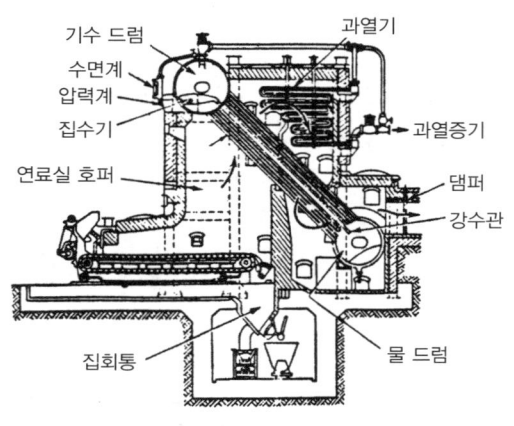
▲ 타쿠마 보일러

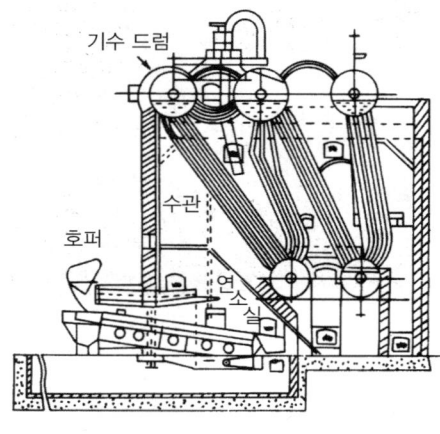
▲ 스털링 보일러

> 📦 **집수기 설치 목적**
> ① 관수의 순환 촉진  ② 동의 부동팽창 방지  ③ 급수내관 보호

### (4) 2동 D형 보일러

최근 수관식 보일러의 대표적인 것으로 상부에 증기(기수) 드럼 하부에 수 드럼을 설치하여 곡관형식으로 알파벳 "D"자 모양으로 수관을 배열, 관의 신축을 어느 정도 흡수한 보일러이다.

### (5) 가르베 보일러(Garbe boiler)

복사열을 흡수하기 위해 증기 드럼의 높이를 낮추고 전열면의 활용을 위해 급경사형의 사각순환방식의 보일러로 상하부 연결 수관에 헤더를 설치하여 순환을 도운 형식이다.

### (6) 야로우 보일러(Yarrow boiler)

증기 드럼과 수 드럼을 삼각배열로 형성한 것으로 선박용 보일러로 쓰인 형식이다.

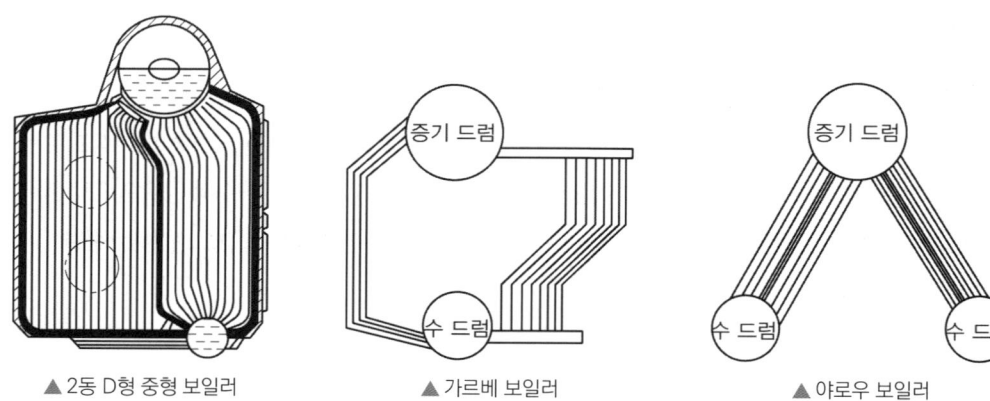

▲ 2동 D형 중형 보일러    ▲ 가르베 보일러    ▲ 야로우 보일러

### (7) 방사수관 보일러(radiation boiler)

외분식 구조의 단점인 방사손실을 줄이기 위해 수랭노벽을 연소실 내벽에 설치한 형식으로 65[%] 정도의 복사열을 흡수하는 대용량의 산업발전용 보일러이다.

## 2. 강제 순환방식의 수관 보일러

### (1) 라몬트 보일러(La Mont boiler)

순환속도가 대단히 빠른 형식으로 동일유속, 관내여과를 위해 라몬트 노즐(Nozzle)을 설치했다. 열전달률이 높아 소형으로도 난방능력이 큰 보일러이다.

### (2) 벨록스 보일러(Velox boiler)

가압연소방식의 설치면적이 작고 각 수관 사이 폐열회수장치로 장착하여 효율을 90[%] 이상 높인 고성능 강제순환 보일러이다.

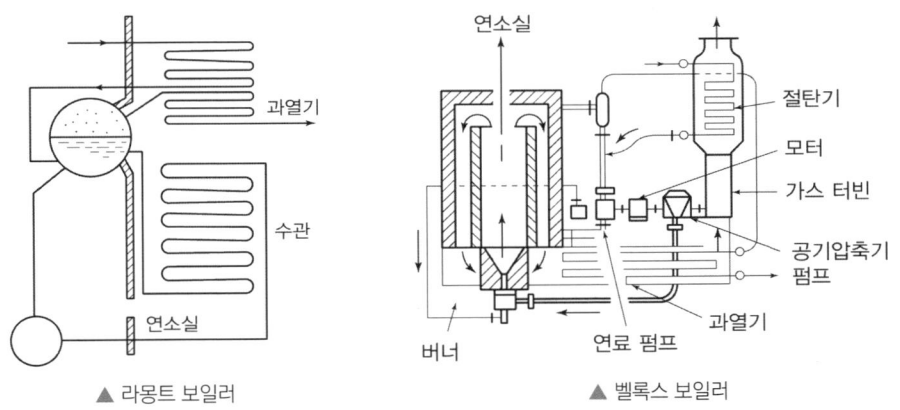

▲ 라몬트 보일러   ▲ 벨록스 보일러

## 3. 관류방식의 수관 보일러(관류 보일러)

하나의 관계에서 급수 펌프로 공급된 관수가 예열, 증발, 과열이 동시에 일어나는 형식으로 초임계 압력 보일러이다.

### (1) 벤손 보일러(Benson boiler)

수관이 병렬로 배치되어 폐열회수능력을 크게 한 형식으로 가장 고압용 대용량의 보일러이다.

### (2) 슐저 보일러(Sulzer boiler)

벤손 보일러 원리이나 증발부에서 복사증발이 더 큰 형식으로 압력이 낮은 보일러이다.

(3) 소형 관류 보일러

자동제어의 발달로 취급이 용이해서 최근에 각광을 받는 형식으로 소용량이면서 효율이 높아 가정용 난방, 사우나, 병원 등에서 널리 사용되며 증발량은 규모에 따라 차이가 있으나 0.5[t/h] 정도이다.

▲ 관류 보일러

> **관류 보일러의 장·단점**
>
> [장점]
> ① 순환비($\frac{급수량}{증발량}$)가 1이어서 드럼이 필요없다.
> ② 전열면적이 크고 효율이 높다.
> ③ 가동부하가 짧아 부하 측에 대응하기 쉽다.
>
> [단점]
> ① 자동연소, 온도 제어장치를 설치하여 부하의 변동에 대응해야 한다.
> ② 급수의 유속을 균일하게 유지해야 한다.
> ③ 완벽한 급수처리를 해야 한다.
> ④ 콤팩트하므로 청소, 검사, 수리가 어렵다.

(4) 람진 보일러(ramsin boiler)

(5) 엣모스 보일러

## 04. 주철제 보일러(section boiler)

주물로 제작한 형식으로 내부 구조를 복잡하게 하여 전열면적이 비교적 큰 형식의 저압용 보일러이다. 조합방식은 전후, 좌우, 맞세움 전후 조합으로 각 섹션(쪽)을 용량에 알맞게(5~17쪽) 조절해 사용하며 살두께는 8[mm] 정도이다.

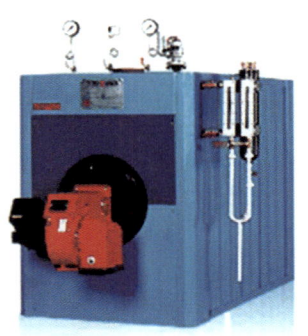 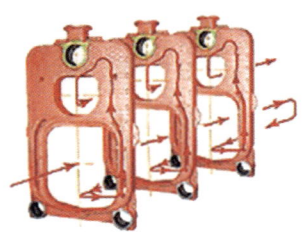

▲ 주철제 보일러

❖ **증기 보일러**

최고사용압력을 0.1[MPa] 이하(보통 0.3~0.8[kg/cm$^2$])로 사용

❖ **온수 보일러**

최고사용수두압 50[mH2O](0.5[MPa]) 이하로 사용
또한 증기온도 503K, 온수온도는 93K를 초과하지 말 것
섹션수는 약 20개 정도, 전열면적은 [50m$^2$] 정도까지가 보통이다.

❖ **주철제 보일러 조합방법**

① 전후조합

② 좌우조합

③ 맞세움 전후조합

> **주철제 보일러의 특성**
>
> [장점]
> ① 저압이므로 파열 사고 시 피해가 적다.
> ② 주물 제작으로 복잡한 구조로 제작이 가능하다.
> ③ 내식 · 내열성이 우수하다.
> ④ 섹션 증감으로 용량 조절이 용이하다.
> ⑤ 현장 반입 시 조립식으로 유리하다.
>
> [단점]
> ① 인장 및 충격에 약하다.
> ② 열에 의한 부동팽창으로 균열이 생기기 쉽다.
> ③ 고압 · 대용량에 부적당하다.
> ④ 구조가 복잡하므로 내부청소 및 검사가 곤란하다.

## 05. 특수 열매체 보일러

열의 매체를 부동성 액체인, 다우섬, 모빌섬, 세큐리티53, 카네크롤, 수은의 액체로 사용하여 물보다 비열도가 낮은 성질을 이용 낮은 압력하에서도 고온을 얻어내는 형식의 보일러이다.

▲ 열매체 보일러

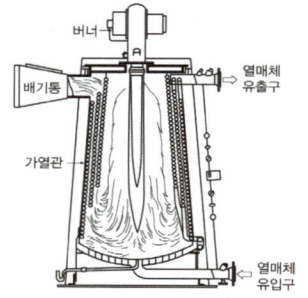

▲ 열매체 보일러 구조

## 06. 간접 가열 보일러

고온·고압의 보일러에서는 물이 증발할 때 급수 중의 불순물이 관석(scale)이 되어 관벽에 부착하는 일이 현저하게 된다. 따라서 고온·고압 보일러일수록 급수처리를 완벽하게 하기 위하여 여러 장치를 필요로 하고 비용도 증가하게 된다. 이러한 문제를 해결하기 위해 고안된 것이 슈미트·레플러 보일러이다.

PART 01. 이론편

# 보일러 부속설비 및 부속품

## 01. 급수장치

### 1. 급수 펌프

#### (1) 회전식

① 터빈 펌프(turbine pump) : 임펠러가 케이싱 속에서 고속도로 회전함에 따라 진공이 생겨 물을 빨아올리며, 빨아올려진 물이 임펠러 중심에서 압력이 생겨 토출하는 형식으로 임펠러 선단에 안내날개(guide vane)를 정착하여 유속을 작게 하여 수압을 높이는 펌프이다.

② 볼류트 펌프(Volute pump) : 터빈 펌프의 원리와 동일하나 안내날개가 없다. 20[m] 이하의 저양정용으로 사용된다.

#### (2) 왕복식

① 플런저 펌프(plunger pump) : 동력이나 증기를 사용, 내부의 플런저가 수평으로 좌우 왕복 운동한다. 주로 소용량 고압으로 운전되는 펌프이다.

② 워싱톤 펌프(worthington pump) : 증기의 힘으로 내부의 증기 피스톤을 움직여 물실린더 피스톤이 왕복 운동함으로 급수를 행하는 펌프이다.

③ 웨어 펌프(wear pump) : 워싱톤 펌프의 구조와 동일하며 1개의 피스톤 봉으로 연결되었다.

#### (3) 인젝터(injector)

보일러에서 발생한 증기를 사용해서 급수하는 방식인 급수보조장치를 말한다.

증기의 열에너지 → 운동 에너지로 변화 → 압력 에너지로 변화 → 급수

▲ 인젝터

### 📦 특징

[장점]
① 동력이 필요 없다.
② 설치장소를 작게 차지한다.
③ 구조가 간단하며 가격이 저렴하다.
④ 급수가 예열되어 열응력 발생을 방지한다.

[단점]
① 흡입양정이 낮아 급수조절이 어렵다.
② 증기압이 낮으며 급수가 곤란하다.
③ 구조상 소용량이다.
④ 급수온도가 높아지면 급수가 곤란하다.

### 📦 인젝터 작동불능 원인

① 증기 속에 수분이 많이 포함되었다.
② 증기압력이 너무 낮을 때 0.2MPa (2[kg/cm$^2$]) 이하)
③ 급수온도가 높다(50[℃] 이상)
④ 흡입 측의 공기 누입
⑤ 노즐부의 마모 · 파손
⑥ 인젝터 과열 시
⑦ 체크 밸브 고장 시

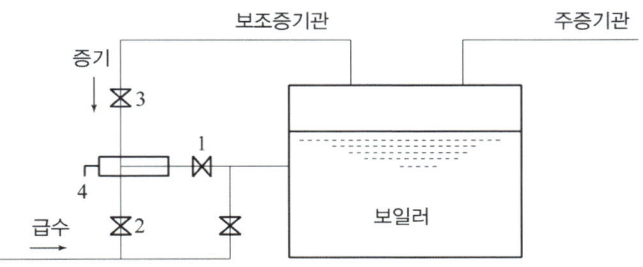

> **작동순서**
> ① 인젝터 출구측 밸브를 연다.
> ② 인젝터 급수 밸브를 연다.
> ③ 인젝터 증기 밸브를 연다.
> ④ 인젝터 조절 핸들을 연다.

## 2. 급수 내관(Distributing pipe)

보일러 내에 급수를 행하는 관을 말하며 안전저수위보다 약간 아래(50[mm])에 긴 내관을 설치하여 급수가 골고루 행해지게 한다.

> **설치 이점**
> ① 집중급수를 피함으로 동내 부동팽창을 방지한다.
> ② 급수가 이루어지면서 예열하게 되어 열응력 발생을 방지한다.
> ③ 수면부 이하에서 급수가 행하여지기 때문에 수격작용을 방지한다.

## 3. 급수 밸브(valve)

- 전열면적 10[m²] 초과 : 호칭지름 20[A] 이상
- 이하 : 호칭지름 15[A] 이상(A : mm, B : inch)

## 02. 송기장치

### 1. 주증기 밸브(main stop valve)

밸브는 구조상 옥형 밸브(globe valve)의 형식인 앵글 밸브를 주로 설치한다.

> **주증기 밸브 재질**
> 어느 경우이든 0.7MPa 이상에서 견딜 것

### 2. 신축이음(expansion-joint)

신축이음은 직관 길이 30[m](강관), 20[m](동관)마다 1개 정도 설치한다.(철의 선팽창계수 1[m] 당 0.012[mm]씩 신축)

#### (1) 미끄럼식(sleeve type)

관의 신축을 슬리브의 미끄럼에 의해 흡수되는 형식으로 단식과 복식이 있다.

#### (2) 주름통식(bellows type)

온도에 따라 일어나는 관의 신축이음쇠를 벨로즈의 변형에 의해 흡수시키는 형식

#### (3) 신축곡관식(loop)

주로 고압증기의 옥외배관 등에 쓰이며 설치장소를 많이 차지하며 응력이 생기는 결점이 있다.

> **특징**
> ① 고압의 옥외증기 배관용이다.
> ② 응력을 수반하는 결점이 있다.
> ③ 굽힘 반지름은 관지름의 6배 정도이다.

#### (4) 스위블 이음(swivel)

온수 또는 저압증기 어느 경우에도 가는 분기관 등에 쓰이는 방법으로 2개 이상의 엘보우(elbow)를 사용해서 나사의 회전에 의해 신축을 흡수하는 형식으로 주로 방열기용으로 쓰인다.

> ❖ **신축이음 허용길이가 큰 순서**
> 루프 〉 슬리브 〉 벨로즈 〉 스위블

## (5) 볼 조인트

볼 조인트는 설치공간도 적게 들고 평면상의 변위뿐만 아니라 입체적 변위도 안전하게 흡수할 수 있는 신축 이음쇠이다.

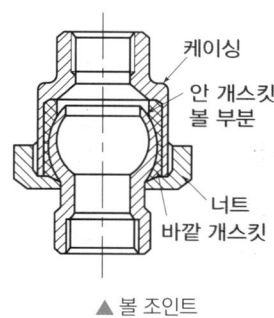

▲ 볼 조인트

## 3. 감압 밸브(pressure reducing valve)

고압배관과 저압배관의 사이에 감압 밸브를 설치한다.

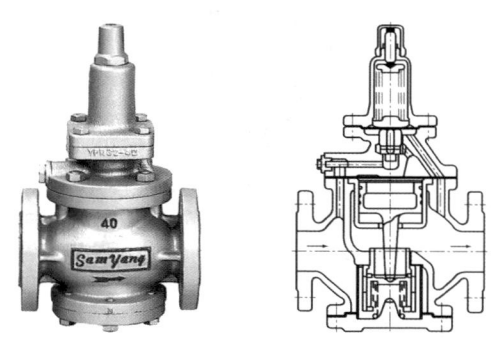

▲ 감압 밸브

> **설치 목적**
> ① 고압증기를 저압증기(사용압)로 유지한다.
> ② 항상 부하 측에 일정압력을 유지한다.
> ③ 고압과 저압을 동시에 사용한다.

## 4. 증기 트랩(steam traps)

증기관 내에 생긴 응축수 및 공기를 배제하여 수격작용을 방지하고 증기를 막아 증기의 응축열을 효과적으로 발열시키는 장치이다.

 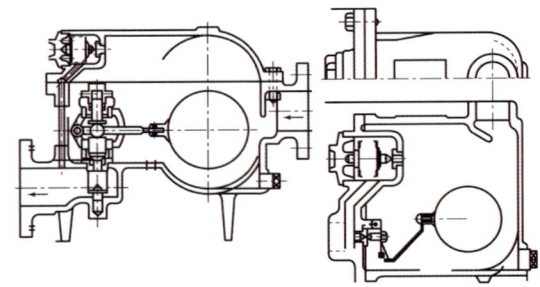

▲ 플로트식 트랩

▲ 버킷 트랩

> **트랩의 구비조건**
> ① 동작이 확실할 것
> ② 내식 · 내마모성이 있을 것
> ③ 마찰저항이 작고 단순한 구조일 것
> ④ 응축수를 연속적으로 배출할 수 있을 것
> ⑤ 공기의 배제나 정지 후 응축수 빼기가 가능할 것

### (1) 기계적 트랩

포화수와 포화증기의 비중차를 이용한 형식으로 다량 트랩(플루트 트랩), 버킷 트랩 등이 있다.

## (2) 온도조절 트랩

포화수와 포화증기의 온도차를 이용한 형식으로 금속팽창(바이메탈) 트랩, 벨로즈 트랩, 액체 팽창 트랩 등이 있다.

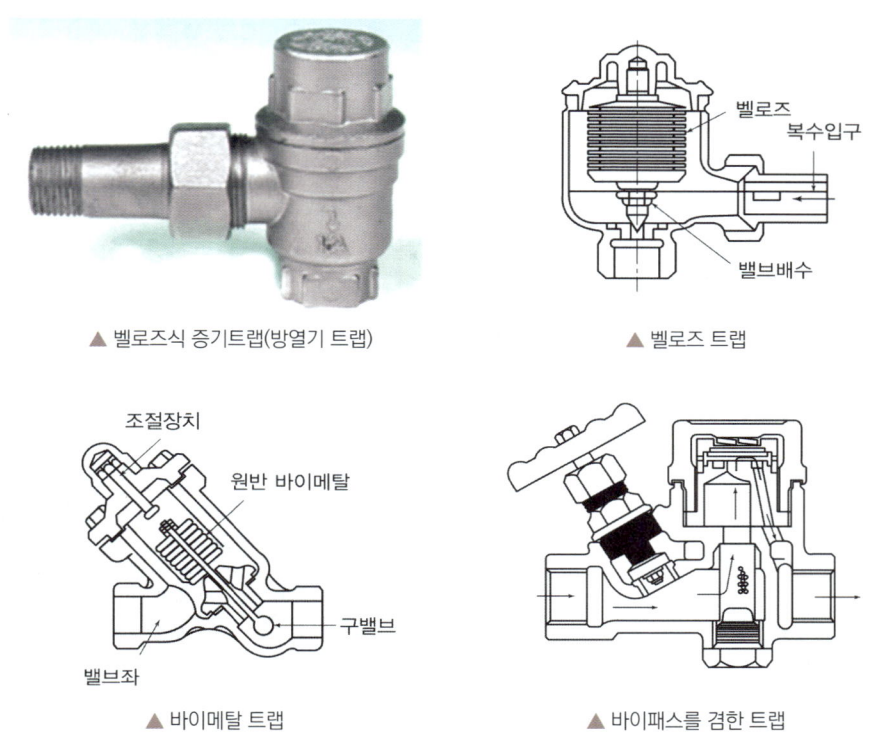

▲ 벨로즈식 증기트랩(방열기 트랩)   ▲ 벨로즈 트랩

▲ 바이메탈 트랩   ▲ 바이패스를 겸한 트랩

## (3) 열역학적 트랩

포화수 또는 포화증기의 열역학적인 특성차를 이용한 형식으로 디스크 트랩, 오리피스 트랩 등이 있다.

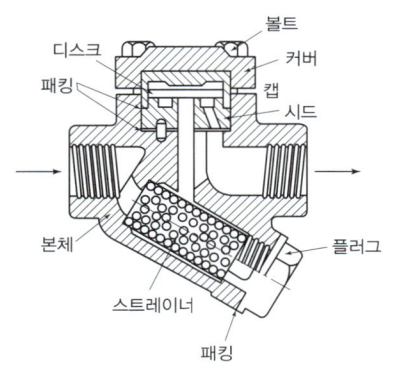

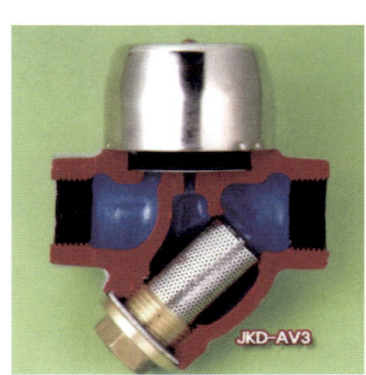

▲ 디스크식 증기트랩

## 5. 증기 헤더(steam header)

일종의 분배기이며, 보일러에서 나온 증기를 한곳으로 모아 필요 난방개소에 증기를 송기하는 장치다. 송기 및 정지가 손쉽고 불필요한 곳에 송기하지 않으므로 열손실을 적게 할 수 있다. 즉, 증기량과 증기압을 일정하게 공급한다.

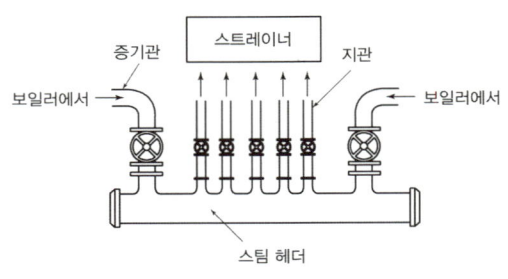

❖ 헤더의 크기는 헤더에 부착되는 증기관의 가장 큰 지름의 2배

## 6. 축열기(steam accumulator)

저부하 또는 변동부하 시 잉여증기를 저장하고 과부하(peak) 시에 저장된 잉여증기를 공급하는 장치로 변압식과 정압식이 있다.
① 변압식 : 보일러 출구 증기 측에 설치
② 정압식 : 보일러 입구 급수 측에 설치

▲ 증가축열기

## 7. 온도조절 밸브

사용 증기나 온수의 설비온도를 일정온도로 유지하기 위하여 설치된 금속 감온부에 의해 자동적으로 온도를 조정하는 밸브이다.

📦 **감온부의 방식에 따른 종류**
① 바이메탈식
② 증기압력식
③ 전기저항식

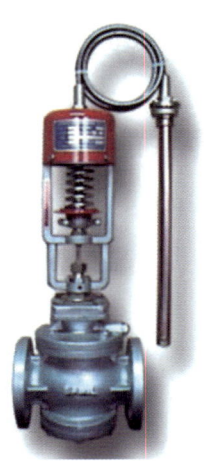

## 8. 방열기(radiator)

### (1) 재질상 분류
① 주철제  ② 강제  ③ Al제

### (2) 구조상 분류

① 주형 방열기(Ⅱ, Ⅲ)
② 세주형 방열기(3, 5, 3C, 5C)
③ 벽걸이형 방열기(W - H, W - V)
④ 길드 방열기
⑤ 강판제 방열기
⑥ 대류 방열기(Convector)

❖ **주형 방열기**

사용압력은 0.5MPa 이하, 섹션수는 최대 30쪽까지 사용
- 벽걸이 방열기 : 섹션수는 최대 15쪽까지 사용

❖ **방열기 호칭법**
- 주형 : 종류 – 높이 × 쪽수
- 벽걸이 : 종류 – 형 × 쪽수

#### 방열기의 도면도시방법

❖ **호칭법 : 5-650×25**
- 25 : 방열기 Section 수
- 5C : 5세주 방열기
- 650 : 높이[mm]
- 32 : 공급관 지름[mm]
- 25 : 환수관 지름[mm]

#### 방열기의 배치

① 외기에 접한 창문 아래쪽에 설치한다.
② 기둥형 방열기는 벽에서 50~60[mm], 벽걸이 방열기는 바닥에서 150[mm]의 간격을 두고 설치하며, 대류 방열기는 바닥으로부터 하부 케이싱까지 최저 90[mm] 이상 높게 설치한다.

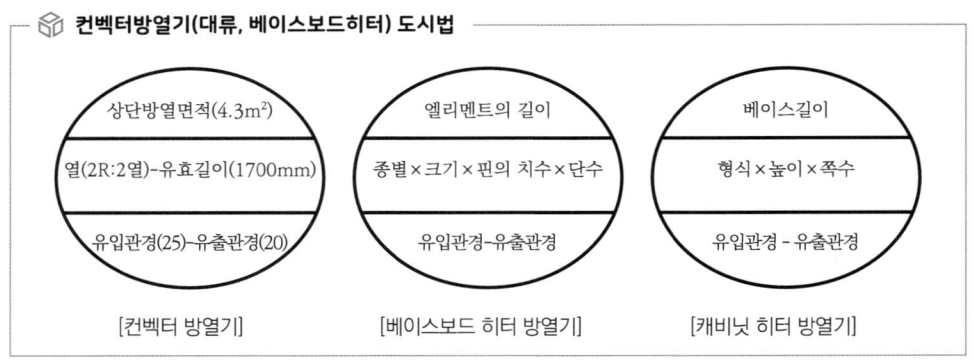

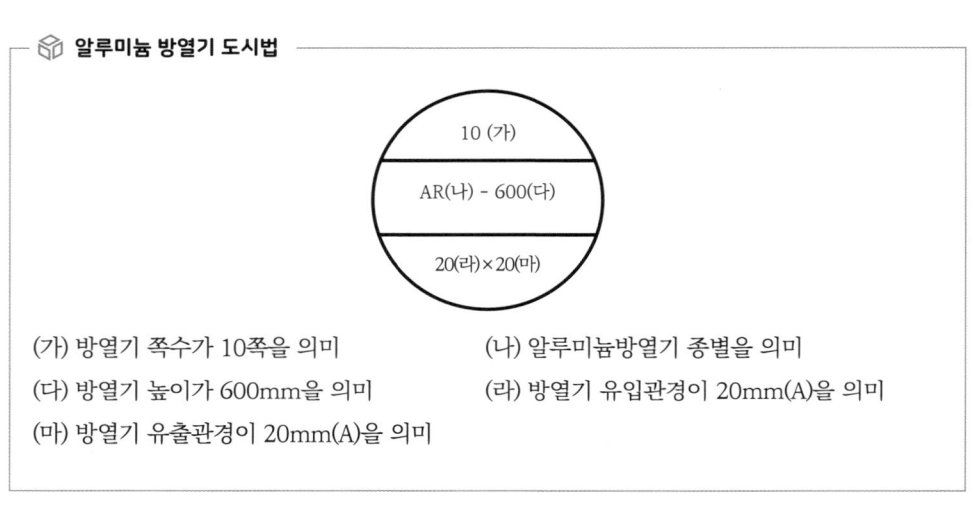

(가) 방열기 쪽수가 10쪽을 의미
(나) 알루미늄방열기 종별을 의미
(다) 방열기 높이가 600mm을 의미
(라) 방열기 유입관경이 20mm(A)을 의미
(마) 방열기 유출관경이 20mm(A)을 의미

## 9. 스트레이너(strainer)

주요 밸브 및 부속장치 앞에 설치하여 관내 불순물을 제거하며 형상에 따라 Y형, U형, V형이 있다.

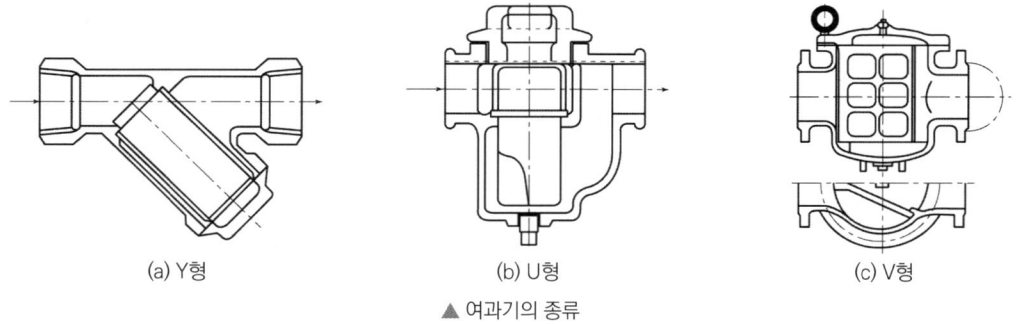

▲ 여과기의 종류

## 10. 기수분리기(steam separdter)

동내부, 또는 수관 보일러의 상승관 내에 기수분리기를 설치하여 건증기를 취출하여 관내 부식이나 수격작용을 방지한다.

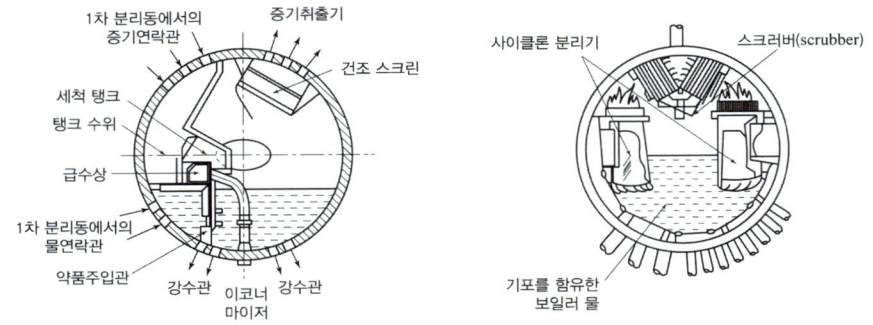

▲ 기수분리기(증기세정장치부)의 한 예

> 📦 **기수분리기 종류**
>
> ① 사이클론식(원심력 이용)
> ② 스크레버식(파도형의 장애판 이용)
> ③ 건조 스크린식(금속망 이용)
> ④ 배플식(방향전환 이용)

## 11. 비수 방지관(anti priming pipe)

고수위, 관수농축, 과열 등으로 동내부에 비수현상 발생 시에 수위의 오판, 수격작용 등의 피해를 방지하기 위하여 주증기관을 연결 및 설치한다.

> 📦 **설치 위치**
>
> 둥근 보일러 동내부 증기 취출구에 설치

> 📦 **설치 이점**
>
> ① 플라이밍(비수현상) 방지
> ② 동내 수면안정으로 정확한 수위 측정
> ③ 수격작용 방지
> ④ 건증기를 얻을 수 있다.

❖ 취출구 구멍 면적은 주증기 밸브 면적의 1.5배 이상이어야 한다.

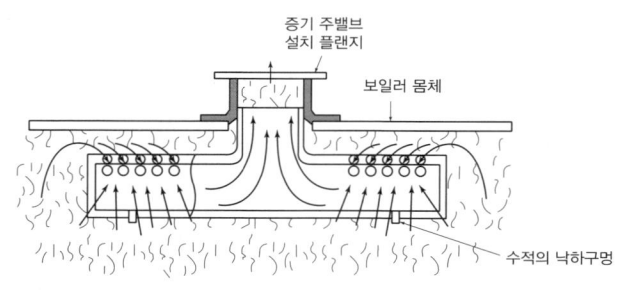

▲ 비수방지관

### (1) 프라이밍(Priming : 비수)

주증기 밸브 급개 시, 고수위 시 수면으로부터 끊임없이 물방울이 비산하면서 수위를 불안정하게 하는 현상

### (2) 포밍(Forming : 물거품)

관수 중 용해 고형물, 유지류 등의 불순물로 인한 거품의 층을 형성하는 단계로 심해지면 프라이밍 상태로 변하게 된다.

> **비수현상의 원인**
> ① 고수위  ② 관수농축
> ③ 급격한 과열  ④ 고압에서 저압으로의 변화

> **비수현상 시 피해**
> ① 수위의 오판  ② 계기류의 통수공들의 차단
> ③ 과열도 저하  ④ 수격작용(water hammer)
> ⑤ 저수위사고

> **비수현상 시 조치**
> ① 연소량을 가볍게 한 뒤 증기 밸브를 닫아 수위안정을 도모한다.
> ② 보일러 관수를 일부 교환한다(분출반복).
> ③ 계기류의 통수공들의 막힘을 시험한다.
> ④ 원인을 알아내어(수질시험, 기계류 점검) 제거한다.

# 03. 폐열 회수장치(여열장치)

## 1. 증기과열기(super heater)

### (1) 정의
연소가스의 여열을 이용하여 일정한 압력을 유지하면서 보일러 속에 발생한 포화증기를 과열증기로 증기의 온도를 높이는 가열장치

### (2) 과열기의 종류
① 열가스 흐름에 의한 분류
  ㉠ 병류식 : 증기와 열가스의 흐름이 같은 방향이며, 열 이용률도 높고, 소손도 적다.
  ㉡ 향류식 : 증기와 열가스의 흐름이 반대 방향이며, 열 이용률이 높고 양호하나 연소가스에 의한 소손의 우려가 있다.
  ㉢ 혼류식 : 병류식과 향류식의 병합이며, 열 이용률이 높고, 소손의 우려가 적다.

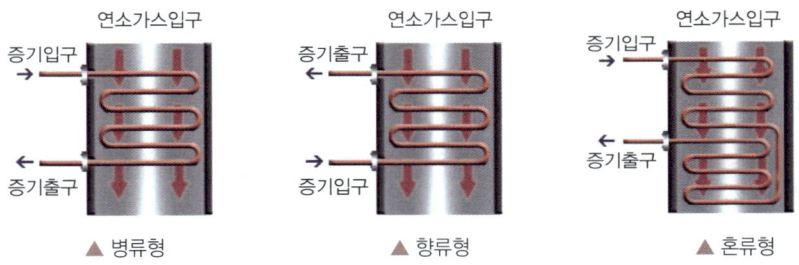

▲ 병류형    ▲ 향류형    ▲ 혼류형

② 열가스 접촉에 의한 분류
  ㉠ 접촉(대류)과열기 : 대류열을 이용
  ㉡ 복사과열기 : 복사열을 이용
  ㉢ 접촉복사과열기 : 대류 및 복사열을 이용

### (3) 과열기의 설치상 이점
① 보일러의 열효율을 높여 준다.
② 관내 부식 및 워터 해머 현상을 방지한다.
③ 적은 양의 증기로 많은 열을 얻을 수 있다.
④ 관내 유속에 따른 마찰저항이 감소된다.

> **📦 과열 증기 온도 조절 방법**
> 
> ① 열가스량 조절
> ② 과열 증기에 습증기나 급수를 분무하는 방법
> ③ 과열기 전용 회로에 의하는 방법
> ④ 배기가스의 재순환 방법
> ⑤ 화염 위치 조절 방법

## 2. 재열기(reheater)

증기의 건도를 높이기 위하여 증기를 재가열하는 장치이다. 고압 터빈에서 팽창이 끝난 과열증가를 응축 직전에 회수하여 다시 가열시켜 저압 터빈에서 팽창하도록 하는 것으로 증기 터빈의 열효율을 향상시킬 뿐만 아니라 터빈 날개의 부식이나 마찰에 따른 손실을 감소시켜 준다.

## 3. 절탄기(economizer)

보일러에서 배출되는 배기가스의 여열을 이용하여 급수를 예열하는 장치로 연도 안에 설치되어 보일러의 포화온도보다 약간 낮은 10~20[℃] 이하 정도로 급수를 예열하여 보일러 본체와 급수관에 연결한다.

## 4. 공기예열기(air preheater)

보일러의 연도가스 온도(200~400[℃])의 여열을 이용하여 연소용 공기를 예열하는 장치

> ❖ 공기예열기의 공기의 예열온도는 180~350[℃] 정도가 알맞다. 공기에서 연소용 공기의 온도를 25[℃] 정도 높일 때마다 열효율이 1[%] 정도가 높아진다.

> **📦 전열(구조)에 따른 종류**
> 
> ① 전열식 공기예열기(전도식) → ㉠ 판형 ㉡ 관형
> ② 재생식(융그스트롬[Ljungstrm]식 : 회전식, 고정식, 이동식)
> ③ 히트 파이프식

> **폐열회수장치 일반적 특징**
> ① 연소실·연도 내에 설치하여 배기가스의 여열을 이용하는 장치이다.
> ② 연도 내 설치위치는 연도에서 연돌방향으로 과열기 → 절탄기 → 공기예열기의 순이다.
> ③ 과열기·재열기에서는 일반적으로 고온부식($V_2O_5$)이 문제로 배기가스온도가 500[℃] 이상 되어지지 않도록 주의해야 한다.
> ④ 절탄기·공기예열기에서는 일반적으로 저온부식($H_2SO_4$)이 문제로 배기가스온도가 170[℃] 이하로 되지 않도록 주의해야 한다.
> ⑤ 공기예열기의 저온부식 : 공기예열기에 가장 주의를 요하는 것은 공기 입구부의 저온부식이다.

> **예열장치의 설치순서**
> (증발관) → 과열기 → 재열기 → 절탄기 → 공기예열기

## 04. 안전장치 및 부속품

### 1. 안전장치

#### 안전 밸브(safety valve)

보일러 동상부(증기부)에 설치하며, 보일러 내부의 증기압이 이상 상승하게 될 때 자동적으로 이상 증기압을 외부로 배출하여 보일러를 보호하는 장치이다.

#### (1) 안전 밸브의 종류

① 중추식 안전 밸브
② 지렛대식 안전 밸브(레버식)
③ 스프링식 안전 밸브

| 형식의 구분 | 유량제한기구 |
| --- | --- |
| 저양정식 | 안전 밸브의 리프트가 시트 지름의 1/40 이상 1/15 미만인 것 |
| 고양정식 | 안전 밸브의 리프트가 시트 지름의 1/15 이상 1/7 미만인 것 |
| 전양정식 | 안전 밸브의 리프트가 시트 지름의 1/7 이상인 것. 이 경우 시트 지름의 1/7 열릴 때의 유체통로의 면적보다도 기타 부분의 유체의 최소 통로 면적은 10[%] 이상 커야 한다. |
| 전양식 | 시트 지름이 목부지름보다 1.15배 이상인 것. 디스크가 열렸을 때의 유체통로의 면적이 목부분 면적의 1.05배 이상, 안전 밸브의 입구 및 배관 내의 유체통로 면적은 목부분 단면적의 1.7배 이상이어야 한다. |

### 안전 밸브 분출용량 계산식

① 저양정식 $W = \dfrac{1.03P+1}{22} AC$

② 고양정식 $W = \dfrac{1.03P+1}{10} AC$

③ 전양정식 $W = \dfrac{1.03P+1}{5} AC$

④ 전양식 $W = \dfrac{1.03P+1}{2.5} A_0 C$

$W$ : 분출용량[kg/h], $A_0$ : 최소 증기 통로의 면적[mm²], $P$ : 분출압력[kg/cm²g]

$C$ : 계수(분출압이 120[kg/cm²] 이하, 280[℃] 이하일 경우 1이다)

$A : \dfrac{\pi}{4} D^2$ ($D$는 밸브 시트 지름[mm²])

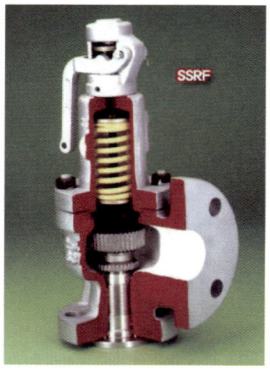

▲ 스프링식 안전 밸브

> **누설 원인**
> ① 밸브와 시트의 가공이 불량한 경우
> ② 시트와 밸브축이 이완된 경우
> ③ 스프링 장력 감쇄
> ④ 조종압력이 너무 낮다.
> ⑤ 밸브 시트에 이물질이 낀 경우
> ※ 증기 보일러에는 2개 이상의 안전 밸브를 설치하여야 한다.(단, 전열면적 50[m$^2$] 이하는 1개 이상 설치, 작동은 최고사용압력 이하, 단, 2개 설치 시 다른 1개는 최고사용압력의 1.03배에서 작동)

> **안전 밸브 및 압력방출장치의 크기**
> 안전 밸브 및 압력방출장치의 크기는 호칭지름 25[A] 이상으로 한다.(다만, 다음의 보일러에서는 호칭지름 20[A] 이상으로 할 수 있다)
> ① 최고사용압력 0.1MPa(1[kg/cm$^2$]) 이하의 보일러
> ② 최고사용압력 0.5MPa(5[kg/cm$^2$]) 이하의 보일러로 동체의 안지름이 500[mm] 이하이며 동체의 길이가 1,000[mm] 이하의 것
> ③ 최고사용압력 0.5MPa(5[kg/cm$^2$]) 이하의 보일러로 전열면적 2[m$^2$] 이하의 것
> ④ 최대증발량 5[T/H] 이하의 관류 보일러
> ⑤ 소용량 보일러(최고사용압력이 0.35[MPa] 이하, 전열면적이 5[m$^2$] 이하, 열효율은 정격용량 이상부하에서 75[%] 이상)

## 2. 화염검출기

가동 중 연소실 내의 갑작스런 소화, 실화, 불착화, 정상연소상태를 검출 정상연소상태가 아닌 때엔 연료 밸브를 닫아 연료의 누입을 방지하는 안전장치이다.

### (1) 플레임 아이(flame eye)

화염에서 나타나는 방사선을 전기적 신호로 바꾸어 화염의 정상유무를 검출하는 형식으로 화염의 발광을 이용한 검출기이다. 종류로는 유화카드뮴광 도전셀(CdS cell), 유화연광 도전셀(PbS cell), 광전관, 자외선 광전관 등이 있다.

### (2) 플레임 로드(flame rod, 가스 연료에만 적용된다)

화염의 이온화 현상(고온 측 : 양이온)을 통해 이때의 전기전도성을 이용하여 화염의 유무를 검출하는 형식이다.

### (3) 스택 스위치

화염의 발열현상을 이용한 것으로 내부에 바이메탈을 사용 열에 의한 팽창현상으로 화염의 정상유무를 검출한다. 응답속도가 매우 느리므로 소용량 보일러에 사용한다.

## 3. 저수위 경보 장치

안전 저수위 이하로 수위가 감소 시 자동적으로 경보가 울리면서(연료차단 50~100초 전) 연소실 내로 진입되는 연료를 차단시켜 과열현상을 방지하기 위한 장치

> **종류**
> ① 플로트식(맥도널식)
> ② 전극식
> ③ 열팽창력식(코프스식)

> **수위 제어 방식**
> ① 1요소식(단요소식) : 수위만을 이용 검출
> ② 2요소식 : 수위, 증기량을 이용 검출
> ③ 3요소식 : 수위, 증기량, 급수량을 이용 검출

### (1) 맥도널식

내부에 플로트를 설치하여 수위의 부력에 의해 연결된 수은 스위치를 작동하는 형식으로 중·소형 보일러에 가장 많이 사용하는 형식이다.

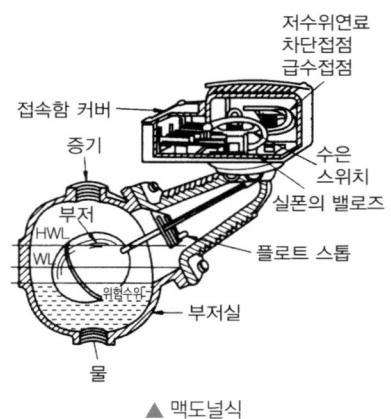

▲ 맥도널식

### (2) 전극식

물의 전기전도도를 이용하여 내부에 수위에 맞는 기본 접점들을 두어 수위의 변화에 나타나는 전기적 신호를 제어 릴레이를 통해 경보하는 형식이다.

### (3) 코프스식(열팽창력식)

금속의 열팽창력을 이용하여 수위를 제어하는 형식이다.

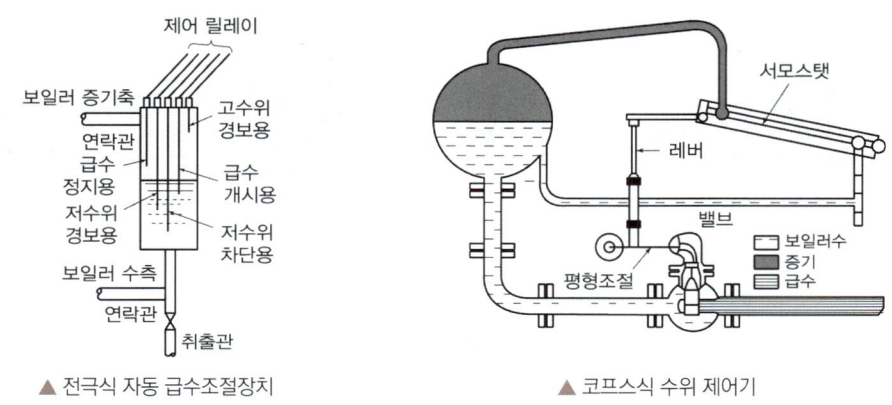

▲ 전극식 자동 급수조절장치    ▲ 코프스식 수위 제어기

## 4. 가용전(fusible plug)

노통이나 화실 천장부에 설치하여 이상온도의 상승으로 과열되게 되면 그 속에 내장된 합금이 녹아 급수가 화실로 분출하여 보일러를 안전운전하게 하는 장치로 납과 주석을 사용한다.

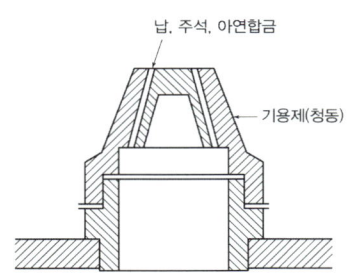

| 합금원소 | | 용융온도 |
|---|---|---|
| 주석 | 납 | |
| 10 | 3 | 150[℃] |
| 3 | 3 | 200[℃] |
| 3 | 10 | 250[℃] |

## 5. 증기 압력 제어기(steam pressure control instrumemt)

### (1) 증기 압력 제한기

수은 스위치의 변위에 의해 전기의 온(ON), 오프(OFF) 신호를 버너와 전자 밸브로 보내 연료의 공급 및 차단을 하는 역할을 한다.

## (2) 증기 압력 조절기

증기 압력에 따른 벨로즈의 신축작용으로 전기저항을 변화시켜 연료량과 함께 공기량을 조절하여 항상 일정한 증기 압력이 되도록 유지하는 장치이다.

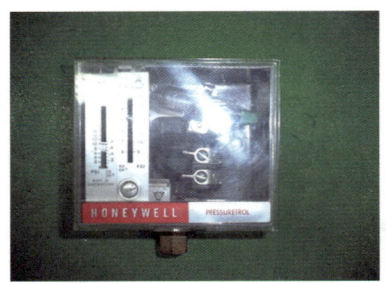
▲ 증기 압력 제한기

▲ 증기 압력 조절기

❖ **설정압력이 낮음에서 높은 순서**
① 압력조절기 → ② 압력제한기 → ③ 안전 밸브 순서이다.

## 6. 방폭문

연소실 내의 미연소가스에 의한 폭발이나 역화의 발생 시 그 폭발압을 외부로 배출시켜, 역화에 의한 보일러의 손상이나 안전사고를 방지하기 위한 장치이며, 형식으로 개방형(스윙식)과 밀폐형(스프링식)이 있다.

▲ 방폭문

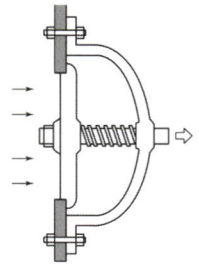
▲ 스프링식(밀폐식)

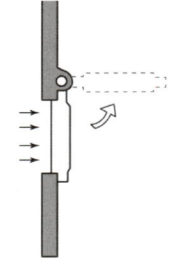
▲ 스윙식(개방식)

> 📦 **설치 위치**
> 
> 연소실 후부나 좌우 측에 설치

## 7. 방출 밸브

온수 보일러에서의 안전장치로 1개 이상 설치하여야 하며 393K(120[℃])를 초과하는 온수 보일러에서는 안전 밸브를 설치하여야 한다. 393K(120[℃]) 이하의 온수 보일러에는 방출 밸브를 설치하여 호칭지름은 20[mm] 이상으로 최고사용압력에 그 10[%](그 값이 0.035MPa(0.35[kg/cm$^2$]) 미만인 경우 0.035MPa(0.35[kg/cm$^2$])으로 함)을 초과하지 않도록 지름과 개수를 정하여야 한다.

| 전열면적 | 방출관의 안지름 |
|---|---|
| 10[m$^2$] 이하 | 25[A] 이상 |
| 10~15[m$^2$] | 30[A] 이상 |
| 15~20[m$^2$] | 40[A] 이상 |
| 20[m$^2$] 이상 | 50[A] 이상 |

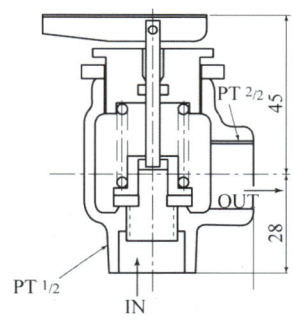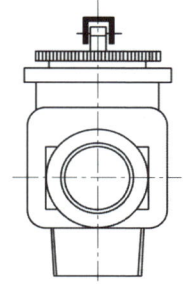

▲ 방출 밸브

## 8. 팽창 탱크(expansion tank)

온수 보일러에서의 이상팽창압력을 흡수하는 장치로 온수의 사용온도에 따라 개방식(85~95[℃]), 밀폐식(100[℃] 이상의 온수)으로 나눈다.

> **팽창 탱크의 설치 목적**
> 
> ① 체적팽창, 이상팽창압력을 흡수한다.   ② 관내 온수온도와 압력을 일정하게 유지한다.
> ③ 보충수 공급   ④ 관수배출을 하지 않아 열손실 방지

❖ 개방형 팽창 탱크의 높이는 최고층의 방열면보다 1[m] 이상 높게 설치하며 밀폐형 팽창 탱크는 설치 위치에 제한을 받지 않는다.

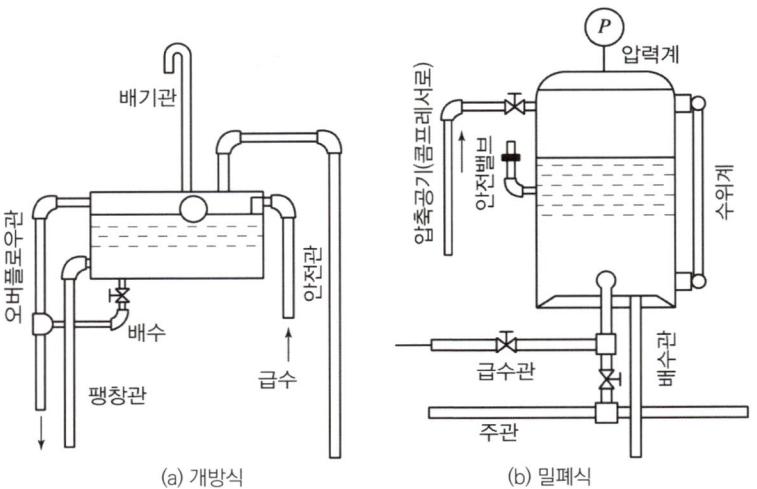

(a) 개방식    (b) 밀폐식

## 9. 연료차단 밸브(전자 밸브)

보일러에서 점화 시 또는 운전 중 불착화, 프리퍼지, 저수위, 압력초과 등의 경우 화염검출기, 댐퍼나 송풍기, 저수위 경보기, 압력차단 스위치 등과 연결되어 응급 시 연료를 차단하는 밸브로 바이패스 배관을 하지 못하는 안전장치의 일종이다.

▲ 유전자 밸브

▲ 가스차단용 전자 밸브

## 05. 기타 부속품

### 1. 압력계

보일러를 안전하게 운전하기 위하여 설치하여야 하며 탄성식 압력계 중 보일러에서는 일반적으로 부르돈관식 압력계를 사용한다.

❖ **탄성식 압력계 종류**
부르동관식, 벨로즈식, 다이어프램식

## 압력계의 크기

① 압력계의 최고눈금은 보일러 최고사용압력의 1.5배 이상, 3배 이하로 한다.(육용강제)
② 문자판 지름은 100[mm] 이상으로 한다.(60[mm] 이상의 경우 안전관리 참조)
③ 재질은 황동으로 내부온도를 353K(80[℃]) 이하로 유지해야 한다.
④ 압력계 연결관은 동관 안지름 6.5[mm], 강관 안지름 12.7[mm] 이상
⑤ 사이폰관의 안지름은 6.5[mm] 이상이어야 한다.

❖ **증기온도가 483K(210[℃]) 이상인 경우 황동관 또는 동관 사용금지**
사이폰관의 내부유체온도 : 80[℃] 이하

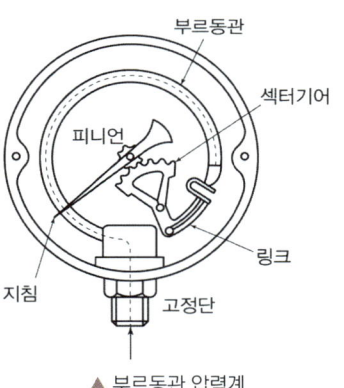
▲ 부르동관 압력계

## 압력계 검사시기

① 두 개가 설치된 경우 지시도가 다를 때
② 비수현상, 포밍 등으로 압력계에 영향이 미쳤다고 생각될 때
③ 신설 보일러의 경우 압력이 오르기 전
④ 부르동관이 높은 열을 받았을 때
⑤ 계속사용 검사를 할 때
⑥ 장기간 휴지 후 사용하고자 할 때
⑦ 안전 밸브의 실제분출압력과 설정압력이 맞지 않을 때

❖ 압력계에 삼방 코크를 부착시키는 이유는 보일러 가동 중 압력계를 시험하기 위함이다.

> **압력계 취급상의 주의 사항**
>
> ① 온도가 353K(80℃) 이상 올라가지 않도록 한다. 부르동관 내에 직접증기가 들어가면 고장이 나기 쉬우므로 사이폰관에 물이 가득 차지 않으면 안 된다. 압력계를 부착할 때에는 사이폰관의 상태에 이상이 없는지 확인하여야 한다.
> ② 압력계 사이폰관의 수직부에 코크를 설치하고 코크의 핸들이 축방향과 일치할 때에 열린 것이어야 한다.
> ③ 압력계의 위치가 보일러 본체로부터 멀리 있어 긴 연락관을 사용할 때에는 본체의 가까운 곳에 정지 밸브를 설치할 필요가 있지만 이 경우 정지 밸브를 완전히 열어 고정하든지 또는 핸들을 뽑아둔다.
> ④ 압력계를 떼어내었을 때에는 코크, 사이폰관, 연락관을 불어내고 이물질 및 녹 등을 제거한다. 스케일이 부착되어 있는 경우에는 완전히 청소하거나 또는 새것으로 교체한다.
> ⑤ 한냉기에 장기간 사용하지 않을 경우에는 동결로 인하여 고장이 발생되므로 압력계를 떼어내어 보관하고, 연락관, 사이폰관을 비워둔다.
> ⑥ 항상 검사받은 정확한 압력계 예비품을 1개 준비해두고 사용 중 압력계의 기능이 의심스러울 때에는 수시로 연락관 코크를 닫고 예비압력계로 교체하여 비교하여 본다.
> ⑦ 압력계는 고장이 나서 바꾸는 것이 아니라 일정사용시간을 정하고 정기적으로 교체해야 한다. 원칙적으로 1년에 1회씩, 압력계의 시험을 하는 것이 필요하다.

## 2. 유량계

유체가 흐르는 양을 측정하기 위하여 사용되는 계측기로 교축에 의한 차압이나 유속분포, 용적을 이용하여 측정한다. 시간당 1[Ton/h] 이상의 보일러에는 급수·급유 유량계를 설치하여야 하며, 유량계전에는 여과기를 설치하여야 한다. 온수 보일러나 난방전용 보일러로서 2[Ton/h] 미만의 보일러는 급유량계를 $CO_2$ 측정 장치로 갈음한다.

## 3. 수면계

증기 보일러 내의 수위를 측정하는 계측기로 수위의 관리는 대단히 중요하므로 항상 정확히 알고 있어야 한다. 증기 보일러에는 2개 이상의 유리수면계를 부착하여야 하며, 밸브류는 한눈에 개폐여부를 알 수 있도록 한다. 또 수면계의 설치는 최하단부가 안전저수위와 일치하여야 한다.

❖ 온수 보일러에는 수고계를 설치한다.

> **원통형 보일러의 안전저수위**
>
> ① 직립형 보일러 : 연소실 천장관 최고부위(플랜지부를 제외) 75[mm]
>
> ② 직립형 연관 보일러 : 연소실 천장관 최고부위, 연관길이의 $\frac{1}{3}$
>
> ③ 수평연관 보일러 : 연관의 최고부위 75[mm]
>
> ④ 노통연관 보일러 : 연관의 최고부위 75[mm](노통 윗면이 높은 것은 노통 최고부위 100[mm])
>
> ⑤ 수위 검출 시 검출기 종류
>
> ㉠ 전극식
>
> ㉡ 플로트식
>
> ㉢ 차압식
>
> ㉣ 열팽창식

## (1) 수면계의 종류

① 원형유리관식 수면계 : 저압용 1MPa(10[kg/cm²]) 유리관의 안지름은 10[mm] 이상일 것

② 평형투시식 수면계 : 고압용으로 4.5MPa(45[kg/cm²])에서 7.5MPa(75[kg/cm²])용이 있다.

③ 평형반사식 수면계 : 수부를 검게 나타낸 것으로 1.6MPa(16[kg/cm²])에서 2.5MPa(25[kg/cm²])용이 있다.

④ 2색식 수면계 : 고압용 수위의 식별을 위해 색유리의 굴절차로 색이 나타나게 한 수면계이다. (녹색 : 물, 적색 : 증기)

⑤ 멀티포트식 수면계 : 원격지시수면계이며, 21MPa(210[kg/cm²])까지의 초고압용으로 사용된다.

 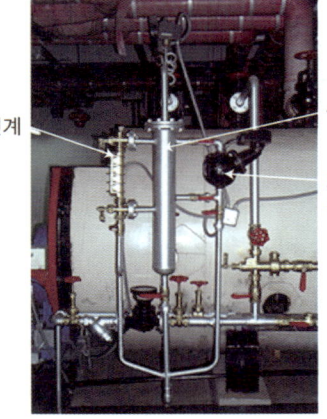

▲ 수면계

### (2) 수주관의 설치

육용강제 보일러의 경우 수면계에 온도상승, 압력팽창 등으로 인한 수면계 파손으로부터 보호하며 불순물로 인한 연락관을 막히게 하는 장애가 일어나지 않도록 원통형 강판으로 제작 설치한다.(단, 주철제 수주관을 사용하는 경우는 1.6MPa(16[kg/cm²]) 이하에서 사용한다)

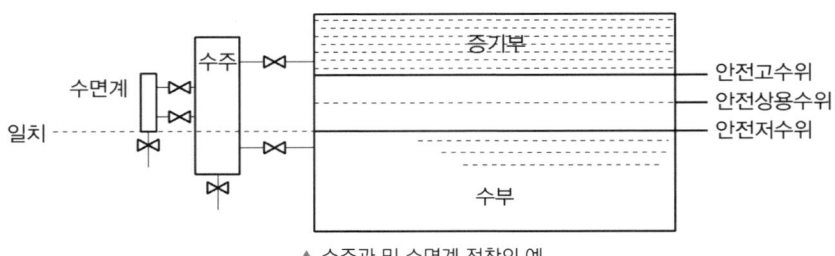

▲ 수주관 및 수면계 정착의 예

### (3) 수면계 점검순서

① 물 밸브를 닫는다.
② 증기 밸브를 닫는다.
③ 드레인 밸브를 열어 물을 빼낸다.
④ 물 밸브를 열고 확인 후 잠근다.
⑤ 증기 밸브를 연다.
⑥ 드레인 밸브를 닫고 물 밸브를 연다.

### (4) 수면계 점검시기

① 비수·포밍 발생 시
② 두 개의 수면계 수위가 서로 다를 때
③ 수위가 보이지 않을 때
④ 수면계의 움직임이 둔하고, 수위가 의심스런 경우
⑤ 보일러를 가동하기 전

### (5) 수면계 파손원인

① 무리한 너트의 조임
② 외부에서 충격을 가할 때
③ 급열·급랭 시
④ 상하부의 축이 이완되었을 때

## 06. 기타 부속 장치

### 1. 분출 장치(blow-system)

> **분출목적**
> ① 관수의 불순물 농도를 한계값 이하로 유지(농축 방지)
> ② 관수의 pH를 조절(급수의 pH : 7~9(8.5), 보일러수의 pH : 10.5~11.5)
> ③ 캐리오버 현상을 방지
> ④ 관수의 신진대사 촉진으로 대류열 향상
> ⑤ 스케일, 슬러지 생성 방지 및 청소 보존을 위해

#### (1) 수저분출(단속분출)

침전된 슬러지를 배출하는 것으로 동저부 가장 낮게 설치한다. 일반적으로 하나의 밸브(코크)를 사용하나 두 개의 밸브를 사용할 때에 보일러 가까이 급개형 밸브(코크) 그 뒤에 서개형 밸브(점개형 밸브)를 설치하며, 개방 순서는 코크(급개형)를 열고 서개형 밸브를 연다. (잠글 때는 역순)(단, 저압보일러의 경우는 보일러 가까이에 서개형 밸브 먼 쪽에 코크를 설치한다. 개방순서는 코크를 열고 서개형 밸브를 연다.)

> ❖ 급개 밸브는 전폐상태에서 급속히 전개하는 것으로, 또 점개형 밸브는 전폐 상태에서 전개까지 밸브축을 5회 이상 회전하는 것이다. 이 경우 급개 밸브는 잠금용으로 사용하고, 점개 밸브는 분출용으로 사용한다.

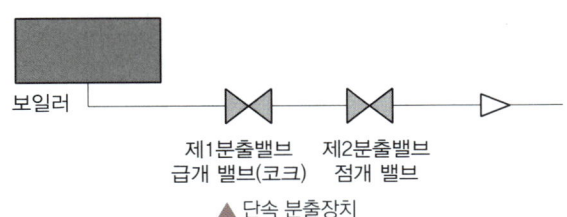

▲ 단속 분출장치

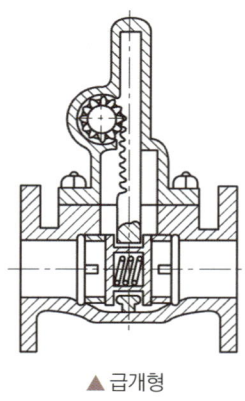
▲ 급개형

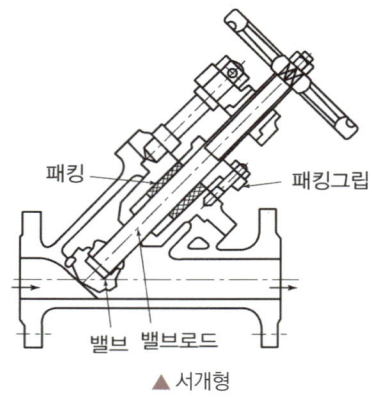
▲ 서개형

❖ 슬러지가 장기간 퇴적되면 스케일(관석)이 된다. 이때에는 분출이 안 되므로 급수처리의 상태에 따라 분출횟수를 결정한다.

### (2) 수면분출(연속분출)

동내부 안전저수위보다 약간 높게 설치하여 유지분, 부유물 등을 제거하는 장치로 수의 농도를 일정하게 유지하도록 조절 밸브에 의해 분출량을 가감하는 연속분출 형식도 있다. 배출된 관수는 플래시(flash) 탱크에 들어가 증기는 기화하여 회수하고 내부에 담긴 농축수는 배출하도록 되어 있다.

▲ 연속분출장치

### 📦 분출시기

① 보일러 점화 전
② 운전 중인 보일러에는 부하가 가장 가벼울 때
③ 프라이밍 포밍의 발생 시
④ 고수위로 가동될 때
⑤ 관수의 농축이 지나치다고 생각될 때

### 📦 분출 시 주의사항

① 관수 중 불순물 농도를 분석하여 분출량을 측정한다.
② 분출은 2명이 1조로 하되 수위의 감시를 철저히 하도록 한다(저수위 사고).
③ 분출은 가급적 시동 전 또는 부하가 가장 가벼운 때에 한다.
④ 1일 1회 이상 분출하되 신속히 작업한다.
⑤ 비수현상 시나 농축되었을 때 분출한다.
⑥ 매화를 한 보일러는 불때기 직전에 한다.

### 📦 매화(埋火)

석탄 때기의 경우 소화 시 완전 소화하지 않고 재로 불씨를 묻는 것을 말하며 매화 시는 다음날 분출을 위해 수위를 약간(상용수위보다 100[mm] 높게) 높여 둔다.(매화는 점화 · 재점화 시 수고를 덜기 위해 한다)

### 📦 밸브 설치

① 최소한 0.7MPa([7kg/cm$^2$]) 이상에 견딜 것
② 보일러 가까이에 급개형 밸브, 그 뒤에 서개형 밸브를 설치한다.
③ 밸브는 침전물이나 퇴적물이 쌓이지 않는 구조일 것
④ 호칭 25~65[A]를 사용한다(주철제 보일러는 20~70[A]).
⑤ 전열 면적(보일러) 10[m$^2$] 이하의 경우 20[A]

❖ 최고사용압력이 1.3MPa(13kg/cm$^2$)을 초과하는 보일러의 분출 밸브는 회주철 또는 펄라이트 가단주철로 하고, 최고사용압력이 1.9MPa(19kg/cm$^2$)을 초과하는 보일러의 분출 밸브는 흑심가단 주철제로 한다.

## 2. 수트 블로워(매연 분출기, soot blower)

전열면에 부착된 그을음을 제거하는 장치로 증기분사·공기분사·물분사의 형식이 있으며 주로 수관식 보일러에 사용한다.

### (1) 롱 리트랙터블형(long retractable : 삽입형)
긴 분사관을 이용 선단에 노즐을 설치 청소하는 것으로 고온의 전열면에 주로 사용된다.

### (2) 로터리형(rotary : 회전형)
회전을 하면서 분사 청소하는 것으로 연도 등의 주로 저온의 전열면에 사용된다.

### (3) 건형(gun : 총형)
일반적 전열면에 사용한다.

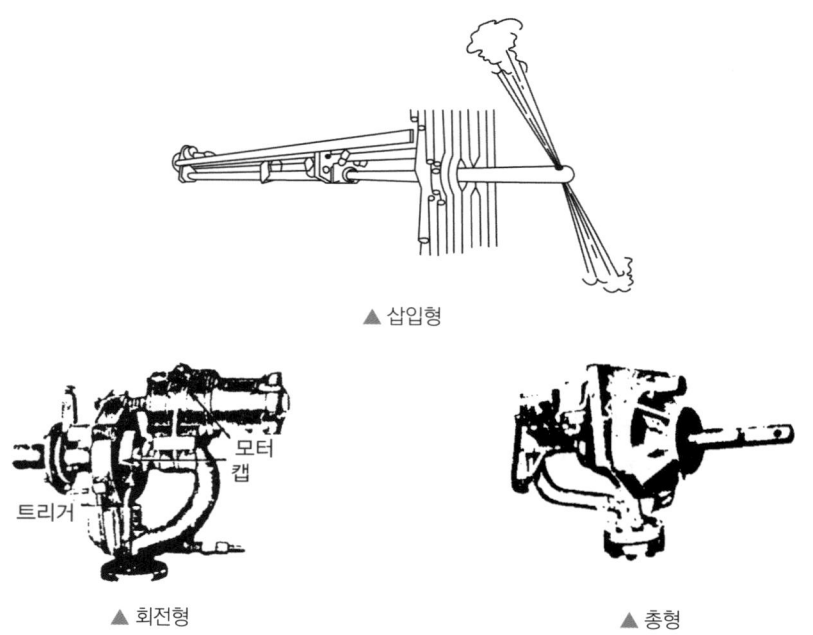

▲ 삽입형

▲ 회전형    ▲ 총형

> **수트 블로워(soot blower) 사용 시 주의사항**
> ① 부하가 적거나(50[%] 이하) 소화 후 사용하지 말 것
> ② 분출하기 전 연도 내 배풍기를 사용하여 유인통풍을 증가시킬 것
> ③ 분출기 내의 응축수를 배출시킨 후 사용할 것
> ④ 한곳에 집중적으로 사용하여 전열면에 무리를 가하지 말 것
> ⑤ 연료의 종류, 분출 위치, 증기의 온도 등에 따라 분출시기를 결정할 것

> 📦 **종류**

① 고온 전열면 블로워 - 롱리트랙터블형

② 연소 노벽 블로워 - 숏트랙터블형

③ 전열면 블로워 - 건타입형

④ 저온전열면 블로워 - 로터리형

⑤ 공기예열기 블로워 - 롱리트랙터블형, 트래벌링 프레임형

# CHAPTER 04

PART 01. 이론편

# 연소장치

## 01. 액체연료의 연소 장치

액체연료는 대체적으로 버너(burner) 연소방식을 사용하며 중질·경질의 연료에 따라 무화방식과 기화방식으로 나눈다.(심지연소방식과 포트연소방식도 있다)

❖ **무화의 목적**
① 단위중량당 표면적을 넓게 한다.
② 연료와 공기 혼합 양호
③ 완전연소 용이(연소효율 증가)

❖ **무화의 종류**
① 유압무화
② 이류체무화
③ 충돌무화
④ 회전이류체무화
⑤ 초음파무화(진동무화)
⑥ 정전기무화

❖ **기화연소(경질유 연소)**
연료를 고온의 물체에 접촉 또는 충돌시켜 가연성 증기로 바꾸어 연소시키는 방법

### (1) 버너 선택 시 주의사항

① 상의 구조, 사용유의 성질, 사용유량 등에 적합해야 한다.
② 연소제어의 범위나 설비비 등이 고려되어야 한다.
③ 통풍 장치(댐퍼제어)의 제어범위를 고려해야 한다.

### (2) 버너의 종류

① 유압 분무식 : 연료유에 기어 펌프로 0.5~2MPa(5~20[kg/cm$^2$]) 정도의 압력으로 연료를 분무시키는 방식으로 환류방식과 비환류방식으로 나눈다.

> ❖ 유량조절방법
> ① 버너 팁 교환
> ② 버너수의 가감
> ③ 플런저식 압력분무 방식을 택한다.
> ④ 환류식 버너 사용

② 회전식 버너 : 버너 전방에 분사컵을 설치하여 고속으로 회전하면서 원심력을 얻어낸다. 이때 연료를 0.03MPa(0.3[kg/cm$^2$]) 정도 가압 분출하여 1차로 공급된 공기가 에어 노즐을 통해 무화하는 형식이다.

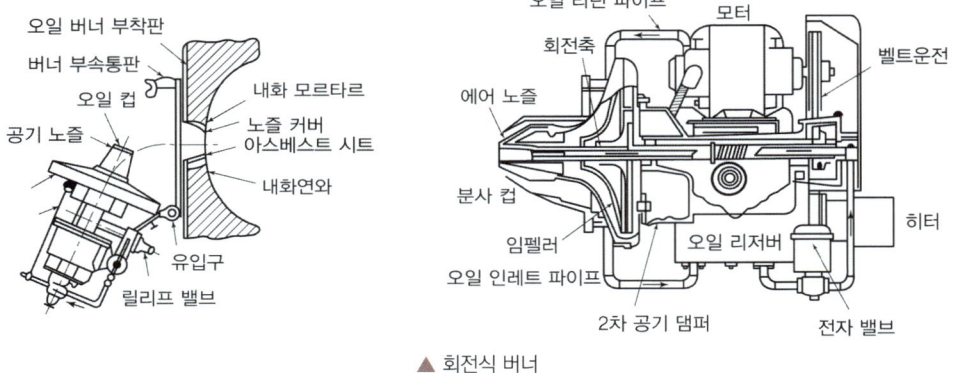

▲ 회전식 버너

③ 기류식 버너

　㉠ 저압공기(증기) 분무식 버너 : 연료유를 자연낙하시키고 그때 저압의(0.05~0.2[kg/cm$^2$]) 공기(증기)를 분출하여 무화하는 형식으로 비교적 고점도 유체라도 무화가 양호하고 유량조절범위 1 : 5 이상, 분무각 30~60° 정도의 구조가 간단하며 가격이 싼 버너이다.

　㉡ 고압증기(공기) 분무식 버너 : 저압공기 분무와 동일한 원리로 0.2~0.7MPa(2~7[kg/cm$^2$])의 고압공기(증기)를 사용하는 형식이다. 공기와 연료유의 혼합방식에 따라 외부혼합식과 내부혼합식으로 구분되고 유량조절범위는 1 : 10 정도로 넓으나 분무각이 30°로 좁다.

④ 건 타입 버너(Gun type) : 송풍기와 버너를 조합한 형식으로 제어방식이 용이한 버너이다. 0.7MPa(7[kg/cm$^2$]) 정도의 유압으로 노즐에 공급하며 연소조절은 ON - OFF 방식이다.

▲ 건 타입 버너

### (3) 보염 장치

착화와 연소화염을 안정시키고 공기와 연료의 혼합을 도모케 하여 저공기비 연소를 하게 하는 장치이다.

> ❖ **설치 목적**
> ① 연료의 분무를 돕고 공기와의 혼합을 양호하게 한다.
> ② 안정된 착화를 도모한다.
> ③ 화염의 형상을 조절한다.
> ④ 연소실의 온도분포를 고르게 하고 국부과열을 방지한다.

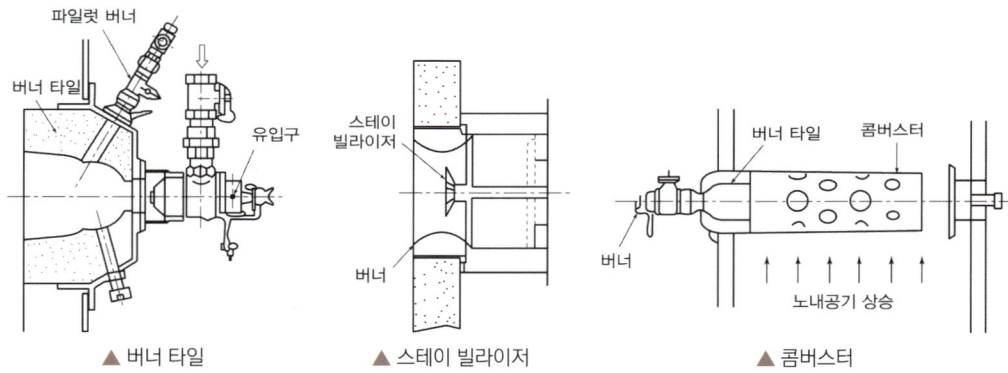

▲ 버너 타일    ▲ 스테이 빌라이저    ▲ 콤버스터

① 스테이빌라이저 : 연료유의 분무흐름이나 연소공기 사이에서 저유속 흐름을 유도함으로 불꽃의 안정성을 유지케 하는 장치이다.

② 윈드 박스(wind box) : 버너 벽면에 설치된 밀폐상자로 공기흐름을 적절히 유지하며 동압을 정압 상태로 바꾸어 착화나 연속화염을 안정시키는 장치이다.

③ 버너 타일 : 버너의 첨단부분을 보호하며 화염의 모양을 형성시켜 연속화염을 안정시키는 내화재로 구축된 장치이다.

④ 콤버스터 : 저온의 노에서도 연소를 안정시켜 분출흐름의 모양을 안정시킨 장치이다.

### (4) 급유계통의 장치

① **저장 탱크(storage tank)** : 연료 메인 탱크로 7~14일 정도의 분량을 저장하며 저장온도는 40~50[℃] 정도이다.

② **서비스 탱크(service tank)** : 버너로 이송하기 전 저장 탱크로부터 3~5시간 정도 사용할 분량을 저장하는 탱크로 보일러로부터 2[m] 이상 떨어져야 하며 버너보다 1.5[m] 이상 높게 설치한다.(가열온도 60~70[℃])

> **급유계통의 이송경로**
> 저장탱크 → 여과기 → 기어 펌프 → 서비스탱크 → 여과기 → 오일프리히터 → 유압펌프 → 급유온도계 → 유압계 → 유량조절밸브(전자 밸브) → 버너

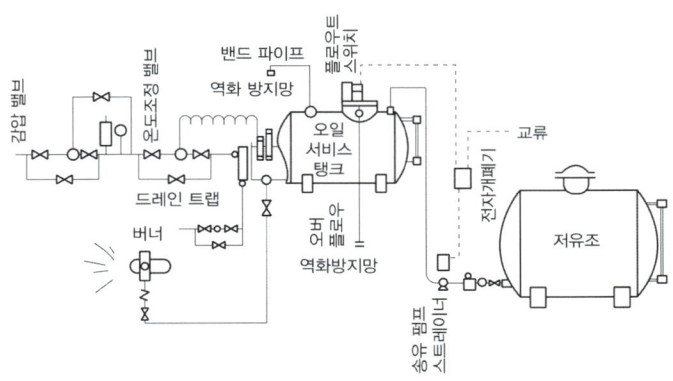

▲ 서비스 탱크 주위배관의 예

▲ 유예열기

> **유예열기(oil preheater)**
> 중유의 점도가 높아 분무 시 무화를 돕기 위해 가열하여 적정점도로 유지하기 위해 가열하는 장치이다. 증기로 가열하는 증기식, 온수로 가열하는 온수식, 전기로 가열하는 전열식이 있다.(예열온도 : 80~90[℃])

> **용량계산식**
>
> $$kWh = \frac{Gf \times C \times (t_1 - t_2)}{860 \times \eta}$$
>
> $Gf$ : 시간당 연료소비량[kg/h]   $C$ : 연료평균비열[kcal/kg℃]
> $t_1$ : 유예열기 출구온도[℃]   $t_2$ : 유예열기 입구온도[℃]   $\eta$ : 효율[%]

> **오일 펌프**
> ① 원심 펌프
> ② 기어 펌프
> ③ 스크루 펌프

❖ **가열온도가 너무 높으면**
 ① 관내에서 기름의 분해가 일어난다.
 ② 분무상태가 고르지 못하다.
 ③ 분사각도가 흐트러진다.
 ④ 탄화물 생성의 원인이 된다.

❖ **가열온도가 너무 낮으면**
 ① 무화가 불량해진다.
 ② 불길이 한편으로 흐른다.
 ③ 그을음·분진이 발생한다.

## (5) 기체연료 연소장치

연료 자체가 연소성이 우수하여 안정된 화염을 얻을 수 있고 연속제어가 용이하므로 자동화설비에도 적합하다. 연소용 공기의 공급방식에 따라 확산연소방식과 예혼합방식이 있다.

① 확산연소 방식 : 연소용 공기를 고온으로 예열 사용할 수 있는 방식으로 고온에서 열분해가 일어나는 관계에 따라 포트형, 버너형으로 구분된다. 특히 천연가스에 적합한 종류는 방사형이다.

② 예혼합 방식

㉠ 저압 버너 : 1차 공기를 이론공기량의 60[%] 정도 흡입하여 가스압력을 낮게 하고 노내를 부압으로 유지하면서 2차 공기를 흡입하여 연소하는 방식이다. 발열량이 높은 연료에서는 노즐 지름을 작게 하고 가스압력과 2차 공기의 흡인능력을 크게 해야 한다.

㉡ 고압 버너 : 고온의 노에 0.2MPa(2[kg/cm$^2$]) 이상의 가스압력으로 연소하는 버너이다.

㉢ 송풍 버너 : 연소용 공기를 가압 송입하는 형식으로 연료가스와 공기혼합비율에 폭발되지 않도록 주의해야 한다.

## 02. 연소계산

▼ 공기의 조성

| 단위 \ 원소 | 단 위 | 산소 | 산소 |
|---|---|---|---|
| 질 량 | kg | 23.2[%] | 76.8[%] |
| 체 적 | Nm$^3$ | 21[%] | 79[%] |

▼ 원소기호 및 분자식

| 명칭 | 원소기호 | 원자량 | 분자식 | 분자량 |
|---|---|---|---|---|
| 탄소 | C | 12 | C | 12 |
| 수소 | H | 1 | $H_2$ | 2 |
| 산소 | O | 16 | $O_2$ | 32 |
| 질소 | N | 14 | $N_2$ | 28 |
| 황 | S | 32 | S | 32 |
| 공기 | | | | |
| 일산화탄소 | | | CO | 28 |
| 아황산가스 | | | $SO_2$ | 64 |
| 탄산가스 | | | $CO_2$ | 44 |
| 프로판 | | | $C_3H_8$ | 44 |
| 메탄 | | | $CH_4$ | 16 |
| 에탄 | | | $C_2H_6$ | 30 |

## 1. 발열량

연료의 단위량(고체 및 액체 1[kg], 기체 1[Nm$^2$])가 완전연소 시에 발생된 열량을 발열량이라 한다.

- 고위발열량($Hh$) : 열량계에 의해 측정된 발열량(총발열량)
- 저위발열량($Hl$) : 고위발열량에서 수증기의 응축열을 제거한 열량(진발열량)

   *Nm$^3$ : 표준상태에서의 체적[m$^3$]을 말하며 0[℃], 1.0332[kg/cm$^2$](760[mmHg])일 때의 기체 체적이다.(아보가드로의 법칙에 의해 모든 기체의 1 분자량의 체적은 1[kmol]당 22.4[Nm$^3$]임)

### (1) 고위발열량의 계산

①     C   +   $O_2$   →   $CO_2$ = 97200[kcal/kmol]

     1[kmol]      1[kmol]      1[kmol]

     12[kg]      32[kg]      44[kg]

> **탄소(C) 1[kg]당 발열량**
> 97200[kcal/kmol]÷12[kg/kmol]=8100[kcal/kg]

②     $H_2$   +   $\frac{1}{2}O_2$   →   $H_2O$(물) = 68000[kcal/kmol]

     1[kmol]      0.5[kmol]      1[kmol]

     2[kg]      16[kg]      18[kg]

> **수소(H) 1[kg]당 발열량**
> 68000[kcal/kmol]÷2[kg/kmol]=34000[kcal/kg]

❖ **수증기의 경우**

$H_2 + \frac{1}{2}O_2$ → $H_2O$(수증기) = 57200[kcal/kmol]이므로 저위 발열량이 등장한다.

③     S   +   $O_2$   →   $SO_2$ = 80000[kcal/kmol]

     1[kmol]      1[kmol]      1[kmol]

     32[kg]      32[kg]      64[kg]

> **황(S) 1[kg]당 발열량**
>
> 80000[kcal/kmol] ÷ 32[kg/kmol] = 2500[kcal/kg]
>
> ∴ $Hh$(고위발열량) = 8100C + 34000(H - $\frac{O}{8}$) + 2500S [kcal/kg]

## (2) 저위발열량의 계산

연소실 내에 공급된 열량 중 수소는 완전연소 후 물이 되는데 실제로 물은 기화하여 수증기화 되어 배기되므로 전열에 도움이 되는 열량은 그 응축열을 제거한 저위발열량이라 하겠다. 연료 속의 수분($W$) 역시 응축열을 남기므로, 그 식은 다음과 같다.

$$Hl(저위발열량) = [8100C + 34000(H - \frac{O}{8}) + 2500S] - 600(9H + W)$$
$$= 8100C + 28600H - 4250O + 2500S - 600W$$
$$= Hh - 600(9H + W)$$

## 2. 이론산소량($O_0$), 이론공기량($A_0$)

### (1) 이론산소량($O_0$)의 계산

연료를 이론적으로 완전연소시키는데 필요한 최솟값의 산소량이다.

①      C      +      $O_2$      →      $CO_2$

        1[kmol]         1[kmol]         1[kmol]

        22.4[$Nm^3$]      22.4[$Nm^3$]      22.4[$Nm^3$]

        12[kg]           32[kg]           44[kg]

> **탄소 1[kg]당 이론산소량**
>
> 22.4[$Nm^3$] ÷ 12[kg] = 1.867[$Nm^3$/kg] = 32[kg] ÷ 12[kg] = 2.667[kg/kg]

②      $H_2$      +      $\frac{1}{2}O_2$      →      $H_2O$

        1[kmol]         $\frac{1}{2}$[kmol]         1[kmol]

        22.4[$Nm^3$]      11.2[$Nm^3$]      22.4[$Nm^3$]

        2[kg]            16[kg]           18[kg]

> 📦 **수소 1[kg]당 이론산소량**
> 
> $11.2[Nm^3] \div 2[kg] = 5.6[Nm^3/kg] = 16[kg] \div 2[kg] = 8[kg/kg]$

③     S    +    $O_2$    →    $SO_2$
       1[kmol]     1[kmol]     1[kmol]
       22.4[$Nm^3$]   22.4[$Nm^3$]   22.4[$Nm^3$]
       32[kg]      32[kg]      64[kg]

> 📦 **황 1[kg]당 이론산소량**
> 
> $22.4[Nm^3] \div 32[kg] = 0.7[Nm^3/kg] = 32[kg] \div 32[kg] = 1[kg/kg]$
> 
> ∴ 이론산소량($O_o$) = $\boxed{1.867C + 5.6(H - \dfrac{O}{8}) + 0.7S[Nm^3/kg]}$
> 
>                  = $2.667C + 8(H - \dfrac{O}{8}) + 1S[kg/kg]$

## (2) 이론공기량($A_o$)의 계산

∴ 이론공기량($A_o$) = $\boxed{8.89C + 26.67(H - \dfrac{O}{8}) + 3.33S[Nm^3/kg]}$
                     = $8.89C + 26.67H + 3.33(S - 0)$
                     = $[1.867C + 5.6(H - \dfrac{O}{8}) + 0.7S] \times \dfrac{100}{21}[Nm^3/kg]$
                     = $11.49C + 34.5(H - \dfrac{O}{8}) + 4.31S[kg/kg]$

> ❖ **저위발열량에 의한 이론공기량 간이식**
> 
> ① (액체연료) $A_0 = 12.38 \times \dfrac{Hl - 1100}{10000}[Nm^3/kg] = 2.96 \times \dfrac{Hh - 4600}{1000}$
> 
> ② (고체연료) $A_0 = 1.01 \times \dfrac{Hl + 550}{10000} = 0.242 \times \dfrac{Hl - 2300}{10000}$

## 3. 실제공기량(A)

연료를 실제로 완전연소시키는 경우 이론공기량만으로는 불충분하므로 부족한 공기를 추가공급하여 완전연소시킬 때의 공기를 말하며 이때의 추가공기를 과잉공기라 한다.

$$\therefore 실제공기량(A) = 이론공기량(A_0) + 과잉공기량$$
$$실제공기량(A) = 공기비(m) \times 이론공기량(A_0)$$

❖ **과잉공기**

이론공기량만으로는 완전연소가 불가능하므로 더 보내지는 여분의 공기

과잉공기 $= A - A_0$          과잉공기율[%] $= (m-1) \times 100$[%]
$\qquad\quad = mA_0 - A_0$
$\therefore \boxed{(m-1)A_0 [Nm^3/kg]}$

## 4. 공기비(m)

실제로 사용한 공기량이 이론공기량의 몇 배에 해당되는가를 나타낸 계수다. 즉, 실제공기량과 이론공기량의 비이다.

$$\therefore m = \frac{A}{A_0}, \quad A = m \cdot A_0$$

### (1) 완전 연소 시

$$m = \frac{A}{A_0} = \frac{A}{A - 과잉공기}$$

$$m = \frac{N_2}{N_2 - 3.76 O_2}$$

📦 **배기가스 중 $O_2$ 함량에 의한 계산**

$$m = \frac{21}{21 - O_2}$$

### (2) 불완전 연소 시

$$m = \frac{N_2}{N_2 - 3.76(O_2 - 0.5CO)}$$
$$\therefore N_2 = 100 - (CO_2 + O_2 + CO)$$

### (3) $CO_2$ max[%]에 의한 방법

$$m = \frac{CO_2 max[\%]}{CO_2[\%]}$$

## 5. 최대 탄산가스율[%]($CO_2$ max [%])

### (1) 기체연료의 경우

• 완전연소 시

$$CO_2 max[\%] = \frac{CO_2[\%]}{100 - O_2\%/0.21} \times 100 = \frac{21 CO_2}{21 - O_2}$$

• 불완전연소 시(CO가 존재할 때)

$$CO_2 max[\%] = \frac{21(CO_2 + CO)}{21 - O_2 + 0.395 CO}$$

### (2) 고체 및 액체연료의 경우

$$CO_2 max[\%] = \frac{1.867C + 0.7S}{이론건연소가스량} \times 100$$

## 6. 배기가스량 계산

### (1) 이론건배기가스량

① 고체 및 액체연료

$$G_0' = (1 - 0.21)A_o + 1.867C + 0.7S + 0.8N (Nm^3/kg)$$

② 기체연료

$$G_o' = (1 - 0.21)A_o + CO_2 + CO + CH_4 \cdots + N_2 (Nm^3/Nm^3)$$

### (2) 이론습배기가스량

$$G_0' = (1 - 0.21)A_o + 1.867C + 0.7S + 0.8N + 11.2H + 1.25W (Nm^3/kg)$$

### (3) 실제건배기가스량

① 고체 및 액체연료

$$G' = (m - 0.21)A_o + 1.867C + 0.7S + 0.8N (Nm^3/kg)$$

② 기체연료

$$G' = (m - 0.21)A_o + CO_2 + CO + CH_4 \cdot + N_2 (Nm^3/Nm^3)$$

### (4) 실제습배기가스량

$$G = (m - 0.21)A_o + 1.867C + 0.7S + 0.8N + 11.2H + 1.25W (Nm^3/kg)$$

> **$G_{ow}$(이론 습배기가스량)의 $Hl$(저위발열량)을 이용한 간이식**
>
> $G_{ow}$(액체연료) = $\boxed{15.75 \times \dfrac{Hl-1100}{10000} - 2.18 [Nm^3/kg]}$
>
> $G_{ow}$(기체연료) = $11.9 \times \dfrac{Hl}{10000} + 0.5 [Nm^3/kg]$
>
> $G_{ow}$(고체연료) = $0.905 \times \dfrac{Hl+550}{10000} + 1.17 [Nm^3/kg]$

## 03. 통풍장치 및 집진장치

### 1. 통풍

#### (1) 자연통풍

소형 보일러에 채택되며 배기가스와 공기의 비중차와 연돌의 높이에 의한 능력으로 통풍된다. 배기가스의 유속은 3~4[m/sec] 정도이다.

> **통풍력을 크게 하려면**
>
> ① 연돌의 높이를 높인다.
> ② 배기가스 온도를 높인다.
> ③ 굴곡부를 줄인다.(굴곡부 3개소 이내)
> ④ 연돌 상부 단면적을 크게 한다.

> **이론 통풍력 계산**
>
> ① $Z = H(r_a - r_g)$
>
> ② $Z = 273H\left(\dfrac{r_a}{T_a} - \dfrac{r_g}{T_g}\right)$
>
> ③ $Z = 355H\left(\dfrac{1}{T_a} - \dfrac{1}{T_g}\right)$ → 액체 연료의 경우
>
> $Z = H\left(\dfrac{353}{T_a} - \dfrac{367}{T_g}\right)$ → 고체 연료의 경우
>
> $H$ : 연돌높이[m]　　　　　$r_a$ : 외기공기 비중량[kg/m³]　　　$Z$ : 통풍력[mmH$_2$O]
> $r_g$ : 배기가스 비중량[kg/m³]　$T_a$ : 외기공기의 절대온도[K]　　$T_g$ : 배기가스의 절대온도[K]

❖ 실제통풍력은 이론통풍력에서 마찰손실수두를 뺀 값으로 편의상 약 20[%]를 줄인다.
∴ 실제통풍력=이론통풍력×0.8

### (2) 강제통풍

① 압입통풍 : 연소실 앞에 압입송풍기를 장착하여 통풍하는 방식으로 노내압이 대기압보다 높아(정압) 연소가스나 화염의 누설이 발생할 수 있다. 배기가스의 유속은 8[m/sec] 정도이며 예열용 공기를 사용할 수 있다.

② 유인통풍 : 흡입통풍이라고도 하며 연도에 배풍기를 장착하여 통풍하는 방식으로 노내압이 대기압보다 낮아(부압) 외기공기의 누입이 발생될 수 있다. 배기가스의 유속은 10[m/sec] 정도이며 예열된 공기 사용이 불가능하다.

③ 평형통풍 : 압입통풍과 유인통풍을 절충한 형식으로 연소실 앞에 송풍기와 연도 내에 배풍기를 장착 정·부압을 임의로 조정 사용할 수 있다. 배기가스 유속은 10[m/sec] 이상이며 실제적으로 가장 많이 사용되는 통풍방식으로 소요동력이나 설치비가 많이 든다.

---

**연돌 상부 단면적의 계산**

$G = F \cdot W$에서

$F = \dfrac{G}{W}$이나 $G$(배기가스량)이 [Nm³]

즉, 표준 상태에 있으므로 온도와 압력을 보정하게 된다.

$\therefore F = \dfrac{G \times \dfrac{T_2}{T_1} \times \dfrac{P_1}{P_2}}{W \times 3600}$ 여기서 $\dfrac{T_2}{T_1}$의 값은 $(1+0.0037[℃])$가 되므로

$F = \dfrac{G \times (1+0.0037t[℃]) \times \dfrac{P_1}{P_2}}{W \times 3600}$ [m²]

$F$ : 단면적[m²]   $G$ : 배기가스량[Nm³/h]   $T_1, T_2$ : 표준 상태, 배기가스의 절대온도[K]
$P_1, P_2$ : 표준 상태, 배기가스의 압력[kg/cm², mmHg]   $W$ : 유속[m/sec]

---

## 2. 송풍기

압입송풍기와 흡입송풍기가 요구되며 압입송풍기는 풍압이 낮고, 송풍량이 큰 것이 필요하고 흡입송풍기는 부식이나 마모에 강하고 또한 열에도 잘 견디어야 한다.

## (1) 원심식 송풍기

① 다익 송풍기(sirocco fan) 전향 날개
- 특징
  ㉠ 효율은 낮으나 설치면적이 적다.
  ㉡ 소형, 경량이며 값이 싸다.
  ㉢ 저정압, 저회전에 적합하다.

▲ 다익 송풍기 　　　▲ 전향 날개 　　　▲ 터보 송풍기

▲ 후향 날개 　　　▲ 축류형 　　　▲ 방사형 날개

② 터보 송풍기(turbo fan) 후향 날개
- 특징
  ㉠ 효율이 높고 설치면적도 크게 차지한다.
  ㉡ 대형이며 가격이 비싸다.
  ㉢ 고속회전으로 소음이 크다.
  ㉣ 풍압이 높다.

③ 플레이트 송풍기(plate fan)
- 특징
  ㉠ 효율이 높다.
  ㉡ 풍압이 낮다.
  ㉢ 풍량은 그다지 많지 않다.

## (2) 축류식 송풍기(axial fan)

- 종류
  ① 프로펠러형(배기·환기용)
  ② 디스크형(배기·환기용)

> **각 송풍기의 비교**
> - 풍압 : 터보>플레이트>다익
> - 효율 : 터보>플레이트>다익

> **송풍기 소요동력 계산**
> 
> $$kW = \frac{Q[m^3/min] \times P[mmH_2O]}{102[kg \cdot m/s] \times 60[s/min] \times \eta}$$
> 
> $$PS = \frac{Q \cdot P}{75 \times 60 \times \eta}$$
> 
> $Q$ : 풍량[m³/min]    $P$ : 풍압[mmH₂O]    $\eta$ : 효율

## 3. 댐퍼

### (1) 설치 목적

① 통풍력을 조절한다.
② 배기가스의 흐름을 차단한다.
③ 주연도에서 부연도로 전환한다.

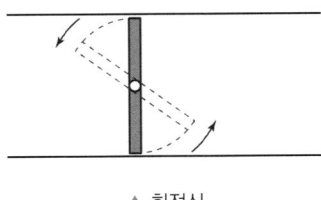

▲ 회전식

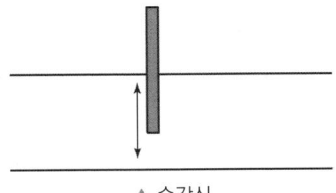

▲ 승강식

### (2) 종 류

① 댐퍼 형식
  ㉠ 회전식 : 댐퍼판의 중앙 또는 한쪽으로 회전축을 설치하여 개폐도에 의해 통풍력을 조절한다.
  ㉡ 승강식 : 댐퍼판의 승강에 의하여 개폐도를 조절한다. 대형 보일러용

② 형상에 의한 종류
  ㉠ 버터플라이 댐퍼
  ㉡ 다익 댐퍼
  ㉢ 스플릿 댐퍼

> **풍량조절방식**
> ① 댐퍼의 조절에 의한 것
> ② 섹션 베인의 개도에 의한 방법
> ③ 전동기 회전수에 의한 방식

### 4. 집진장치(集塵裝置)

연소로 인한 항진배기가스 중 분진(dust), 회분, 유해가스($CO$, $SOx$, $NOx$) 등을 처리하는 장치로 건식과 습식이 있다.

### (1) 건식 집진장치

① 중력침강식
② 관성력식
③ 원심력식
④ 여과기(filter)
⑤ 전기식(cottrell)

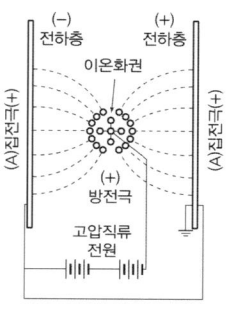 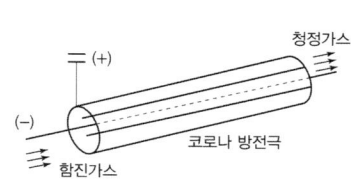

▲ 코로나 방전관

### (2) 습식 집진장치

- 세정식 : 물 또는 다른 액체의 액면 또는 액막에 의해 함유가스를 세정하여 가스흐름으로부터 분진입자를 분리 포집하는 방식이다. 건식법에 비해 높은 집진율을 얻을 수 있으나 용수의 확보와 배수처리 대책이 문제시된다.

① 가압수식
② 유수식
③ 회전식

### 5. 매연농도측정 및 매연농도계

① 매연의 발생 원인
  ㉠ 연소기술의 미숙
  ㉡ 통풍의 과다 및 부족 시
  ㉢ 공기와 연료와의 혼합불량
  ㉣ 연소실의 온도가 너무 낮다.
  ㉤ 연료 속에 슬러지, 수분 등의 혼입 시
  ㉥ 연료에 따른 연소장치의 부적정
② 매연농도계의 종류

### (1) 링겔만 매연농도계

매연농도와 시각에 의한 비교측정법으로 백색 바탕에 흑선을 수평, 수직의 격자모양으로 검은 부분이 차지하는 면적과 전면적의 비율에 따라서 0번에서 5번까지 6종으로 구분한다. 이 표를 관측자로부터 16[m] 떨어진 위치에 놓고 관측자와 연돌과의 거리를 약 30~39[m] 정도의 위치에서 연돌상단의 입구로부터 30~45[cm]에 떨어진 부분의 연기색을 비교해 몇 번인지를 측정한다. 이때 주의할 점은 해를 등지고, 연기의 흐름과는 직각방향의 위치에서 측정하며 주위의 하늘색이 너무 환하거나 어두울 때는 측정하지 않는다.

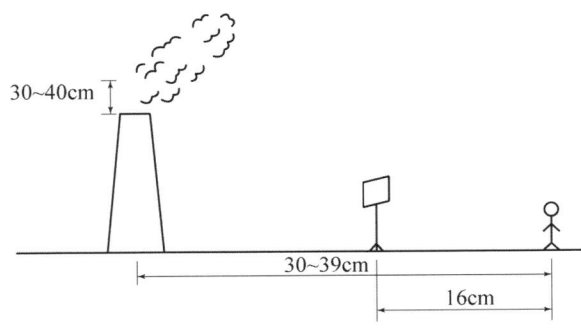

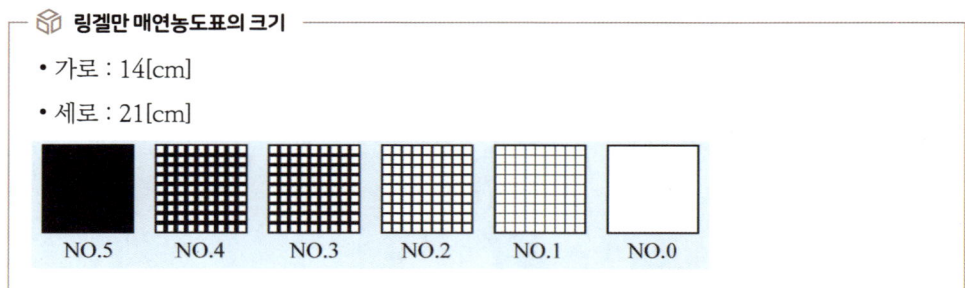

**링겔만 매연농도표의 크기**
- 가로 : 14[cm]
- 세로 : 21[cm]

▼ 농도표(가로 14[cm] 세로 21[cm])

| No. | 0 | 1 | 2 | 3 | 4 | 5 |
|---|---|---|---|---|---|---|
| 농도율 | 0 | 20% | 40% | 60% | 80% | 100% |
| 흑선[mm] | – | 1 | 2.3 | 3.7 | 5.5 | 전흑 |
| 백선[mm] | 전백 | 9 | 7.7 | 6.3 | 4.5 | – |
| 연기색 | 무색 | 엷은 회색 | 회색 | 엷은 흑색 | 흑색 | 암흑색 |

**매연농도율[%]**

① $\dfrac{\text{총매연 농도값}}{\text{측정시간(분)}} \times 20$

② $\dfrac{\text{총매연 농도값}}{\text{시간측정회수}} \times 20$

❖ 가장 양호한 연소상태는 No.1이며, No.2번 이하이어야 합격이다.

### (2) 광전관식 매연농도계

표준 전구와 광전관을 부착하여 연기의 색도에 따라 투과된 매연의 양을 광전관에 의해 자동으로 측정한다.

### (3) 매연포집 중량법(Bacharch)

배기가스를 여과종이에 통과시켜 여과지에 부착된 양을 이용하여 측정한다. 매진량 자동연속 측정장치

# 04. 보일러 자동제어

## 1. 자동제어(automatic control)의 개요

> **매연농도율[%]**
> ① 일정한 온도나 압력의 증기를 얻기 위함이다.
> ② 경제적이고, 고효율적인 증기의 생산
> ③ 보일러의 안전운전
> ④ 인건비의 절감

### (1) 자동제어방식에 의한 분류

① 피드백 제어(feed – back control system) : 기본적인 자동제어방식으로 신호에 의하여 주어진 목표값과 조작한 결과인 제어량이 원인이 되어 제어동작을 되돌려 진행하는 것이다. 출력 측의 신호를 입력 측으로 돌려보내는 조작으로 폐회로를 구성한다.(보일러의 기본제어이다.)

② 시퀀스 제어(sequence control system) : 피드백 제어에 의하지 않고 정해진 순서에 따라 제어단계를 순차적으로 진행하는 방식

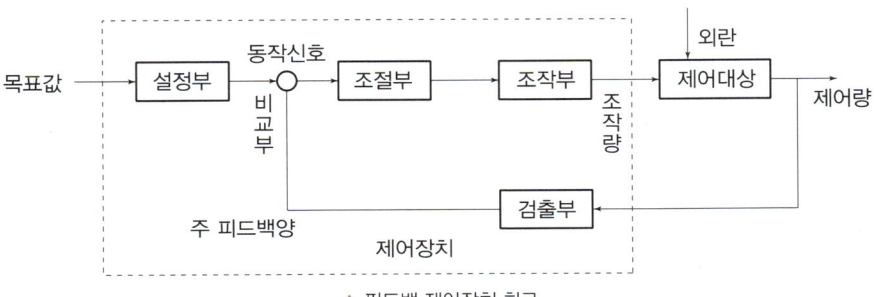

▲ 피드백 제어장치 회로

### (2) 제어요소

① 제어량 : 제어 대상에 대한 전체량 가운데 제어코자 하는 목적의 량
② 제어 대상 : 제어를 행하려는 대상물
③ 목표값 : 제어의 출력이 소정의 값을 만족하도록 목표를 세운 외부에서 주어진 값
④ 검출부 : 제어 대상으로부터 압력이나 온도, 유량 등의 제어량을 검출하여 신호로 만드는 역할을 하는 부분

⑤ 조절부 : 동작신호를 받아 규정된 동작을 하기 위해 조작신호를 만들어 조작부로 보내는 부분

⑥ 조작부 : 실제의 제어 대상에 그 역할을 하는 부분으로 조작신호를 받아서 조작량으로 변환한다.

⑦ 외란 : 제어계를 혼란시키는 외적작용으로 가스유량, 탱크 주위온도, 가스공급압, 공급온도 및 목표값 변경 등의 변화를 말한다.

⑧ 기준입력 : 목표값과 피드백 신호를 비교하기 위하여 주 피드백 신호와 같은 종류의 신호로 목표값을 변화시켜 제어계의 폐쇄 루프에 입력하는 입력신호를 말한다.

⑨ 동작신호 : 주 피드백양과 기준입력을 비교하여 얻어들여진 편차량신호를 말하는 것으로 조절부의 입력이 되는 것이다.

⑩ 주 피드백양 : 제어량을 목표값과 비교하기 위한 피드백 신호를 말한다.

⑪ 제어편차 : 목표값에서 제어량을 뺀 값

❖ **자동제어계의 동작순서**
검출 → 비교 → 판단 → 조작

### (3) 제어방법에 의한 특성

① 정치제어 : 목표값이 변화없이 일정한 값을 갖는 제어

② 추치제어 : 목표값이 변화되는 것으로 목표값을 측정하면서 제어 목표량을 목표값에 맞추는 제어방식

　㉠ 추종제어 : 목표값을 시간에 따라 임의로 변화되는 값으로 부여한 제어이다.

　㉡ 비율제어 : 2개 이상의 제어값이 정해진 비율을 보유하여 제어한다.

　㉢ 프로그램 제어 : 목표값이 시간에 따라 미리 결정된 일정한 제어

　㉣ 캐스케이드 제어 : 1차 제어장치가 제어명령을 발하고 2차 제어장치가 이 명령을 바탕으로 제어량을 조절하는 측정제어를 말한다.

### (4) 제어동작에 의한 특성

① 불연속동작

　㉠ 2위치 동작 : 편차 입력에 따라 두 개의 조작량의 값을 선택하는 동작으로 입력이 증가할 때마다 감소할 때 전환점에서 간극을 가진 on - off 동작이다.

　㉡ 다위치 동작 : 조작 위치가 3개 이상으로 제어량의 변화를 크기에 맞게 위치를 설정하는 방식

　㉢ 불연속 속도 동작 : 제어량이 목표값에 따라 출력이 비례하여 증가하는 정작동과 그와 반비례하는(출력이 저하) 역작동으로 조작위치를 편차의 양에 의해 설정하는 동작

② 연속동작
　㉠ 비례동작(P 동작) : 편차량이 검출되면 그것에 비례하여 조작량을 가감하도록 하는 것으로 비례동작의 제어량은 설정값과 또 다른 값에 상응하도록 한다. 비례동작을 작게 하면 할수록 동작은 강하게 된다. 잔류편차가 남는 동작이다.
　㉡ 적분동작(I 동작) : 출력편차의 시간적분에 비례하여 이 동작은 편차가 남은 것을 적분하여 수정함으로써 잔류편차가 남는 일은 없으나 제어의 안정성은 떨어진다.
　㉢ 미분동작(D 동작) : 출력편차의 시간변화에 비례하며 제어편차가 검출될 때 편차가 변화하는 속도에 비례하여 조작량을 증가하도록 작용하는 동작으로 단독으로 사용되지 않는다.
③ 복합동작 : P.I.D의 동작 중 2개 이상으로 조합된 동작으로 특성에 따라 제어의 상태가 양호해져 실제적으로 쓰이게 된다.
　㉠ 비례적분동작(PI 동작) : 단위입력이 설정될 때 비례동작에 의한 출력변화가 적분동작만으로 발생된 출력변화와 같게 될 때까지의 적분시간이 작게 되면 적분동작이 강하게 된다. 주로 프로세스에 사용되며 잔류편차가 남지 않는다.
　㉡ 비례미분동작(PD 동작) : 미분시간이 크면 클수록 미분동작이 강하며 실제 기기에서 다소 변형을 가한 미분동작으로 비례동작과 합친 동작이다.
　㉢ 비례적분미분동작(PID 동작) : 비례동작을 적분동작으로 잔류편차(off set)를 제거하고 미분동작으로 응답을 신속히 안정화한다.

### (6) 신호전달방식의 종류와 특징
① 공기압 신호전송
② 유압식 신호전송
③ 전기식 신호전송

## 2. 보일러 자동제어(ABC : Automatic Boiler Control)

### (1) 자동연소제어(ACC : Automatic Combustion Control)
증기의 압력 및 온수의 온도가 일정한 값이 되도록 연소의 양을 자동으로 제어하는 방식
① 증기압력제어
② 온수온도제어
③ 노내압제어

### (2) 급수제어(FWC : Feed Water Control)

급수의 양을 자동으로 보충하여 조절하는 제어장치

① 단요소식(수위만 검출)
② 2요소식(수위와 증기량 검출)
③ 3요소식(수위·증기량·급수량 검출)

### (3) 증기온도제어(STC : Steam Temperature Control)

과열 증기온도를 일정온도로 자동 조절하게 하기 위한 장치

### (4) 로컬 제어(LC : Local Control)

부속장치 및 설비를 자동으로 조작 가능하게 제어하는 장치

▼ 제어량과 조절량의 관계

| 종류 | 제어량 | 조작량 |
| --- | --- | --- |
| 증기온도제어(S.T.C) | 증기온도 | 전열량 |
| 급수제어(F.W.C) | 보일러 수위 | 급수량 |
| 연소제어(A.C.C) | 증기압력 | 연료량·공기량 |
| | 노내압력 | 연소 가스량 |

## 3. 인터록 제어

운전 조작상태에서 조건이 불충분하다거나 다음의 진행에 미루어 불합리한 동작으로 변화하게 될 때 동작이 다음 단계에 도달되기 전에 기관을 정지시키는 제어방식이다. 자동제어에서는 꼭 필요한 동작이다.

① 초과압력 인터록
② 저수위 인터록
③ 저연소 인터록
④ 프리퍼지 인터록
⑤ 불착화 인터록

# CHAPTER 05

PART 01. 이론편

# 기타 장치 및 부품의 종류 및 개요

## 1. 왕복동식 냉동기 원리

실린더 내에서 피스톤이 상하로 움직임으로써 압축이 이루어지는 구조이다. 실린더, 피스톤, 흡·토출 밸브, 크랭크실 등으로 구성되며 입형, 횡형, 고속다기통 방식이 있다. 횡형은 사용 예가 거의 없으며 고속다기통방식이 많이 사용되는데 고속다기통은 입형에 비해 고속 대용량이다.

▲ 왕복동식 냉동기

## 2. 스크류식 냉동기 원리

스크류 압축기는 나사(screw) 모양의 암수 2개의 Rotor가 맞물려 돌아가면서 체적을 줄여 압축이 이루어지는 구조로 왕복동과 같은 흡입 밸브와 토출 밸브가 없다. 왕복동과는 달리 압축이 연속적으로 이루어지며 구동방식이 왕복운동이 아닌 회전운동이므로 고속운전이 가능하고 용량에 비해 소형이 될 수 있다.

▲ 스크류식 냉동기

### 3. 흡수식 냉동기 원리

흡수식 냉동기 시스템은 증발기에서 물(냉매)이 6.5mmH$_2$O 정도의 진공압력하에서 증발하고(포화온도 5℃), 증발된 냉매증기는 흡수기 내의 LiBr 수용액에 의해 흡수되는 원리를 이용한다. 물을 흡수한 묽은 용액(weak solution)은 발생기에서 외부열원(태양열 열원 등)에 의해 가열되면서 물은 증발하고 LiBr은 진한 용액(strong solution)으로 되어 흡수기로 보내진다. 발생기에서 발생된 증기는 응축기에서 물로 응축되어 증발기로 보내져 실내기로 순환되는 냉수(chilled water)와의 열교환을 통하여 증발된다. 이 과정에서 냉매의 증발잠열만큼의 열을 냉수로부터 빼앗아 냉수의 온도를 떨어뜨려 냉방이 가능하게 해준다.

❖ **흡수식 냉동기 구성요소**
발생기(Generator), 응축기(Condense), 증발기(Evaporator), 흡수기(Absorber), LiBr-H$_2$O 용액, 열교환기(Heat exchanger) 등으로 구성

▲ 흡수식 냉동기

## 4. 터보형 냉동기 원리

고속으로 회전하는 날개차의 원심력으로 냉매 가스를 압축하는 냉동 방식이다. 대용량의 공기 조화용으로 많이 사용하며 보통 10,000~12,000rpm이 있다.

▲ 터보형 냉동기

## 5. 디젤 발전기 원리

디젤 발전기는 전기 에너지를 생성하는 발전기(종종 교류발전기)와 디젤 기관의 조합이다. 이 엔진 발전기의 특별한 경우이다. 디젤 압축 점화 엔진은 종종 중유에서 실행하도록 설계되어 있지만 몇 가지 유형이 다른 액체 연료 또는 천연 가스에 적합하다.

▲ 디젤 발전기

## 6. 바이오가스 발전

바이오가스 발전은 태양광으로 합성되는 유기물을 가스화하고 연소시켜 전기로 변환시키는 기술이다. 유기물을 가스화하여 발전하는 기술은 대별하여 두 가지로 나눌 수 있다. 첫째는 나무, 건초, 농산물의 줄기를 비롯한 목질계 바이오매스를 건류하거나 열적 또는 촉매를 이용한 가스화 반응을 통하여 가스화하고 이를 연소시켜 가스 엔진이나 터빈을 돌려 열과 전기를 얻는 것으로 보통 바이오매스 가스화 발전이라 한다.

다른 하나는 물을 많이 함유한 유기물이 혐기 상태(산소가 공급되지 않는 상태)에서 발효되며 발생하는 메탄가스를 이용하는 발전 방식이다. 이 방식은 종래에는 유기물 농도가 높은 축산 분뇨 폐수, 전분질 폐수 등을 혐기소화 처리할 때 발생하는 메탄가스를 이용하여 발전하는 것에 국한되었으나, 최근에는 유기성 고형 폐기물(음식 쓰레기 등)을 반응기 안에서 혐기소화시킬 때 나오는 가스를 이용하거나(바이오가스 발전) 또는 이들을 매립하였을 때 발생하는 농도 50~70%의 메탄가스를 이용하는(매립지 가스 발전) 방식도 보편화되고 있다.

▲ 바이오가스 발전기

## 7. 연료전지 발전

물을 전기분해하면 전극에서 산소와 수소가 발생하는데 연료전지는 물의 전기분해 역반응을 이용하는 것으로 수소와 산소의 전기화학 반응을 일으켜 전기와 물을 생산하게 된다. 연료 전지는 전지라고 하지만 실제로는 수소와 산소를 계속 공급하게 되면 계속해서 전기를 생산할 수 있으므로 발전장치라고 하는 것으로 수소와 산소가 직접 만나게 되면 급격한 반응이 일어나 물과 열이 만들어진다. 이러한 급격한 산화반응을 일반적으로 우리의 연소라고 한다. 하지만 연료전지는 수소와 산소를 직접 만나지 않게 하고 이온상태에서 만나게 하여 물과 전기를 만든다. 따라서 연료전지는 화력발전소나 내연기관처럼 연료를 태워서 열에너지 또는 운동에너지로 바꾼 후 전기를 생산하는 것이 아니라 연료가 가진 높은 화학적 에너지를 직접 전기 에너지로 바꾸는 친환경 발전장치이다.

▲ 연료전지 발전기

## 8. 전기식 히트펌프(EHP)

열원의 구동을 전기로 하는 방식으로 냉매의 발열 또는 응축열을 이용해 저온의 열원(熱源)을 고온으로 전달하는 냉방장치, 고온의 열원을 저온으로 전달하는 난방장치, 냉난방 겸용장치를 말한다.

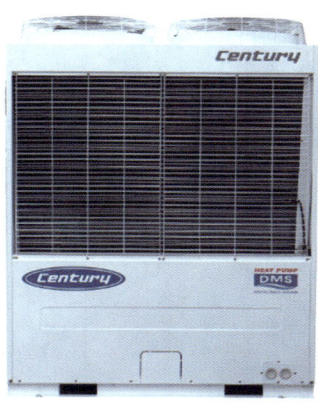

▲ EHP

## 9. 전구형 삼파장 램프 표시법

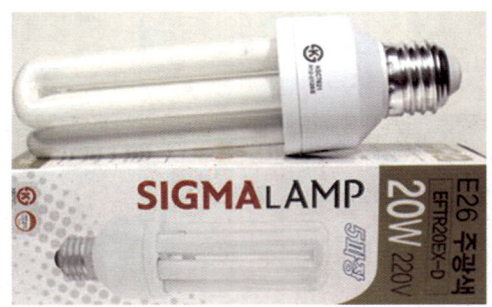

▲ 전구형 삼파장 램프

❖ E20EX-L : 전구색, E20EX-D : 주광색, E20EX-N : 주백색, E20EX-W : 백색

## 10. 형광램프용 전자안정기 표시법

▲ 직관 래피드형 소비전력 32W 2등용

| 콤팩트 형광램프(FPL) |  | FPL 36W 1등=FPL 36W 1등용 안정기<br>FPL 36W 2등=FPL 36W 2등용 안정기<br>FPL 55W 1등=FPL 55W 1등용 안정기<br>FPL 55W 2등=FPL 55W 2등용 안정기 |
|---|---|---|
| 직관 형광등(FL) |  | FL 20W=FL 20W 2등용 안정기<br>FL 32W=FL 32W 2등용 안정기 |
| 할로겐 램프 |  | 할로겐 MR(12[V])=할로겐 안정기 |

## 11. 유입식 변압기

절연유가 담긴 탱크 속에 권선을 담근 구조로서 제작이 용이하고 사용 범위가 넓어 소용량에서 대용량까지 가장 많이 사용되는 변압기이다.

① 밀폐된 구조이므로 옥내, 옥외 구분 없이 사용
② 수명 예측 가능
③ 절연유를 사용하므로 화재 우려
④ 정기적인 절연유 보수 필요
⑤ 소음, 진동이 작고 서지에 강함

❖ 변압기의 용량 : 50KVA
- 1차 전압과 단위 ① 전압 : 22900, ② 단위 : V
- 2차 전압과 단위 ① 전압 : 230~115, ② 단위 : V

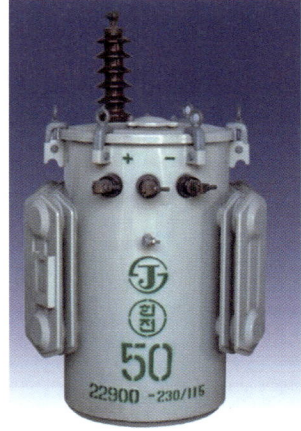

▲ 유입식 변압기

## 12. 몰드 변압기

고압 및 저압 권선을 불연재인 에폭시로 몰드한 방식으로 난연성, 무보수 그리고 에너지 절약 등의 이점이 있어 최근 많이 사용하나 인출부 절연과 발열에 문제가 있기 때문에 고전압 대용량화에 한계가 있다.

① 절연물로 난연성 에폭시 수지를 사용하므로 화재의 우려가 없다.
② 소형, 경량이고 분해, 반입, 현장 조립도 가능하다.
③ 무부하 손실이 적어 에너지 절약에 기여한다.
④ 소음이 크고 기중절연이므로 옥외 설치 시 전용함이 필요하다.
⑤ 서지에 약하므로 VCB와 결합 시 SA가 필요하다.
⑥ 무보수화가 가능하나 수명 예측이 곤란하다.

▲ 몰드 변압기

## 13. 건식 변압기

절연유를 사용하지 않고 고체 절연만으로 절연을 유지하는 것으로 화재 예방에 중시하는 건물에 사용하였으나, 몰드 변압기의 등장으로 최근에는 소용량 강압용 변압기로 사용한다.

① 화재 위험이 적다.
② 점검 및 보수가 용이하다.
③ 소음, 진동이 크고 서지에 약하다.

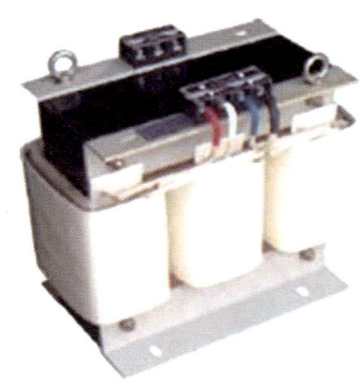

▲ 건식 변압기

## 14. 가스절연 변압기

절연 매체로 SF6 가스를 사용한 변압기로 불연성이고 전기적 특성이 좋다.

① 불연성, 전기적 특성 우수
② 가격이 고가이고 정기적 보수 필요

▲ 가스절연 변압기

❖ 참고

① 태양열 에너지 : 태양광선의 파동성질을 이용하는 태양에너지 광열학적 이용분야로 태양열의 흡수·저장·열변환 등을 통하여 건물의 냉난방 및 급탕 등에 활용하는 기술을 말한다. 태양열 이용시스템은 집열부, 축열부, 이용부로 구성되어 있다.

② 태양광 에너지 : 집열판에 모아진 고온의 열에너지를 이용하여 액체를 가열해 증기를 생산하여 터빈 발전기를 회전시킴으로써 전기에너지를 만들어내는 발전방식의 기술을 말한다. 즉, 태양광 발전은 태양광을 직접 전기에너지로 변환시키는 기술로 햇빛을 받으면 광전효과에 의해 전기를 발생하는 태양전지를 이용한 발전방식으로 태양광 발전시스템은 태양전지(solar cell)로 구성된 모듈(module)과 축전지 및 전력변환장치로 구성되어 있다.

③ 지열 에너지 : 땅속의 물, 지하수 및 지하의 열 등의 온도차를 이용하여 냉·난방 등에 이용하는 에너지를 말한다.

④ 수소 에너지 : 물 또는 유기물질을 원료로 하여 제조할 수 있으며, 사용 후에 다시 물로 재순환할 수 있다. 수소는 가스나 액체로서 쉽게 수송할 수 있으며 고압가스, 액체수소, 금속수소화물 등의 다양한 형태로 저장이 용이하다. 또한 수소는 연료로 사용할 경우에 연소 시 극소량의 NOx를 제외하고는 공해물질이 생성되지 않아 대기오염을 초래하지 않는다.

⑤ 연료전지 에너지 : 연료전지는 수소와 산소의 화학반응으로 생기는 화학에너지를 직접 전기에너지로 변환시키는 기술

⑥ 바이오 에너지 : 바이오 에너지는 태양광을 이용하여 광합성 되는 유기물(주로 식물체) 및 동 유기물을 소비하여 생성되는 모든 생물 유기체(바이오매스)의 에너지를 말한다.

⑦ 폐기물 에너지 : 에너지 함량이 높은 폐기물을 열분해, 고형화, 소각 등의 가공·처리하여 고체·액체·가스연료, 폐열을 생산 재이용(재생)하는 에너지

⑧ 풍력 에너지 : 바람의 힘을 회전력으로 전환시켜 발생되는 유도전기를 전력계통이나 수요자에게 공급하는 기술이다.

⑨ 해양 에너지 : 파랑, 조석, 조류, 해류, 해수의 온도차에 의한 에너지로 파력발전·조력발전·조류발전·해양온도차 발전 등을 통해 이용되고 있다.

# CHAPTER 06

**PART 01. 이론편**

# 단열재·보온재·내화물·열전달

## 01. 단열재

열전도성이 작은 재료를 써서 노 내로부터의 열 방산을 방지하여 열효율을 높이기 위한 열전도성이 적은 재료($\lambda$=0.1[kcal/mh℃])를 단열재라 한다.

### (1) 종류
① 내화 단열재 : SK 10(1300[℃]) 이상 단열 효과가 있는 재료
② 단열재 : 850~1200[℃]에서 단열 효과가 있는 재료

### (2) 구비조건
① 독립기포의 다공질일 것
② 시공성이 우수할 것
③ 열전도율이 적을 것
④ 기계적 압축강도가 있을 것
⑤ 비중(밀도)이 적을 것

## 1. 단열성 재료

### (1) 규조토
규조라 불리는 단세포 조류의 사멸된 유해가 점토, 화산회, 유기물 등과 함께 퇴적한 것($SiO_2$ 70[%] 이상의 것이 양질)

### (2) 석면(asbestos) : 최고사용온도 650[℃]
① 각 섬석족에 속하는 섬유상 광물을 총칭한 명칭
② 온석면, 청석면, 감섬석면, 직섬석면 등이 있다.

## 2. 단열 효과

① 축열용량이 작아진다.
② 열전도도가 작아진다.
③ 노온이 균일하게 된다.
④ 스폴링 현상을 감소시킨다.

## 3. 재질상의 분류

### (1) 규조토질 단열벽돌

① 제일 많이 사용되는 것으로 그 종류가 많다.
② 소성온도를 균일하게 하고, 1000[℃]를 넘지 않게 한다.
③ 압축강도 마모저항 및 spalling 저항에 약하다.
④ 재가열 수축률이 큰 것은 다공질 조직 때문이다.

### (2) 점토질 내화단열벽돌

① 고온노면에 사용하며 노벽이 얇아져 노의 중량이 준다.
② 가열속도가 단축된다.(내화벽돌의 25~30[%] 단축)
③ 노벽의 열용량이 적고 내스폴링성이 크며 노면, 내면 어느 곳에나 사용 가능하다.

▼ 내화, 단열, 보온재의 구분

| 구 분 | 내 용 |
| --- | --- |
| 내화물 | 우리나라에서는 SK 26(1,580[℃]) 이상의 것을 내화물이라고 하며, 이것은 각국마다 공업규격이 규정하고 있다. |
| 내화단열재 | 단열효과를 갖게 하며 SK 10(1,300[℃]) 이상에 견디는 것 |
| 단열재 | 800~1,200[℃]까지의 온도에 견디며 단열효과를 나타내는 것 |
| 보온재 | 800[℃] 이하 500[℃]까지의 온도에 견디는 무기질 보온재와 500[℃] 이하 100[℃]까지의 유기질 보온재를 말한다. |
| 보냉재 | 100[℃] 이하의 냉온을 유지하는 냉동, 냉장용의 것 |

## 4. 보온재의 구비조건(단열재, 보냉재)

① 열전도율이 작아야 한다.
② 사용온도에 있어서 내구성이 있어야 하며, 변질되지 말아야 한다.
③ 부피·비중이 작아야 한다.

④ 다공성이며, 기공이 균일하여야 한다.
⑤ 기계적 강도가 크고, 시공성이 좋아야 한다.
⑥ 흡수성, 흡습성이 없어야 한다.

## 02. 보온재의 종류

### (1) 유기질 보온재

다공질 구조(독립기포)로 미세한 공백층에 의하여 열전도를 지연시키며 주로 보냉재로 사용한다.

| 보온재명 | 특 성 | 용 도 | 비 고 |
|---|---|---|---|
| 면화 | 160[℃](열분해) | 의류 | 최적충진밀도 |
| 목재펄프 | 105[℃]( 〃 ) | 물독 steam | 80~100[kg/m²] |
| 톱밥 | 130[℃]( 〃 ) | 수송관 | 흡습도 목면 5~8[%] |
| 양모 | 〃 | 의류 | 양모류 15~19[%] |
| 우모 | 〃 | 〃 | |
| 마모 | 〃 | 〃 | |
| 닭털 | 〃 | 〃 | |
| 쌀겨 | 〃 | 물독 steam 수송관 | (17[℃]) i=0.097~150 kcal/mh℃ |
| 코르크판 | 〃 | 보온재 | 최적밀도 |
| 지류(파형) | 〃 | 〃 | 73~215[kg/cm²] i=0.045~0.060 kcal/mh℃ ※ i=열전도율 |

### (2) 무기질 보온재

다공질 구조로 미세한 공백층에 의하여 열전도를 지연시키며 500~600[℃] 정도에서 많이 사용한다.

| 보온재명 | 특 성 | 용 도 |
|---|---|---|
| 탄산 마그네슘 85[%] <br> 석면 15[%] <br> 혼합물 | 320~350[℃]에서 분해 | 300[℃]에서 사용 |
| 규조토 | 안전사용온도 500[℃] <br> 평균밀도 400~460[kg/m$^2$] <br> $\lambda$=0.073[kcal/mh℃] | 증기관 보온 |
| 생석회 | 0.083[kcal/mh℃] 이하 | 1. 증기관 보온 <br> 2. plaster |
| 석면(천연품) | 안전사용온도 500[℃] <br> 내연성, 내마모성 <br> mp 1,100~1,400[℃] <br> $\lambda$=0.15[kcal/mh℃] | 1. 보온재 <br> 2. 절연재 <br> 3. 슬레이트 <br> 진동이 많은 곳에도 사용 |
| 질석 | 500[℃]에서 가열 팽창 흡습성이 큰 제품에는 질석과 규산소다 혼합물과 질석 타르의 혼합물로 가열, 가압하여 형성 | 질석보드 <br> 실내보온 |
| 경량 콘크리트 | 비중 1~1.4 <br> $\lambda$=0.26~0.4[kcal/mh℃] <br> 안전사용온도 400~500[℃] | 보온재 |
| 보통 콘크리트 | $\lambda$=1.3~2.3[kcal/mh℃] <br> 부피순비중 0.5~0.9 <br> 기공률 55~75[%] | |
| 단열벽돌 | 규조토질 <br> 내압강도 20~70[kg/m$^2$] <br> 안전사용온도 900~1,000[℃] <br> $\lambda$=0.10~0.15[kcal/mh℃](350[℃]) | 보온재 |
| 내화단열벽돌 | 부피순비중 0.8~1.2 <br> 기공률 50~70[%] <br> 내압강도 30~10[kg/cm$^2$] <br> $\lambda$=0.10~0.35[kcal/mh℃](350[℃]) | |
| 내화벽돌 | $\lambda$=1.08~1.51[kcal/mh℃] | |
| 보통벽돌 | 부피순비중 1.8 <br> 기공률 20[%] 내외 <br> $\lambda$=1.10~0.35[kcal/mh℃] | |
| 오지토관 | $\lambda$=1.08[kcal/mh℃] | |
| Fiber Glass | 섬유질 <br> 흡착소 <br> $\lambda$=0.03~0.045[kcal/mh℃] <br> 안전사용온도 300~350[℃] <br> 특수하게 사용할 때에는 600~900[℃] | 1. 증기관 <br> 2. 고급보온재 |

| 보온재명 | 특성 | 용도 |
|---|---|---|
| Foam Galss | 밀도 160~180[kg/m²]<br>내압강도 10~15[kg/cm²]<br>기공률 92[%]<br>λ=0.04[kcal/mh℃]<br>안전사용온도 300~350[℃] | |
| Rock Wool<br>(1) Rock Wool(인공품)<br>(2) Slag Wool | 섬유상 7~20[μ]<br>λ=0.032~0.04[kcal/mh℃]<br>Rock Wool보다 석회분이 많다.<br>그 외 특성은 동일 | 보온재 |

### (3) 금속질 보온재

금속 특유의 반사특성(복사열)을 이용한 것으로 가볍다.

| 보온재명 | 특성 | 열전도율<br>(kcal/mh℃) | 용도 |
|---|---|---|---|
| 알루미늄박 | 두께(0.007~0.01[mm]) | λ=0.028~0.048 | 보온재 |
| Alumiseal reflective insulation | 미국에서 상품화된 Al판을 사용한 것 | λ=0.059(10[℃]) | 〃 |
| Ferrotherm insulation | 강철박판상에 연 또는 석의 합금을 도장하여 부식을 방지한 것 | 〃 | |

### (4) 보냉재

① 탄화 코르크 : 코르크 수피(일명 젖꼭지나무)를 재질로 사용하며 판·통·입의 형상으로 180~200[kg/m³]의 밀도를 가지고 있다.

　㉠ 열 전도율 : 0.035 + 0.00013[kcal/mh℃]

　㉡ 안전사용온도 : 130~200[℃]

　㉢ 용도 : 용기, 파이프, 덕트

② 경질 폴리우레탄 폼(polyurethane foam) : 우레탄 수지발포제(폴리올이소시아네트, R - 11)의 재질로 판·통의 형상을 하며 30[kg/m³]의 밀도를 가지고 있다.

　㉠ 열 전도율 : 0.016 + 0.00012

　㉡ 안전사용온도 : 100~ - 180[℃]

　㉢ 용도 : 파이프, 덕트, 지하온수 파이프(현지발포)

③ 다포유리 : 유리발포체를 재질로 사용하며 판·통의 형상으로 180[kg/m³]의 밀도이다.

　㉠ 열 전도율 : 0.030 + 0.00012

　㉡ 안전사용온도 : 70~ - 50[℃]

　㉢ 용도 : 용기, 파이프, 덕트

④ 비닐 폼 : 염화 비닐수질 발포체의 재질로 판형의 형상으로 67[kg/m$^3$]의 밀도를 가지고 있다.
　㉠ 열 전도율 : 0.032 + 0.00013
　㉡ 안전사용온도 : 70~ - 50[℃]
　㉢ 용도 : 특히 고온강도용
⑤ 펄라이트 : 팽창진주암의 재질로 형상은 입형으로 50[kg/m$^3$]의 밀도를 갖고 있다.
　㉠ 열 전도율 : 0.04~0.06 + 0.00012
　　㉡ 안전사용온도 : 800~200[℃]
　　㉢ 용도 : 충전용, 밀폐 탱크 이중 충전

### (5) 보온시공

① 물반죽 보온재를 사용할 때는 약 25[mm] 두께로 바르고, 수분이 보온재의 1~1.5배 남을 정도로 건조시킨 후, 같은 방법으로 소정의 두께까지 바른다.
② 판상 보온재를 사용할 때는 소정 두께의 보온판을 강선으로 고정 밀착시킨다. 두께가 75[mm] 이상일 때는 두 층으로 나누어 시공한다.
③ 입상 또는 섬유상의 보온재를 사용할 때에는 소정 두께의 외곽을 만들고, 그 속에 보온재를 채운다.
④ 보온통의 경우에는 소정 두께의 보온통을 강선으로서 밀착시킨다. 두께가 75[mm] 이상은 두 층으로 나누어 시공한다.
⑤ 내화단열연화를 시공할 때는 600~1000[℃]의 보온면에 연와를 내층으로 층간 밀착시키고, 내화 모르타르(mortar)를 바른다.

## 03. 내화물(로재)

고열 공업의 공재로서 내열성이 기준이 되는 비금속 무기재료(난용성)를 말한다.
① SK26(1580[℃])~42(2000[℃])
② PCE15(1430[℃]) 이상

### 1. 로재의 구비조건

① 고온에 견디고 기계적 강도가 충분할 것
② 온도 변화에 따른 팽창, 수축이 적을 것
③ 내충격, 내마모성이 클 것

④ 화학적 침식에 잘 견딜 것
⑤ 내스폴링성이 클 것
⑥ 어느 정도 열전도율을 가질 것

## 2. 내화물의 분류

### (1) 원료 종류에 의한 분류
점토질, 규석질, 알루미나질, 폴스테라이트질, 석영, 탄소질, 돌마이트질, 크롬 마그네시아질

### (2) 화학조성에 의한 분류
① 산성 내화물
  ㉠ 규석질 벽돌
  ㉡ 반규석질 벽돌
  ㉢ 납석질 벽돌
  ㉣ 샤모트질 벽돌
② 중성 내화물
  ㉠ 고알루미나질 벽돌
  ㉡ 탄소질 벽돌
  ㉢ 탄화규소질 벽돌
  ㉣ 크롬질 벽돌
③ 염기성 내화물
  ㉠ 마그네시아질 벽돌
  ㉡ 크롬마그네시아질 벽돌
  ㉢ 돌마이트질 벽돌
  ㉣ 폴스테라이트질 벽돌

### (3) 형상에 의한 분류
① 표준형 : 230×114×65[mm]
② 이형 : 230×110×60[mm]
③ 부정형
  ㉠ 내화 모르타르
  ㉡ 캐스타블 내화물
  ㉢ 플라스틱 내화물

### (4) 가열 처리에 의한 분류

① 소성 내화물
② 불소성 내화물
③ 용융 내화물

▼ 제게르 콘 번호의 온도표

| SK | (°C) | SK | (°C) | SK | (°C) | SK | (°C) | SK | (°C) | SK | (°C) |
|---|---|---|---|---|---|---|---|---|---|---|---|
| 022 | 600 | 012a | 855 | 02a | 1.06 | 9 | 1,280 | 19 | 1,520 | 34 | 1,750 |
| 021 | 650 | 011a | 880 | 01a | 1.08 | 10 | 1,300 | 20 | 1,530 | 35 | 1,770 |
| 020 | 670 | 010a | 900 | 1a | 1.10 | 11 | 1,320 | 26 | 1,580 | 36 | 1,790 |
| 019 | 690 | 09a | 920 | 2a | 1.12 | 12 | 1,350 | 27 | 1,610 | 37 | 1,800 |
| 018 | 710 | 08a | 940 | 3a | 1.14 | 13 | 1,380 | 28 | 1,630 | 38 | 1,850 |
| 017 | 730 | 07a | 960 | 4a | 1.16 | 14 | 1,410 | 29 | 1,650 | 39 | 1,880 |
| 016 | 750 | 06a | 980 | 5a | 1.18 | 15 | 1,435 | 30 | 1,670 | 40 | 1,920 |
| 015a | 790 | 05a | 1,000 | 6a | 1.20 | 16 | 1,460 | 30 | 1,690 | 41 | 1,960 |
| 014a | 815 | 04a | 1,020 | 7 | 1.23 | 17 | 1,480 | 32 | 1,710 | 42 | 2,000 |
| 013a | 835 | 03a | 1,040 | 8 | 1.25 | 18 | 1,500 | 33 | 1,730 |  |  |

## 3. 내화도

노재의 품질을 추정하는 중요한 것의 하나로 인화 변형상태를 나타내는 표준온도를 일반적으로 SK번호로 표시한다.

### (1) 측정방법

콘을 세울 때 수직 또는 수평으로 하지 않고 경사지게 한다. SK콘은 80°, PCE 콘은 90°로 세워서 측정한다.

### (2) 제게르 콘(Seger cone)

내화물의 내화도를 측정하는 온도계로서 총 59종이 있으며 최고 2,000[°C]까지 측정이 가능하다.

## 4. 하중 연화점(softening temperature under point)

노재를 고온으로 가열하면 조직 내에서 부분적으로 용융하기 시작하여 점차 연화 현상이 될 때 어느 일정한 하중을 받으면 연화되는 온도도 낮아진다. 이때의 연화 현상을 일으키는 온도를 하중 연화점이라고 하며 압력은 일반적으로 2[$kg/cm^2$]를 가한다.

## 5. 스폴링(spalling) 현상

노재가 열응력을 받아 균열 또는 쪼개지는 현상

### (1) 원인

① 열적 스폴링 : 불균일한 가열, 열응력, 급작스러운 온도변화
② 기계적 스폴링 : 노재 내외면의 온도차, 기계적 응력, 과잉 압축
③ 조직적 스폴링 : 슬래그 침식, 용재의 작용

memo

Industrial
Engineer
Energy
Management

# PART 02

# 필답실기편

- **CHAPTER 01** 보일러의 출력 계산
- **CHAPTER 02** 온수난방설비
- **CHAPTER 03** 도면해독 및 작성
- **CHAPTER 04** 공작용 공구 및 접합
- **CHAPTER 05** 배관 재료
- **CHAPTER 06** 통풍장치
- **CHAPTER 07** 보일러 실치·시공 기준
- **CHAPTER 08** 실기도면 실습
- **CHAPTER 09** 실기작업형 공개도면
- **CHAPTER 10** 에너지관리산업기사 실기(필답) 예상문제(1~16회)
- **CHAPTER 11** 에너지관리산업기사 과년도 복원 문제

PART 2. 필답 실기편

# 보일러의 출력 계산

## 01. 열의 이동(temperature)

열은 고온으로부터 저온으로 이동된다.

### (1) 전도

고체 간의 열의 이동을 말한다. 즉, 고온의 고체에서 저온체로 이동하는 것을 말한다.

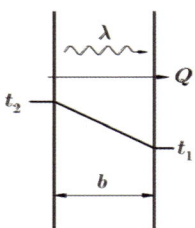

$$Q = \frac{\lambda A(t_2 - t_1)}{b}$$

$Q$ : 전도 전열량[Kw/h]　$\lambda$ : 열전도율[Kwl/m°K]　$A$ : 전열면적[m²]
$t_2$ : 고온 측 온도[℃]　$t_1$ : 저온 측 온도[℃]　$b$ : 벽체의 두께[m]

### 예상문제 01

두께가 15[cm], 면적이 10[m²]인 벽이 있다. 내면 온도는 200[℃], 외면 온도가 20[℃]일 때 벽을 통한 열손실량은 몇 [KJ]인가? (단, 열전도율은 0.138[KJ/m℃]이다.)

**풀이**

$$\frac{0.138 \times 10 \times (200 - 20)}{0.15} = 1658.40[kcal/h]$$

### (2) 대류

유체 간의 분자 활동에 의한 열의 이동으로 온도가 상승하면 밀도가 적어지면서, 밀도 차에 의한 열의 이동을 말한다.

$$Q = K \times A \times \Delta t \text{[Kw]}$$

$Q$ : 대류 열전달량[Kw]   $K$ : 열관류(대류)율[Kwl/m²°K]
$\Delta$ : 온도 차[°C]   $A$ : 면적(m²)

### (3) 복사

복사열은 스테판 볼쯔만(Stefan-Boltzmann)의 법칙으로 흑체부터의 복사전열량은 절대온도(T) 4제곱에 비례한다.

❖ **열 관류율(열 통과율) : 기호 K**
열이 한 유체에서 벽을 통과하여 다른 유체로 전달되는 현상을 말한다. 즉, 고온 측으로부터 저온으로 열이 이동할 때를 평균 열통과율이라 생각할 수 있다. 단위는 [kcal/m²h°C]로 나타내고 역수를 열저항이라 한다. [m²h°C/kcal]

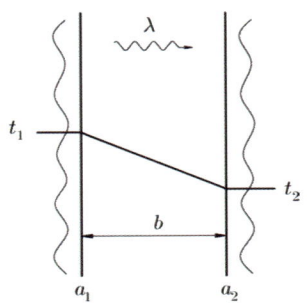

$$\therefore K = \cfrac{1}{\cfrac{1}{a_1} + \cfrac{b}{\lambda} + \cfrac{1}{a_2}} \text{ [Kw/m}^2\text{°K]}$$

$$\therefore R = \frac{1}{\alpha_1} + \frac{b}{\lambda} + \frac{1}{\alpha_2} \text{ [m}^2\text{°K/Kw]}$$

$Q$ : 열관류율[Kw/m²°K]   $a_1$ : 저온 측 열전달률[Kw/m²°K]
$a_2$ : 고온 측 열전달률[Kw/m²°K]   $R$ : 열저항[m²°K/Kw]   $\lambda$ : 열전도율[Kw/m²°K]
$b$ : 벽의 두께(m)   $t_1$ : 고온 측의 온도(°C)   $t_2$ : 저온 측의 온도(°C)

## 02. 보일러의 출력계산

온수 보일러의 출력은 [kcal/h]로 표시하며, 보일러의 용량은 난방부하, 급탕부하, 배관부하, 예열부하 등의 총부하로 계산되어야 한다.

> ① 정격출력 = 난방부하 + 급탕부하 + 배관부하 + 시동부하(예열부하)
> $H_m = H_1 + H_2 + H_3 + H_4$
> ② 상용출력 = $H_1 + H_2 + H_3$
> ③ 방열기부하 = $H_1 + H_2$

### 1. 난방부하계산($H_1$)

① EDR(상당방열면적)에 의한 계산
② 손실열량에 의한 계산
③ 간이식에 의한 계산

#### (1) 상당방열면적에 의한 계산

| 구분 | 방열기 내 평균온도[℃] | 실내온도[℃] | 온도차 | 방열계수 | 표준방열량[kcal/m²·h] | KJ/m² |
|---|---|---|---|---|---|---|
| 증기 | 102 | 21 | 81 | 8 | 650 | 2720.90 |
| 온수 | 80 | 18 | 62 | 7.2 | 450 | 1883.70 |

① 방열량 계산

방열기 방열량[kcal/m²h] = ┌ 방열기 방열계수 × 온도 차
　　　　　　　　　　　　　└ 표준방열량 × 방열량 보정계수

- 온도차 : $\dfrac{방열기입구온도 + 방열기\ 출구온도}{2} - 실내온도$

② 난방부하
- 난방부하[kcal/h] = EDR[m²] × 방열기 표준방열량[kcal/m²h]
- 난방부하[kcal/h] = 방열기 소요 방열면적[m²] × 방열기 방열량[kcal/m²h]
- 방열기 소요 방열면적[m²] = 난방부하 ÷ 방열기 방열량

- EDR = 난방부하 ÷ 표준방열량

※ 난방부하[kcal/h] = 방열량[kcal/m²h] × 면적[m²]

### 예상문제 02

방열기 소요 방열면적이 120[m²], 방열기 방열량이 1883.70[KJ/m²]일 때 난방부하는?

**풀이**
1883.70 × 120 = 226,044[KJ]

### 예상문제 03

방열계수 7.2[kcal/m²h℃], 방열면적 120[m²], 방열기 평균온도 80[℃], 실내온도 20[℃]일 때 난방부하는?

**풀이**
7.2 × (80 − 20) × 120 = 51,840[kcal/h]

## (2) 손실열량에 의한 계산

- 난방부하 = 열손실합계 − 취득열량

취득열량이란 인체로부터 열이나 각 전열기구, 난방기구 등으로부터 얻어지는 각종의 열량을 말하며, 가정용 보일러를 선정하는 경우 적은 열량이므로 대부분 생략한다.

다음 식을 기본으로 하여 계산한다.

$$※ Q = K \cdot A \cdot \Delta t \ [kcal/h]$$

$$K = \frac{1}{R}$$

$$R = \frac{1}{a_1} + \frac{b}{\lambda} + \frac{1}{a_2}$$

$$\therefore K = \frac{1}{\frac{1}{a_1} + \frac{b}{\lambda} + \frac{1}{a_2}}$$

$Q$ : 벽체, 바닥 등의 열손실열량[kcal/h]
$K$ : 열관류율[kcal/m²h℃]
$A$ : 벽체, 바닥 등의 면적[m²]
$\Delta t$ : 실내와 외기와의 온도 차[℃]
$R$ : 열저항[m²h℃/kcal]
$a_1, a_2$ : 열전달률[kcal/m²h℃]
$\lambda$ : 열전도율[kcal/mh℃]   $b$ : 두께[m]

① 외벽, 천장, 지붕, 유리창의 손실열 계산

$$Q_1 = K_l \cdot F_l \cdot \Delta t \cdot Z \text{ [kcal/h]}$$

$Z$ : 부가계수 또는 방위계수라고도 하며, 북쪽 벽은 남쪽 벽보다 15~20[%] 정도 더 많은 열손실이 생긴다고 본 것이다.

② 중간벽인 경우(외기와 직접 접하지 않는 벽)의 손실열 계산

$$Q_2 = K_l \cdot F_l \cdot \Delta t_l \text{ [kcal/h]} \quad \Delta t_l = \frac{\Delta t}{2}$$

$\Delta t_l$ : 실내온도와 난방되지 않는 공간과의 온도 차로 실내온도와 외기온도와 차의 1/2로 계산한다.

③ 지면과 접하는 바닥의 경우 손실열 계산

$$Q_3 = K_e \cdot F_e \cdot \Delta t_e \text{ [kcal/h]}$$

$K_e$ : 지하 1[m]까지의 열관류율
$F_e$ : 바닥면적
$\Delta t_e$ : 방열관 내 평균 온수온도 − 지하 1[m] 온도

방열관 내 평균 온수온도는 통상 50[℃]로 계산하며, 지하 1[m] 온도는 서울의 경우 3.8[℃]로 계산한다. 지면에 접하지 않는 경우는 중간 벽과 같이 계산한다.

④ 환기에 의한 열손실

$$Q_4 = 0.3 N \cdot V \cdot \Delta t \text{ [kcal/h]}$$

0.3 : 20[℃]에서 공기 평균비열[kcal/m³℃]   $N$ : 시간당 환기횟수[회]
$V$ : 1회 환기량[m³]   $\Delta t$ : 실내온도와 외기온도와의 차[℃]

## 2. 급탕부하계산($H_2$)

급탕열량은 냉수를 공급하여 온수로 만들어 사용하는 열량으로 계산할 수가 있다.

$$H_2 = G \cdot C \cdot \Delta t$$

$H_2$ : 급탕부하[kcal/h]   $G$ : 시간당 온수사용량[kg/h]
$C$ : 물의 평균비열[kcal/kg℃]   $\Delta t$ : 온도 차(출탕온도 − 급수온도[℃])

## 3. 배관부하($H_3$)

배관으로부터 생기는 열손실을 말한다.

$$\therefore 배관부하 = (H_1 + H_2) \times (0.25 \sim 0.35)$$

## 4. 시동부하(예열부하 : $H_4$)

냉각된 상태의 보일러를 운전온도가 될 때까지 가열하는 데 필요한 열량을 말한다.

$H_4 =$ 철무게 × 철비열 × 온도 차 + 물무게 × 물비열 × 온도 차
$H_4 = (G \cdot C + V) \times (t_2 - t_1)$
또는 $H_4 = (H_1 + H_2 + H_3) \times (0.25 \sim 0.35)$

$G$ : 철의 무게[kg]   $C$ : 철의 비열 0.12[kcal/kg℃]   $V$ : 물의 무게[kg]
$t_2$ : 운전온도[℃]   $t_1$ : 시동 전 온도[℃]

## 5. 하나의 식으로 보일러의 출력계산

$$H_m = \frac{(H_1 + H_2)(1 + \alpha)\beta}{K} \text{[kcal/h]}$$

$H_1$ : 난방부하[kcal/h]   $H_2$ : 급탕 및 취사부하[kcal/h]
$\alpha$ : 배관부하율(0.25~0.25)   $\beta$ : 여력계수(예열부하)   $K$ : 출력저하계수

출력저하계수가 1인 경우에는 다음 식으로 적용된다.

$$H_m = (H_1 + H_2) \cdot (1+\alpha)\beta \text{ [kcal/h]}$$

## 03. 열정산

① $G_e = \dfrac{G_a(h_2 - h_1)}{539}$ [kg/h]

$G_e$ : 상당증발량[kg/h]　$G_a$ : 시간당 증발량[kg/h]
$h_2$ : 증기엔탈피[kcal/kg]　$h_1$ : 급수엔탈피[kcal/kg]

② 증발계수 $= \dfrac{G_e}{G_a} = \dfrac{h_2 - h_1}{539}$ [단위 없음]

$G_f$ : 시간당 연료사용량[kg/h]
$A$ : 전열면적[m²]

③ 증발배수 = ┌ 상당증발배수 $= \dfrac{G_e}{G_f}$ [kg/kg]

　　　　　└ 실제증발배수 $= \dfrac{G_a}{G_f}$

$G_f$ : 시간당 연료사용량[kg/h]
$A$ : 전열면적[m²]

④ 전열면 증발률 = ┌ 상당증발배수 $= \dfrac{G_e}{A}$ [kg/m²h]

　　　　　　　└ 실제증발배수 $= \dfrac{G_a}{A}$

⑤ 보일러 마력 $= \dfrac{G_e}{15.65}$

⑥ 전열면 열부하 $= \dfrac{G_a(h_2 - h_1)}{A}$ [kcal/m²h]

⑦ 보일러 효율$(\eta) = \dfrac{G_a(h_2 - h_1)}{G_f \times H} \times 100[\%]$

$\qquad\qquad\quad = \dfrac{G_e \times 539}{G_f \times H} \times 100[\%]$

$\qquad\qquad\quad = \dfrac{G \cdot C \cdot \Delta t}{G_f \times H} \times 100[\%]$

(연소효율 $= \dfrac{연소열}{입열} \times 100$, 전열효율 $= \dfrac{유효출열}{연소열} \times 100$)

$H$ : 연료의 발열량[kcal/kg]

# 예상문제

## Chapter 01. 보일러의 출력 계산

**001** 온수난방에서 EDR이 30[m²]이면 난방부하는?

> 정답 및 해설
>
> - 난방부하 = 방열면적 × 방열량
> - 온수의 표준방열량[450kcal/m²h] = 30 × 450 = 13,500[kcal/h]

**002** 방열기 입구 온수온도 85[℃], 출구온도 60[℃], 실내온도 18[℃], 방열계수가 7.2[kcal/m2h℃]이다. 방열기 방열량은?

> 정답 및 해설
>
> $$\left(\frac{85+60}{2} - 18\right) \times 7.2 = 392.4 [\text{kcal/m}^2\text{h}]$$

**003** 소요 방열면적이 6[m²]인 거실에 온수 공급온도 80[℃], 환수온도 40[℃]를 유지한다면 난방부하는 얼마인가? (단, 실내온도 18[℃], 방열계수 7.2[kcal/m²h℃]이다.)

> 정답 및 해설
>
> 방열량 = 방열계수 × (방열기 내 평균온도 − 실내온도)이므로
> $$= \left(\frac{80+40}{2} - 18\right) \times 7.2 = 302.40 [\text{kcal/m}^2\text{h}]$$
> 난방부하 = 방열면적 × 방열기 방열량이므로
> ∴ 6 × 302.4 = 1,814.4[kcal/h]

**004** 급탕 사용량이 1일 2,500[kg]인 건물에 급탕부하는 얼마인가? (단, 급탕온도 45[℃], 급수온도 10[℃]. 온수비열 1[kcal/kg℃], 1일은 24시간)

> **정답 및 해설**
>
> $$H_2 = G \cdot C \cdot \Delta t = \frac{2,500}{24} \times 1 \times (45 - 10) = 3,645.83 [\text{kcal/h}]$$

**005** 철의 무게 800[kg], 물의 양이 200[l]이고, 운전온도 80[℃], 최초온도가 15[℃], 철의 비열이 0.12[kcal/kg℃], 물의 비열이 1[kcal/kg℃]이다. 이때의 예열부하는?

> **정답 및 해설**
>
> 예열부하 = (철 무게 × 철 비열 + 물의 양 × 물 비열) × 온도차
> = (800 × 0.12 + 200 × 1) × (80 − 15) = 19,240[kcal]

**006** 어느 주택에서 1일당 부하를 측정한 결과 난방부하가 216,000[kcal/day], 시동부하가 38,400[kcal/day], 배관부하가 50,400[kcal/day], 급탕부하가 7,200[kcal/day]일 때 보일러의 용량[kcal/h]을 구하시오.

> **정답 및 해설**
>
> $$\frac{216,000 + 38,400 + 50,400 + 7,200}{24} = 13,000 [\text{kcal/h}]$$

**007** 증기 보일러의 시간당 증발량이 2,500[kg], 증기엔탈피 640[kcal/kg], 급수온도가 20[℃]일 때 상당증발량은?

> 🎁 **정답 및 해설**
>
> $$G = \frac{Ga \times (h_2 - h_1)}{539} = \frac{2,500 \times (640 - 20)}{539} = 2,875.7 [\text{kg/h}]$$

**008** 보일러의 압력이 5[kg/cm²]이고, 증발량이 3,000[kg/h], 급수온도 25[℃], 증기엔탈피 640[kcal/kg], 시간당 연료 사용량이 250[kg/h]일 때 보일러 효율은 몇 [%]인가? (단, 연료의 저위 발열량은 9,700[kcal/kg]이다.)

> 🎁 **정답 및 해설**
>
> $$\eta = \frac{Ga \times (h_2 - h_1)}{Gf \times H} \times 100 = \frac{3,000 \times (640 - 25)}{250 \times 9,700} \times 100 = 76[\%]$$

**009** 온수 방열기의 전 방열면적을 400[m²]이고, 급탕량 60[/h]에 사용해야 할 주철제 보일러의 용량은? (단, 급수온도 20[℃], 출탕온도 80[℃], 배관부하 $\alpha$ : 0.25, 예열부하 $\beta$ : 1.45, 출력저하계수 $k$ : 0.69로 한다.)

> 🎁 **정답 및 해설**
>
> $$H_m = \frac{(H_1 + H_2)(1+\alpha)\beta}{K} [\text{kcal/h}]$$
> $$= \frac{[(450 \times 400) + (60 \times 1 \times (80-20))] \times (1+0.25) \times 1.45}{0.69}$$
> $$= 482,282.61 [\text{kcal/h}]$$

**010** 보일러 출력이 20,000(kcal/h)이고, 연료의 발열량은 10,000(kcal/kg), 효율 80%일 때 시간당 연료소비량(kg/h)을 계산하시오.

> **정답 및 해설**
>
> $$연료소비량 = \frac{보일러\ 출력}{효율 \times 연료의\ 발열량} = \frac{20,000}{0.8 \times 10,000} = 2.5[kg/h]$$

> **참고**
>
> $$효율 = \frac{보일러\ 출력}{연료소비량 \times 연료의\ 발열량} \times 100$$

# CHAPTER 02

PART 2. 필답 실기편

# 온수난방설비

## 01. 온수난방의 특징 및 개요

물을 열매체로 사용하며, 물의 온도를 높여 가열된 온수를 난방개소로 공급하여 난방을 하는 방법이다.

난방방법을 크게 3가지로 분류하며, 방바닥에 방열관을 매설하여 난방하는 것을 저온 복사난방, 방열기를 이용하여 난방하는 방법을 직접난방, 뜨거운 공기를 난방개소로 공급하는 것을 간접난방이라 한다.

❖ **온수난방이 증기난방보다 우수한 점**
① 난방부하의 변동에 따라 온도조절이 용이하다.
② 가열시간은 길지만 증기난방에 비해 동결우려가 적다.
③ 방열기의 표면온도가 낮으므로 쾌감도가 좋고 화상의 위험이 없다.
④ 취급이 용이하고, 소규모 주택에 적합하다.

온수난방의 구분은 다음과 같이 한다.

| 분류기준 | 온수난방법의 종류 |
|---|---|
| 온수온도 | 보통 온수식(85~90[℃]), 고온수식(100[℃] 이상) |
| 배관방식 | 단관식, 복관식 |
| 온수 순환방향(공급방식) | 상향 순환식, 하향 순환식 |
| 온수 순환방식 | 자연 순환식(중력 순환식), 강제 순환식 |

### 1. 온수 순환방식에 의한 분류

#### (1) 자연 순환식(중력 순환식) 온수난방법

온수의 온도 차로 인한 밀도 차에 의해 순환되는 방식으로, 주로 단독주택이나 소규모 난방에 사용된다.

### (2) 강제 순환식 온수난방법

온수를 순환펌프에 의하여 순환시키는 방법으로, 순환력이 일정하고 관지름을 작게 할 수 있는 장점이 있다.

## 2. 배관방식에 의한 분류

### (1) 단관식
송수주관과 환수주관이 동일한 관으로 되어 있는 배관방식

### (2) 복관식
송수주관과 환수주관이 별개의 관으로 되어 있는 배관방식

## 3. 온수 순환방향(공급방식)에 따른 분류

### (1) 상향 순환식
송수주관을 상향 기울기로 배관하여 난방하는 방식이다. 즉, 보일러의 설치 위치가 방열기나 방열관보다 낮은 위치에 있을 때 택하는 방식이다.

### (2) 하향 순환식
송수주관을 연직으로 설치하고, 송수주관 수평부를 방열기보다 높은 쪽에 오게 하여 온수를 하향으로 공급함으로써 난방하는 방식이다. 즉, 보일러의 설치 위치가 방열기나 방열관보다 높거나 같은 위치에 있을 때 택하는 방식이다.

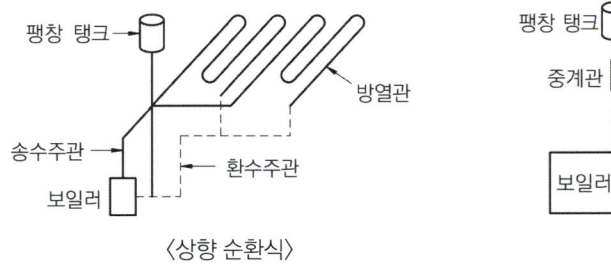

〈상향 순환식〉    〈하향 순환식〉

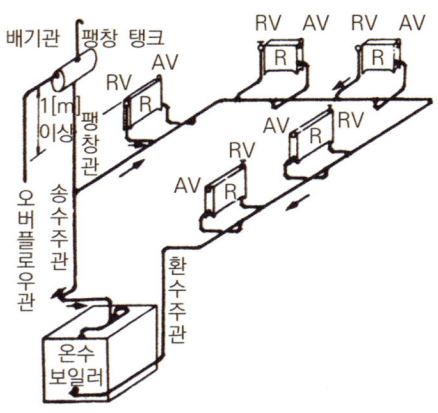

〈단관 중력순환식 온수난방법(상향공급)〉

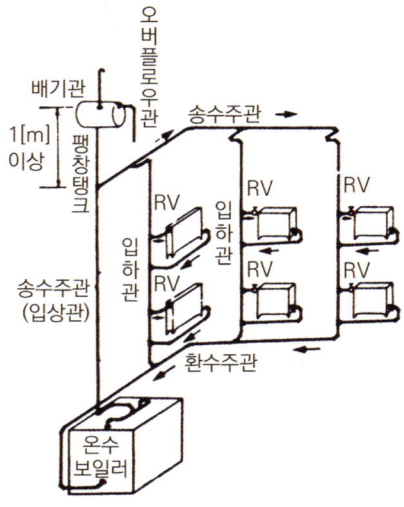

〈단관 중력순환식 온수난방법(하향공급)〉

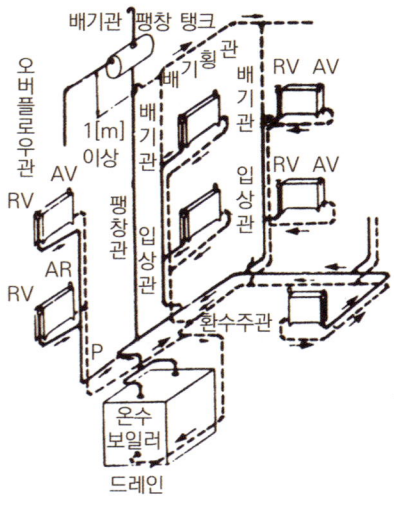

〈복관 중력순환식 온수난방법(상향공급)〉

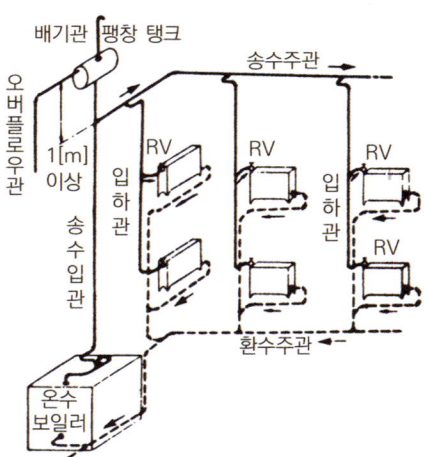

※ 화살표는 배관구배의 방향을 표시한다.

〈복관 중력순환식 온수난방법(하향공급)〉

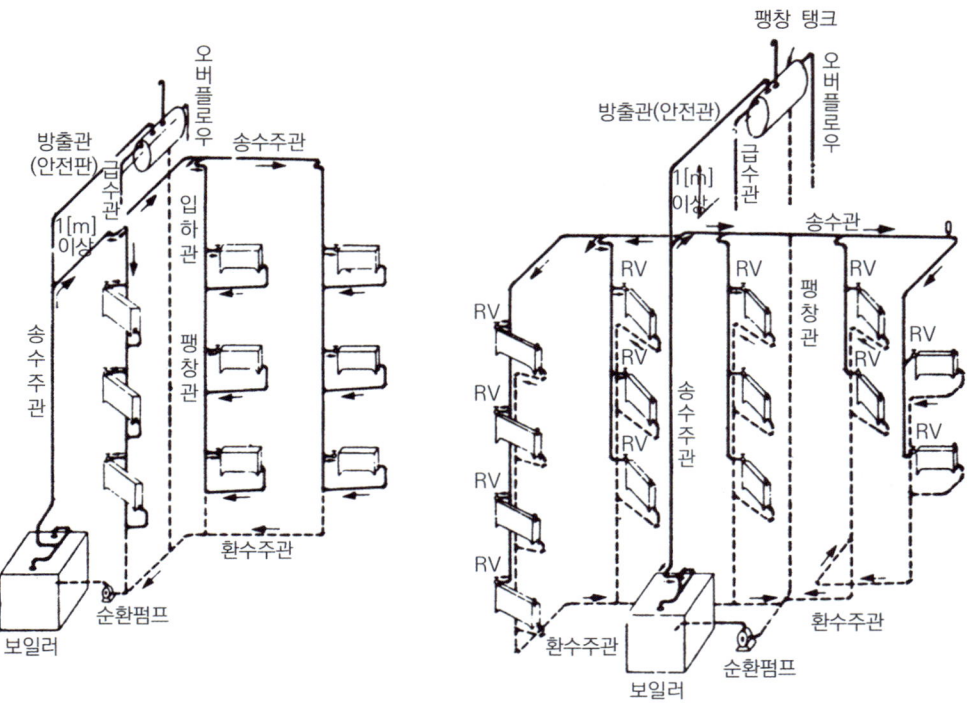

〈단관 강제순환식 온수난방법〉

〈복관 강제순환식 온수난방법(하향공급식)〉

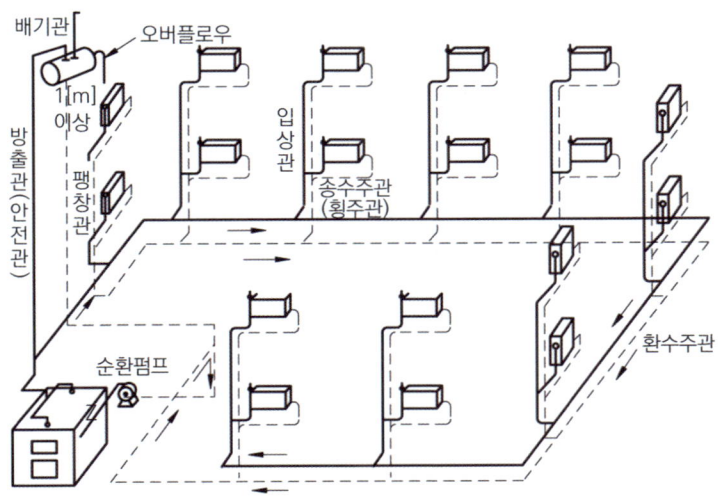

※ 화살표는 구배의 방향을 표시한다.

〈복관 강제순환식 온수난방법(역반환관식) 리버스 리턴 배관방식〉

## 4. 배관방식에 따른 분류

### (1) 직렬식

주관(송수주관, 환수주관)을 한 개의 관으로 연결시키는 것으로 비교적 난방면적이 적은 곳에 사용되며, 호스(XL) 또는 동관 배관인 경우에 적용을 많이 한다.

**특징**

① 배관시공이 비교적 용이하다.
② 관로저항이 크므로 관지름이 큰 것을 사용한다.
③ 관이음쇠가 적게 소비되고, 난방면적이 10[m²] 이하에 적당하다.

### (2) 병렬식

송수주관과 환수주관 사이를 여러 갈래로 연결하여 배관한 것으로 인접주관식과 분리주관식이 있다.

① 분리주관식

송수주관과 환수주관을 분리 배관하고 주관 사이를 여러 갈래의 벤드코일을 사용하여 설치한 형식이다.

**특징**

① 관로 배관 저항이 비교적 적게 걸린다.
② 일반적으로 많이 사용되며 비용이 적당하다.
③ 관로저항 때문에 갈래당 15[m] 이내로 한다.

② 인접주관식

송수주관과 환수주관을 인접시켜 배관하고, 주관 사이를 여러 갈래의 벤드코일을 사용하여 설치한 형식이다.

**특징**

① 관 부속이 분리주관식보다 적게 소비된다.
② 상향식인 경우 갈래마다 공기방출기를 설치해야 한다.

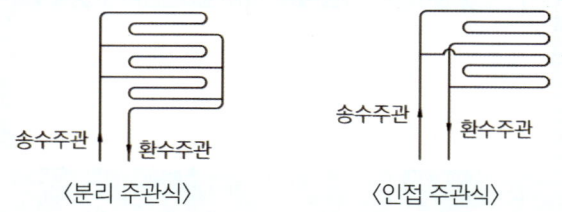

〈분리 주관식〉　　　〈인접 주관식〉

### (3) 사다리꼴식

규격이 같은 난방공간이 많을 경우에 대량생산을 하여 용접이음으로 시공하면 공사기간을 단축시킬 수 있는 장점이 있다.

> **특징**
> 
> ① 나사이음인 경우 배관부속이 많이 소비되지만, 용접이음인 경우 배관부속이 적게 소비된다.
> ② 배관저항이 적게, 양산이 가능하다.
> ③ 구배잡기가 용이하다.
> ④ 관지름을 적게 할 수 있다.

〈사다리꼴식〉

## 02. 순환수두의 계산

### 1. 순환수두의 계산

자연순환수두는 온수 온도 차에 따른 송수와 환수의 밀도 차에 의하여 자연적으로 생기는 순환수두를 말한다.

∴ 순환수두 $[mmH_2O]$ = 방열기 입출구 비중량의 차 × 보일러 중심으로부터 최고부의 방열기 중심까지의 높이

> ※ $H = (\rho_2 - \rho_1) \times 1{,}000 \times [mmH_2O]$
> 
> $\rho_1$ : 방열기 입구 온수비중[kg/l]  $\rho_2$ : 방열기 출구 온수비중[kg/l]
> 1,000 : [kg/l]를 [kg/m³]으로 환산하기 위한 배수이므로 [kg/m³]으로 주어진 경우는 1,000을 뺄 것
> $h$ : 높이[m]

#### 예상문제 01

방열기 입구 온수온도가 85[℃], 출구 온수온도가 60[℃], 방열기 중심까지 높이가 4[m]이다. 자연순환수두는? (단, 85[℃] 물의 비중 0.97, 60[℃] 물의 비중 0.98이다.)

**풀이**

$(0.98 - 0.97) \times 1{,}000 \times 4 = 40[mmH_2O]$

## 03. 팽창 탱크 설치 및 특징

팽창 탱크는 일종의 안전장치로 종류는 개방식과 밀폐식이 있다. 개방식은 보통 온수, 밀폐식은 고온수의 경우 주로 사용된다.

> **특징**
> ① 운전 중 장치 내의 온도상승에 의한 체적팽창을 흡수한다.
> ② 운전 중 장치 내를 소정의 압력으로 유지하고 온수온도를 유지한다.
> ③ 팽창한 물의 배출을 방지하여 장치의 열손실을 방지한다.
> ④ 물의 누설 등에 의한 장애와 공기의 침입을 방지한다.
> ⑤ 운전 중 부족한 보충수를 급수한다.

### 1. 개방식

보통 온수난방이나 일반 주택에서 온수난방을 하는 경우에 주로 사용된다.

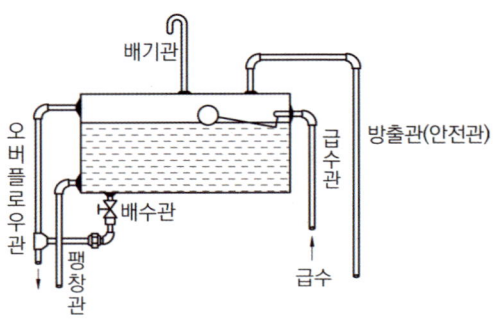

〈개방식 팽창 탱크〉

### (1) 탱크 설치 시 주의사항

① 방열기나 방열코일의 최고 높이보다 1[m] 이상 높게 설치한다.
② 팽창 탱크의 재료는 100[℃] 이상에서 견딜 수 있어야 한다.
③ 내부의 수위를 쉽게 알 수 있는 재료 또는 구조이어야 한다.
④ 탱크 내의 수위는 전체 높이의 1/3 정도로 한다.
⑤ 팽창 탱크에는 상부에 통기관을 설치한다.
⑥ 탱크의 오버플로우관(과잉수 배출관)은 오버플로우로 인한 화상을 입지 않도록 한다.

⑦ 탱크에 연결되는 팽창관은 탱크 바닥면보다 25[mm] 이상 높도록 한다.
　　(보일러 내로 이물질이 들어가는 것을 방지)
⑧ 직수를 사용해서는 안 된다.

### (2) 팽창관 및 방출관 설치 시 주의사항

방출관은 송수주관에 설치하고, 상향식 순환식의 경우에는 보일러 최상부 또는 온수 출구관에 방출관을 별도로 설치하고, 팽창관은 환수주관에 설치한다.

① 구멍탄 보일러인 경우 팽창관의 크기는 호칭 15A 이상으로 한다.
② 온수보일러인 경우 관의 크기
　• 방출관 ┌ 전열면적 10[m$^2$] 미만, 25[mm] 이상
　　　　　└ 전열면적 10[m$^2$] 이상, 30[mm] 이상
　• 팽창관 ┌ 전열면적 5[m$^2$] 미만, 25[A] 이상
　　　　　└ 전열면적 5[m$^2$] 이상, 30[A] 이상
③ 팽창관에는 밸브, 체크밸브 등을 설치해서는 안 된다.
④ 팽창관은 굽힘이 적고, 동결을 방지할 수 있는 조치를 해야 한다.
⑤ 강제순환식인 경우 팽창관 및 방출관의 설치위치는 순환 펌프 작동으로 인한 폐쇄가 되지 않은 곳에 설치해야 한다.
⑥ 팽창관을 탱크에 접속할 때 수평부분은 상향 기울기로 해야 한다.

## 2. 밀폐식

고온수 난방에 주로 사용하고, 설치 위치는 관계가 없으며, 팽창압력은 압축공기나 압축질소 등을 이용한다. 안전 밸브는 배관계통 내의 압력이 제한 압력 이상이 되면 자동적으로 과잉수를 배출시킬 수 있어야 한다.

❖ 개방식과 밀폐식 팽창 탱크의 주변 부대설비를 꼭 암기할 것

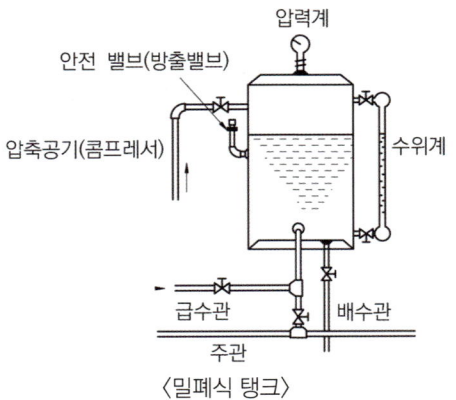

〈밀폐식 탱크〉

## 04. 팽창 탱크의 용량계산

개방식 팽창 탱크는 장치 내 온수 팽창량의 1.5~2.5배(통상 2배 정도)의 크기로 한다.

### (1) 구멍탄용 온수보일러

난방면적이 10[m²] 이하인 경우에는 2[*l*] 이상으로 하고, 난방면적이 10[m²] 추가할 때마다 2[*l*]를 가산한 용적 이상으로 한다.

### (2) 온수보일러(전열면적 14[m²] 이하)

탱크용량은 보일러 및 배관 내의 보유수량이 200[*l*] 이하인 경우에는 20[*l*] 이상으로 하고, 보유수량이 100[*l*]씩 초과할 때마다 10[*l*]를 가산한 용량 이상으로 한다.

#### 1. 개방식 팽창 탱크 용량

가열 전의 전수량과 가열 후의 전수량과의 체적 차이를 온수 팽창량이라 하며, 탱크용량은 온수 팽창량에 안전율을 곱한 용량으로 계산한다.

- 온수팽창량($l$) = $\left(\dfrac{1}{\rho_2} - \dfrac{1}{\rho_1}\right) \times$ 전수량

- 개방식 팽창 탱크 용량 = $\left(\dfrac{1}{\rho_2} - \dfrac{1}{\rho_1}\right) \times$ 전수량 $\times$ 안전율

즉, $\alpha, V, \Delta t \times$ 안전율
  $\rho_2$ : 가열 후 물의 비중[kg/*l*]  $\rho_1$ : 가열 전 물의 비중[kg/*l*]

## 2. 밀폐식 팽창 탱크 용량

$$\frac{\Delta V}{\dfrac{P_a}{P_a + 0.1h} - \dfrac{P_a}{P_t}} [l] \quad \therefore \quad \frac{\Delta V}{\dfrac{1}{1 + 0.1h} - \dfrac{1}{P_t}} [l]$$

$\Delta V$ : 온수팽창량[$l$]  $P_a$ : 대기압[kg/cm²] = 1[kg/cm²]
$h$ : 팽창 탱크로부터 최고부까지 높이[m]  $P_t$ : 보일러의 최고 허용절대압력[kg/cm²abs]

## 3. 밀폐식 팽창 탱크의 운전 중 받는 수두압(mAq)

$$\therefore Hr = h + h_t + \frac{1}{2}h_{p+2}$$

$Hr$ : 수두압(mAq)  $h$ : 최고부의 높이(m)
$h_p$ : 펌프의 양정(m)  $h_t$ : 공급온도에서의 포화증기압력(mAq)

# 05. 공기방출기

장치 내에 침입하는 공기를 외부로 방출하여 물의 순환을 촉진시키기 위하여 설치하는 것으로 밀폐식과 개방식이 있다.

## 1. 설치방법

① 상향순환식인 경우에는 방열관의 가장 높은 곳에 설치해야 하며, 하향순환식인 경우에는 팽창 탱크와 겸하여 보일러 바로 위에 설치하는 것이 좋다. 실제는 하향식인 경우에도 팽창 탱크와 별도로 방열 코일 부분에서 가장 높은 곳에 공기방출기를 설치해 주는 것이 좋다.
② 개방식 공기방출기인 경우, 내부의 기포를 방출하는 경우에 물이 넘쳐나오는 것을 방지하기 위해서 팽창 탱크 수면보다 50[cm] 이상 높게 설치해야 한다.
③ 인접주관식으로 상향순환식인 경우에는 한 갈래마다 공기방출기를 설치해야 한다.

## 06. 방열기 쪽수의 계산

### 1. 소요방열면적[m²]

- 소요방열면적[m²] = $\dfrac{\text{난방부하[kcal/h]}}{\text{방열기 방열량[kcal/m}^2\text{h]}}$

  표준 방열량은 온수난방의 경우는 450[kcal/m²h], 증기의 경우는 650[kcal/m²h]이다.

- EDR[m²] = $\dfrac{\text{난방부하}}{450}$ [kcal/h]

- 방열기 방열량[kcal/m²h] = 방열계수 × (방열기 내 평균온도 − 실내온도)

  ※ 방열기 내 평균온도 = $\dfrac{\text{입구온도} + \text{출구온도}}{2}$

### 2. 쪽수 계산

- 쪽수 = $\dfrac{\text{소요방열면적[m}^2\text{]}}{\text{쪽당 방열면적[m}^2\text{/쪽]}}$

- 쪽수 = $\dfrac{\text{EDR}}{\text{쪽당 방열면적}}$

- 소요 쪽수 = $\dfrac{\text{난방부하}}{\text{방열기 방열량} \times \text{쪽당 방열면적}}$

- 표준 쪽수 = $\dfrac{\text{난방부하}}{450 \times \text{쪽당 방열면적}}$

### 3. 방열기의 방열량 보정

방열기 방열량[kcal/m²h] = 방열계수[kcal/m²h℃] × (방열기 내 평균온도 − 실내온도)로 계산된다.

∴ 방열계수가 결정되지 않은 경우는 보정계수와 표준방열량으로부터 방열량을 보정한다.

❖ 방열량 = 450 × 방열량 보정계수(K)

∴ 방열량 : (온수) = $450 \times \dfrac{\Delta t'}{62}$, (증기) = $650 \times \dfrac{\Delta t'}{81}$

$\Delta t' = \left(\dfrac{\text{입구온도} + \text{출구온도}}{2}\right) - \text{실내온도}$

## 4. 방열기의 종류

### (1) 종류

① 주형 : 2주형, 3주형, 3세주형, 5세주형(주형 방열기는 최고사용압력 0.5MPa 이하 최대쪽수 30쪽까지 사용한다.)
② 벽걸이형 : 종형, 횡형(벽걸이형은 최대 15쪽까지 사용한다.)
③ 길드형(길이 1m 정도까지 사용)
④ 대류방열기 : 베이스보드 히터
⑤ 강판 방열기
⑥ 관 방열기
⑦ 알루미늄 방열기

[방열기의 호칭법 및 도시법]

| 구분 | 종별 | 도시기호 |
|---|---|---|
| 주형 | 2주형 | II |
| | 3주형 | III |
| 세주형 | 3세주형 | 3 |
| | 5세주형 | 5 |
| 벽걸이형(W) | 종형 | V |
| | 횡형 | H |

 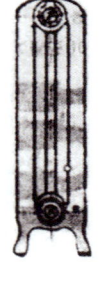  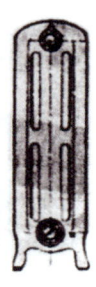

(a) 2주형　　　　　　　　　　(b) 3주형

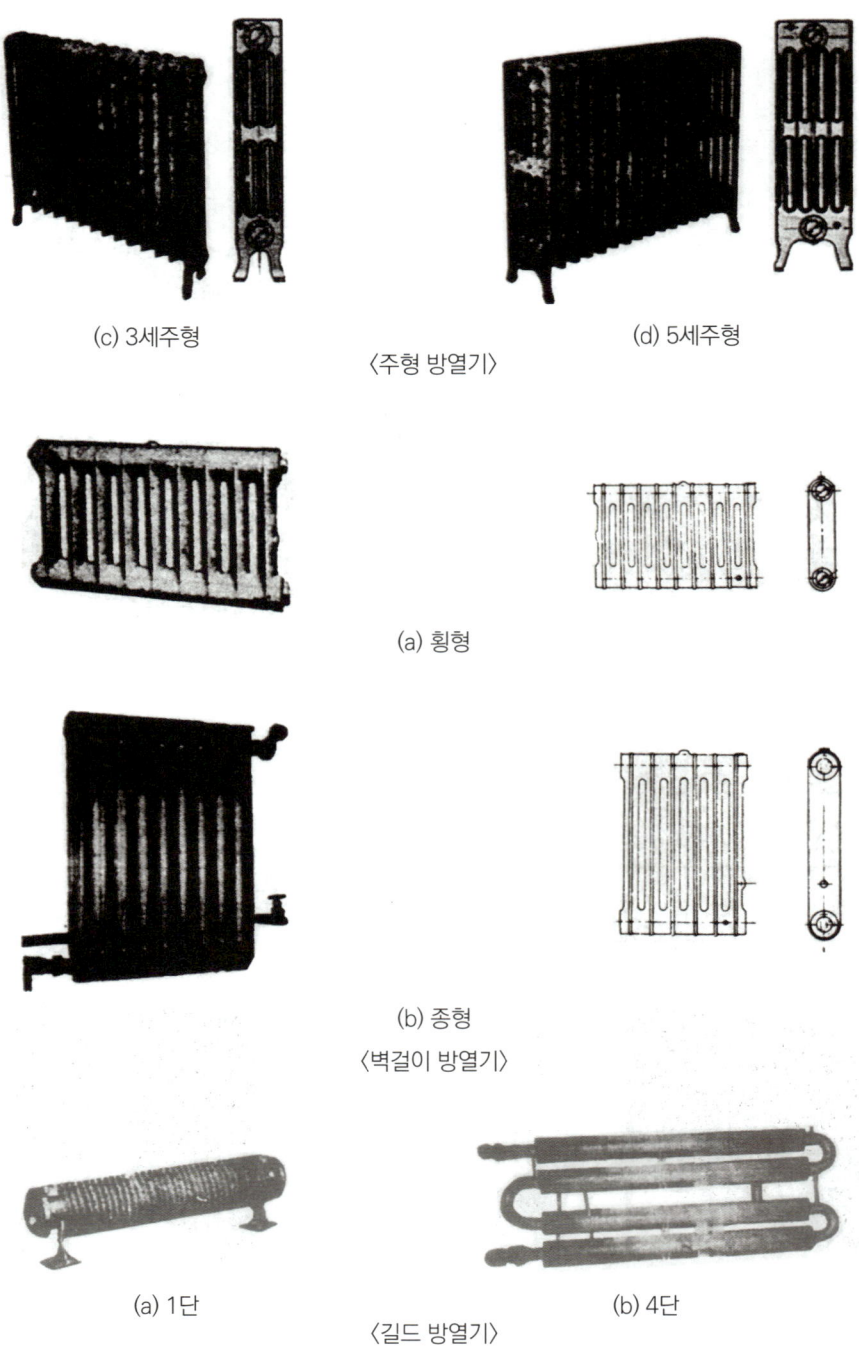

(c) 3세주형　　　　　　　　　　(d) 5세주형
〈주형 방열기〉

(a) 횡형

(b) 종형
〈벽걸이 방열기〉

(a) 1단　　　　　　　　　　(b) 4단
〈길드 방열기〉

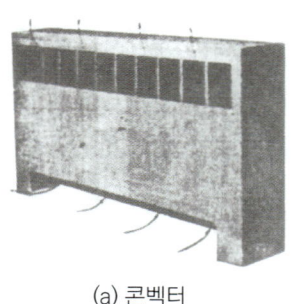 

(a) 콘벡터 　　　　　(b) 베이스보드 히터
〈대류 방열기〉

## (2) 설치

외기가 침입되는 창문 및 벽으로부터 50~60[mm] 정도 공간을 둔다. 벽걸이의 경우는 바닥에서 150[mm]의 간격을 두고 설치하며, 대류방열기는 바닥으로부터 하부케이싱까지 최저 90[mm] 이상 높게 설치한다.

## (3) 도시법

① 쪽수(절수, 섹션수)
② 종별
③ 형(치수, 높이)
④ 유입관 지름
⑤ 유출관 지름
⑥ 조의 수

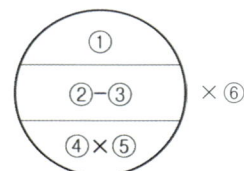

## (4) 호칭법

• 주형(종별 − 높이 × 쪽수)
• 벽걸이형(종별 − 형 × 쪽수)

　예 주형 : Ⅱ − 650 × 4(2주형 높이 650[mm] 4쪽)
　　　벽걸이형 : W − H × 2(벽걸이형 횡형 2쪽), W − V × 2(벽걸이형 수직 2쪽)

# 예상문제
## Chapter 02. 온수난방설비

**001** 온수난방 시 온수 순환방법 2가지를 쓰시오.

> 🔷 정답 및 해설
> - 중력 순환식(자연 순환식)
> - 강제 순환식(기계 순환식)

**002** 온수난방이 증기난방보다 우수한 점 4가지를 쓰시오.

> 🔷 정답 및 해설
> - 난방부하의 변동에 따라 온도조절이 쉽다.
> - 동결우려가 적다.
> - 쾌감도가 높고, 화상의 위험이 없다.
> - 소규모 주택에 적당하다.

**003** 온수난방의 온수 순환방향(공급)에 따른 2가지를 쓰시오.

> 🔷 정답 및 해설
> - 상향 순환식
> - 하향 순환식

**004** 온수난방의 배관방식에 따른 종류 2가지를 쓰시오.

> 🟦 정답 및 해설
> - 단관식
> - 복관식

**005** 복사 패널의 설치위치에 따른 종류 3가지를 쓰시오.

> 🟦 정답 및 해설
> - 바닥 패널
> - 천장 패널
> - 벽 패널

**006** 하향 순환(공급)식은 어떤 경우에 설치하는지 간단히 쓰시오.

> 🟦 정답 및 해설
> 보일러 설치위치가 방열관과 같거나 방열관이 보일러보다 낮게 설치되어 있는 경우에 사용한다.

**007** 온수 온돌에서 사용하는 배관방식 3가지를 쓰시오.

> 🟦 정답 및 해설
> - 직렬식
> - 병렬식
> - 사다리꼴식

**008** 직렬식 배관방식의 특징 4가지를 쓰시오.

> **정답 및 해설**
> - 배관 작업이 용이하다.
> - 관 이음쇠가 적게 소비된다.
> - 관로의 저항이 커서 비교적 관지름은 큰 것을 사용한다.
> - 난방면적이 10[m$^2$] 이하가 적당하다.

**009** 방사난방에서 사용하는 패널을 3가지만 쓰시오.

> **정답 및 해설**
> - 벽 패널
> - 바닥 패널
> - 천장 패널

**010** 사다리꼴 배관방식의 특징 4가지를 쓰시오.

> **정답 및 해설**
> - 나사 이음인 경우에 배관 부속이 많이 소비된다.
> - 용접 이음인 경우 배관 부속이 적게 소비된다.
> - 배관의 저항이 적게 걸린다.
> - 구배잡기가 용이하고 대량생산이 가능하다.
> - 다른 배관방식에 비하여 관지름을 작게 할 수 있다.

**011** 다음은 증기난방의 분류이다. 아래 ( ) 안에 알맞은 내용을 써 넣으시오.

| 분류기준 | 분류 |
|---|---|
| 증기압력 | ㉮ ( ① )식, ㉯ 저압식 |
| 배관방법 | ㉮ ( ② )식, ㉯ 복관식 |
| 증기공급법 | ㉮ ( ③ ), ㉯ ( ④ ) |
| 응축수환수 | ㉮ 중력 환수식, ㉯ ( ⑤ )식, ㉰ 진공 환수식 |
| 환수관의 배관법 | ㉮ 건식 환수관식, ㉯ ( ⑥ )식 |

> **정답 및 해설**
>
> ① 고압, ② 단관, ③ 상향공급, ④ 하향공급, ⑤ 기계 환수, ⑥ 습식 환수관

**012** 주형 방열기의 종류를 4가지만 쓰시오.

> **정답 및 해설**
>
> - 2주형
> - 3주형
> - 3세주형
> - 5세주형

**013** 팽창 탱크의 설치목적 4가지를 쓰시오.

> **정답 및 해설**
>
> - 온수의 체적팽창 및 이상팽창 압력 흡수
> - 장치 내의 압력을 일정하게 유지 및 온수온도 유지
> - 온수의 넘침을 방지하여 열손실 방지
> - 보일러, 배관 등에서 누수 시 보충수 공급 및 공기침입 방지

**014** 개방식 팽창 탱크는 최고높이에 있는 방열기나 방열 코일 면보다 얼마 정도 높게 설치해야 하는가?

1[m] 이상

**015** 팽창관 설치 시에 팽창관에 설치해서는 안 되는 부품의 명칭 2가지는?

체크 밸브, 밸브

**016** 개방식, 밀폐식 팽창 탱크의 구조를 그리고 부속 배관의 명칭을 쓰시오.

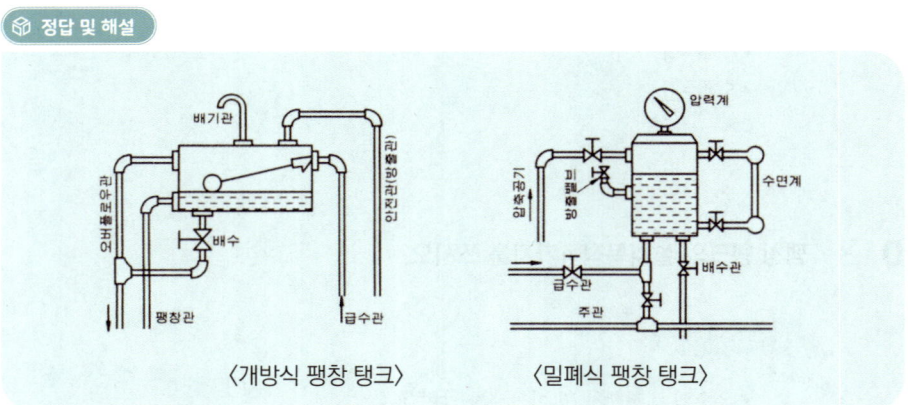

〈개방식 팽창 탱크〉    〈밀폐식 팽창 탱크〉

**017** 가열 후 물의 밀도가 0.97이고, 가열 전 물의 밀도가 0.99, 보유수량이 300[$l$]이다. 팽창 탱크 용량은 온수팽창량의 2.3배이다.

가. 온수팽창량은?
나. 개방식 팽창 탱크 용량은?

> **정답 및 해설**
>
> 가. $\left(\dfrac{1}{0.97} - \dfrac{1}{0.99}\right) \times 300 = 6[l]$
> 나. $6 \times 2.3 = 13.8[l]$

**018** 팽창 탱크로부터 높이가 5[m]인 온수 난방계통이다. 보일러의 허용압력이 3[kg/cm²abs], 온수팽창량이 30[$l$]이다. 밀폐식 팽창 탱크의 용량은?

> **정답 및 해설**
>
> $\dfrac{30}{\dfrac{1}{1 + 0.1 \times 5} - \dfrac{1}{3}} = 90[l]$

**019** 6[℃] 물을 1800[$l$]로 가열하여 난방하려 하는 온수 난방장치에서 개방식 팽창 탱크를 설치하려 한다. 6[℃] 물의 밀도를 0.980[kg/$l$], 86[℃] 물의 밀도를 0.960[kg/$l$]라 하고, 팽창 탱크의 용량을 온수팽창량의 2.5배로 할 경우 팽창 탱크의 내용적[$l$]을 구하시오.

> **정답 및 해설**
>
> $2.5 \times \left(\dfrac{1}{0.960} - \dfrac{1}{0.980}\right) \times 1{,}800 = 95.66[l]$

020  3세주 650[mm], 20쪽, 입구관 지름 25[mm], 출구관 20[mm], 쪽당 방열면적 0.25[m²]이다. 방열기 호칭법과 도시법에 따라 기록하시오.

> 정답 및 해설

① 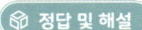  ②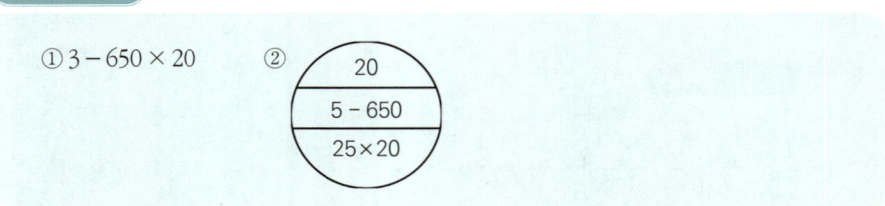

021  온수의 송수온도가 80[℃]이고, 환수온도가 62[℃]이다. 난방 부하가 8,100[kcal/h]인 거실의 온도를 일정하게 유지하려고 할 때 다음 물음에 답하시오.
가. 온수 순환량은 몇 [kg/h]인가? (단, 온수의 비열은 1.0[kcal/kg℃]이다.)
나. 방열기의 표준 섹션수는? (단, 쪽당 방열면적은 0.36[m²]이다.)

> 정답 및 해설

가. $\dfrac{8,100}{1.0 \times (80 - 62)} = 450 [\text{kg/h}]$

나. $\dfrac{8,100}{450 \times 0.36} = 50$쪽

022  온수난방설비에서 밀폐식 팽창 탱크가 운전 중 받는 수두압(mAq)을 구하시오. (단, 밀폐식탱크의 수면과 가장 높은 배관까지의 수직 높이 12m, 공급 온수온도 105℃에서의 포화증기압력 1.23kg/cm², 순환펌프의 양정 10m이다.)

> 정답 및 해설

$Hr = h + h_t + \dfrac{1}{2} \times h_p + 2$ (*1.23kg/cm² = 12.3mAq이므로)

$= 12 + 12.3 + \dfrac{1}{2} \times 10 + 2 = 31.3 \text{mAq}$

# CHAPTER 03

PART 2. 필답 실기편

# 도면해독 및 작성

## 01. 보일러시공 도면 도시법

### 1. 치수 기입법

#### (1) 치수 표시
각 부분의 치수 표시는 숫자만으로 나타낸다.

#### (2) 높이 표시

① EL(Elevation)

배관의 높이를 관의 중심을 기준으로 하여 도시한 것

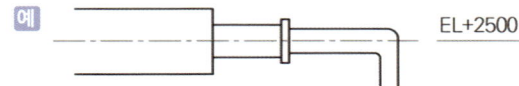

② BOP(bottom of pipe)

서로 다른 관의 높이를 나타낼 때 적용되며, 관 바깥지름의 아랫면까지를 기준으로 하여 도시한 것

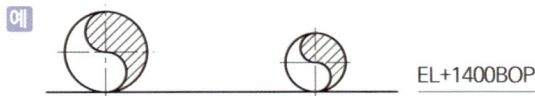

③ TOP(top of pipe)

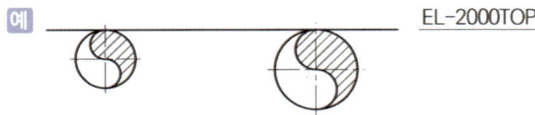

④ GL(ground line)

포장된 지표면을 기준으로 하여 배관장치의 높이를 표시할 때 적용된다.

⑤ FL(floor line)

1층의 바닥 면을 기준으로 하여 높이를 표시한다.

## 2. 배관도면 표시법

### (1) 관의 도시법

관의 도시법은 하나의 실선으로 표시한다.

### (2) 유체의 종류 · 상태 · 목적 표시기호

관을 표시하는 선 위에 표시하거나 인출선에 의해 도시한다.

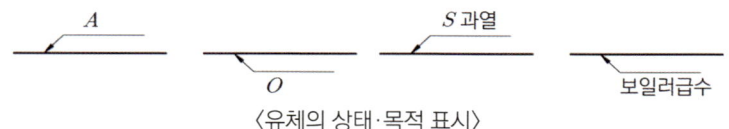

〈유체의 상태·목적 표시〉

### (3) 관의 굵기, 종류

관의 굵기 또는 종류를 표시할 때에는 보기와 같이 표시하는 것을 원칙으로 한다.

관의 굵기 및 종류를 동시에 표시하는 경우에는 관의 굵기를 표시하는 문자 다음에 관의 종류를 표시하는 문자 또는 기호를 기입한다. 다만, 복잡한 도면의 경우에는 지시선을 써서 표시한다.

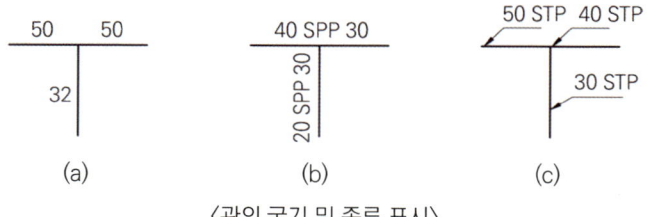

〈관의 굵기 및 종류 표시〉

### (4) 압력계, 온도계

압력계는 P, 온도계는 T로 표시한다.

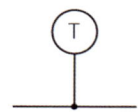

### (5) 관의 접속상태

| 접속상태 | 실제모양 | 도시기호 |
|---|---|---|
| 접속하고 있을 때 | | |
| 분기하고 있을 때 | | |
| 접속하지 않을 때 | | |

### (6) 관 연결방법 도시기호

| 이음종류 | 연결방법 | 도시기호 | 예 | 이음종류 | 연결방법 | 도시기호 |
|---|---|---|---|---|---|---|
| 관 이음 | 나사형 | | | 신축 이음 | 루프형 | |
| | 용접형 | | | | 슬리브형 | |
| | 플랜지형 | | | | 벨로즈형 | |
| | 턱걸이형 | | | | 스위블형 | |
| | 납땜형 | | | | | |

### (7) 관의 입체적 표시

① 관이 도면에 직각으로 앞쪽을 향해 구부러져 있을 때
  (오는 엘보우)

② 관이 앞쪽에서 도면 직각으로 뒤쪽을 향해 구부러져 있을 때
  (가는 엘보우)

③ 관 A가 앞쪽에서 도면 직각으로 구부러져 관 B에 접속할 때

(8) 시공도의 척도는 1/50 또는 1/25을 원칙으로 한다.

※ 도면 표시법

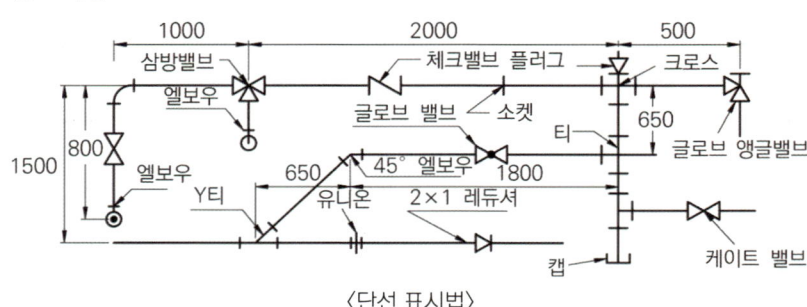

〈단선 표시법〉

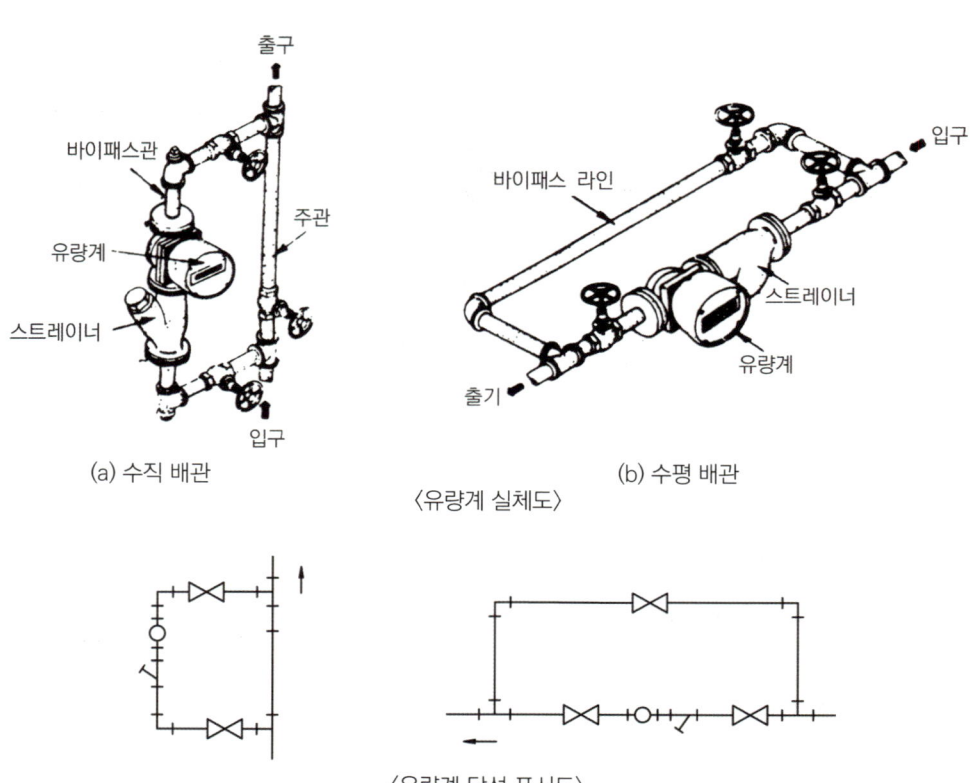

(a) 수직 배관      (b) 수평 배관

〈유량계 실체도〉

〈유량계 단선 표시도〉

## 02. 온수온돌 시공순서

※ 시공순서

① 배관의 기초공사 → ② 방수처리 → ③ 단열처리 → ④ 받침재 설치 → ⑤ 배관작업 → ⑥ 공기방출기 설치 → ⑦ 보일러 설치 → ⑧ 팽창 탱크 설치 → ⑨ 굴뚝 설치 → ⑩ 수압시험 → ⑪ 온수 순환시험 및 경사조정 → ⑫ 골재 충진작업 → ⑬ 시멘트 모르타르 바르기 → ⑭ 양생 건조작업

❖ 참고

온수온돌의 일반적인 구조를 상향식과 하향식으로 간단하게 표시하였다.

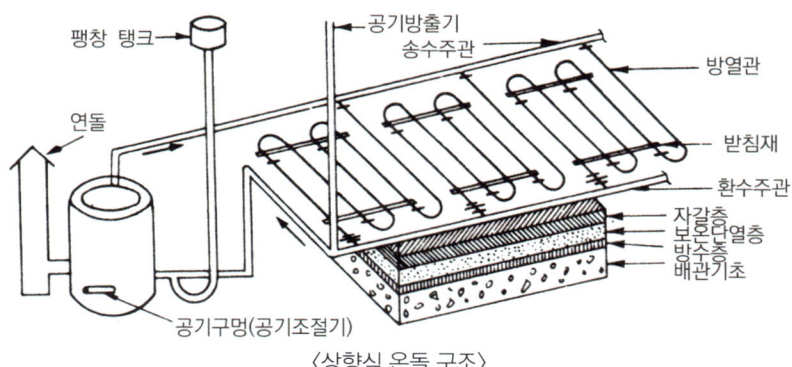

〈상향식 온돌 구조〉

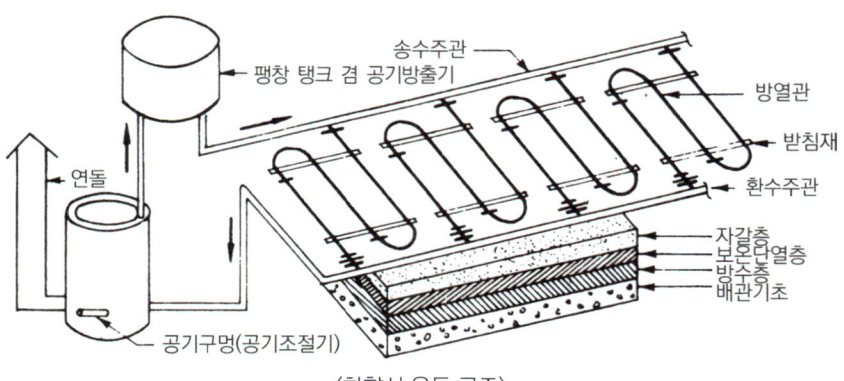

〈하향식 온돌 구조〉

## 1. 배관기초

### (1) 배관기초의 필요성

배관기초는 방수작업을 용이하게 하며, 배관작업 시 받침재의 설치 및 관의 지지를 쉽게 한다.

### (2) 시공(아래 단면도 참조)

시멘트 : 모래 : 자갈의 비는 1 : 3 : 6 정도의 비율로 하며 단단하게 다져야 한다.

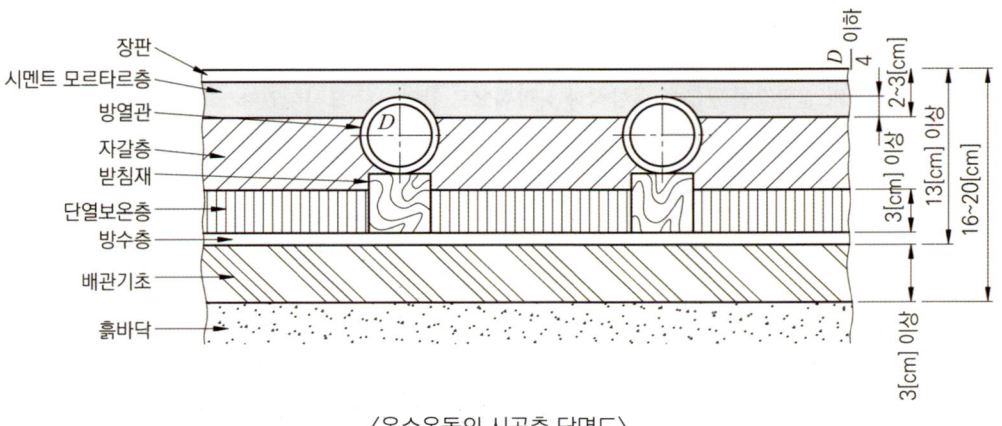

〈온수온돌의 시공층 단면도〉

## 2. 방수처리

### (1) 방수처리의 목적

① 단열재의 단열성 저하 방지
② 배관의 부식 및 열손실 방지
③ 장판의 부패 방지

### (2) 시공

방수재료 종류는 루핑, 비닐, 방수 모르타르, 내식성 방수지 등이 있으며 벽면 가장자리 부분은 습기가 들어오지 않도록 온돌바닥보다 10[cm] 이상 위까지 방수처리를 하여야 한다.

## 3. 단열처리

### (1) 단열처리의 필요성

① 바닥을 통한 열손실을 방지
② 온수의 보유열을 최대한 이용
③ 에너지 절약

## 4. 받침재 설치

### (1) 사용 목적

① 방열관의 고정 용이
② 경사 잡기가 쉽다.
③ 배관의 간격을 일정하게 유지

❖ 받침재 설치간격은 강관 1.5[m], 동관이나 XL파이프는 1[m] 정도로 한다.

## 5. 배관작업

### (1) 배관의 지름

① 주관

송수주관과 환수주관은 32A의 배관용 탄소강관이나 28.58과 22.22동관을 사용한다.

② 방열관
- 방열관은 20A의 배관용 탄소강관이나 15.88과 12.7 동관, 15 엑셀 파이프나 12 엑셀 파이프를 사용한다.
- 직렬식 배관의 방열관 : 배관저항을 고려하여 굵은 관을 사용한다.
- 방열관 피치는 200±20[mm]로 하며, 분리주관식의 경우에는 배관저항을 고려하여 갈래 당 길이는 15[m] 이하로 한다.

### (2) 주관 및 방열관의 경사

물의 순환이 용이하도록 관의 경사는 1/200 이상을 원칙으로 하며, 세로방향 경사는 되도록이면 수평으로 한다. 주관과 연결되는 관은 1/200의 경사를 둔다.

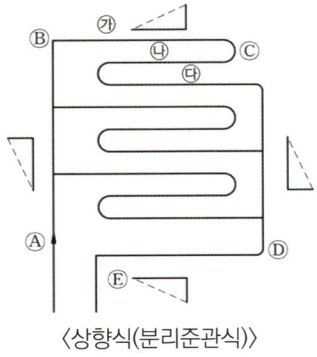
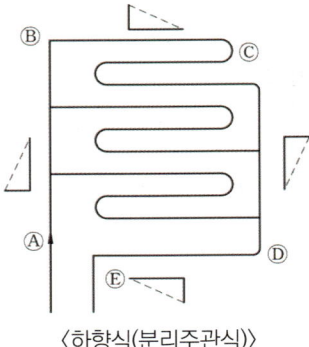

〈상향식(분리준관식)〉　　　　　　〈하향식(분리주관식)〉

① 상향식 배관인 경우 가장 높은 곳은 D부분이고, 가장 낮은 곳은 A부분이다. 공기방출기는 D부분에 설치된다. 높은 곳부터 나열하면 D C B A = E이다.
② 하향식인 경우에 가장 높은 곳은 방입구 A지점이며, B, C, D, E순으로 E지점이 가장 낮게 된다.
③ 방열관의 경사 중 주관에 연결되는 부분(그림 ㉮, ㉰)은 1/200경사로 하고 ㉯의 부분은 수평으로 한다.

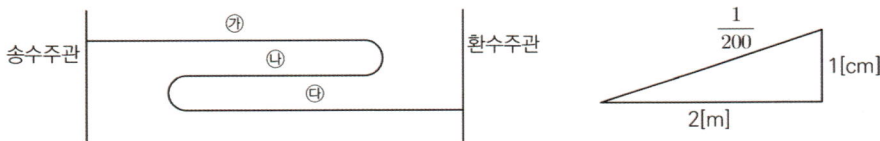

## 6. 공기방출기 설치

### (1) 설치 목적

배관계통 내에 공기가 존재하면 내부에 공기압력만큼의 저항이 발생하며 관수 순환이 저하하고 관의 부식을 촉진시킨다. 이러한 현상방지를 위하여 공기방출 목적으로 설치된다. 배관 내에 많은 공기량이 존재하면 배관 내의 굴곡부에 에어 로크(air lock) 현상이 발생되며 유체의 흐름이 차단되기도 한다.

### (2) 설치 위치

① 상향식은 환수주관 가장 높은 끝부분에 설치한다.
② 하향식은 팽창 탱크와 공기방출기를 겸하여 보일러 바로 위에 설치한다.
③ 개방식 공기방출기는 팽창 탱크 수면보다 50[cm] 이상 높게 설치한다.

## 7. 보일러 설치위치 및 설치

### (1) 보일러 설치위치

보일러에서 연소가 누설되어 실내로 진입되면 사고의 원인이 되며, 습기로 인한 보일러 수명 단축을 방지하며, 굴뚝과 가깝고 연도의 굴곡부는 적게 설치하여 저항이 적게 해야 한다.

### (2) 보일러의 설치

보일러는 수평으로 설치함을 원칙으로 한다. 주관의 연결부에는 교체가 용이하도록 유니온이나 플랜지로 연결하여야 한다. 청소를 위한 공간을 두고 보일러는 바닥과 직접 접하지 않도록 기초 위에 보일러를 설치한다. 매몰식인 경우에는 방수처리 단열시공을 필히 한 뒤에 보일러를 설치한다.

## 8. 팽창 탱크 설치

### (1) 설치 목적

온수보일러의 안전장치이며, 온수가 열을 받아 체적이 팽창하면 팽창수를 흡수하여 보일러나 배관의 파손을 방지하며, 보충수를 급수할 목적으로 설치한다.

### (2) 시공

① 탱크의 용량은 하향식일 때 공기방출기와 겸하는 경우 10[%] 정도 큰 것을 택한다.
② 팽창관에는 밸브나 체크 밸브 같은 것은 절대로 설치해서는 안 된다.
③ 하향식의 경우 공기방출기와 겸하여 보일러 바로 위에 설치한다.

## 9. 굴뚝 설치

### (1) 위치

연소가스 배출이 원활하도록 보일러실과 가까운 곳에 설치한다.

### (2) 높이

유류 보일러인 경우 높은 것이 좋으나 구멍탄 보일러는 너무 높게 설치하는 경우에는 연소가스가 역류되어 연소상태가 불량하게 된다. 따라서 적당한 높이로 설치하는 것이 좋다. 후방 와류에 의한 역풍을 방지하기 위하여 개자리를 설치하고 지붕 면보다 90[cm] 정도 높게 설치한다.

### (3) 개자리

순간적인 후방 와류에 의한 역류를 방지하기 위하여 굴뚝 하단부에 개자리를 설치하고 개자리의 높이는 연돌지름의 2배로 한다.

## 10. 수압시험

### (1) 목적

배관 연결부위의 누수 또는 변형상태를 점검하기 위하여 최고사용압력보다 높게 실시한다.

### (2) 방법

공기방출기를 개방하고 팽창 탱크나 보일러 주위 연결구로 급수를 하여 팽창 탱크의 관로와 공기방출기를 잠정적으로 밀폐시켜 수압시험기로 규정 수압을 가하여 연결부를 점검, 누수, 변형여부를 확인한다.

> ❖ 수압시험압력
> ① 유류용 온수보일러 보일러 : 실제 최고사용압력의 2배의 수압을 30분간
> ② 구멍탄용 온수보일러 보일러 : 0.2MPa(2[kg/cm$^2$])의 수압을 30분간

① 강제 보일러
- 최고사용압력이 0.43MPa(4.3[kg/cm$^2$]) 이하는 최고사용압력의 2배로 실시
- 최고사용압력이 0.43MPa(4.3[kg/cm$^2$]) 초과, 1.5MPa(15[kg/cm$^2$]) 이하일 때는 최고사용압력의 1.3배에 0.3MPa[3kg/cm$^2$]를 더한 압력으로 실시
- 최고사용압력이 1.5MPa(15[kg/cm$^2$]) 초과시 최고사용압력의 1.5배로 실시

② 주철제 보일러
- 최고사용압력이 0.43MPa 이하는 최고사용압력의 2배로 실시
- 최고사용압력이 0.43MPa 초과하면 최고사용압력의 1.3배에 0.3MPa[3kg/m$^2$]를 더한 압력으로 실시

❖ 모든 보일러의 최고사용(시험)압력이 0.2MPa(2[kg/cm²]) 미만인 경우에는 0.2MPa(2[kg/cm²]) 로 수압시험을 실시한다.

## 11. 시험 및 검사

① 수압시험
② 온수 순환시험 검사
③ 연소가스 누설유무 검사
④ 연소상태 및 연소조절 검사
⑤ 보일러 연소 및 배기 성능검사
⑥ 연료계통의 누설상태 검사
⑦ 자동제어에 의한 작동검사

## 03. 보온재의 구비조건

① 열전도율이 적을 것
② 비중(밀도)이 적고, 독립성 다공질일 것
③ 장시간 사용해도 사용온도에서 변질되지 않을 것
④ 기계적 강도가 크고, 시공이 용이할 것
⑤ 흡습, 흡수성이 적을 것

보온재의 종류는 유기질, 무기질, 금속질 등이 있고 안전 사용온도는 100~650[℃] 정도이며, 열전도율은 0.07[kcal/mh℃] 이하인 것을 말한다.

❖ 보온재의 열전도율과 관계
① 밀도가 상승하면 열전도율이 상승한다.
② 습도가 증가하면 열전도율이 상승한다.
③ 온도가 상승하면 열전도율도 상승한다.

## 04. 보온재 종류 및 특성

### 1. 유기질 보온재

① 탄화코르크(안전사용온도 : -200~130[℃])

② 플라스틱폼(안전사용온도 : 100~140[℃])

③ 면화(안전사용온도 : 160[℃])

④ 양모펠트(안전사용온도 : 130[℃])

⑤ 우모펠트(안전사용온도 : 100[℃])

### 2. 무기질 보온재

① 석면(아스베스트) 보온재(안전사용온도 : 550[℃])

② 규조토 보온재(안전사용온도 : 500[℃])

③ 암면보온재(안전사용온도 : 600[℃])

④ 폼글라스 및 글라스울 보온재(안전사용온도 : -50~300[℃])

⑤ 규산칼슘 보온재(안전사용온도 : 650[℃])

⑥ 탄산마그네슘 보온재(안전사용온도 : 250[℃])

⑦ 실리카파이버 보온재(안전사용온도 : 50~1,100[℃])

⑧ 세라믹 화이버 보온재(안전사용온도 : 30~1,300[℃])

⑨ 질석팽창 보온재(안전사용온도 : 100~800[℃])

> ❖ 유기질 보온재와 무기질 보온재는 재질 내 미세한 다공질층의 독립기포를 이용한 열전도 지연효과 이용

### 3. 금속질 보온재(반사특성 이용)

대표적인 것은 알루미늄박이다.

- 알루미늄박(안전사용온도 : -180~500[℃] 정도)

## 05. 보온시공법

최하층 거실바닥 벽체, 천장의 경우 열관류율은 0.5[kcal/m²h℃] 이하, 공동주택의 측벽은 0.4[kcal/m²h℃] 이하로 규정되어 있다. 창문은 열관류율값을 3.0[kcal/m²h℃] 이하로 하거나 이중창으로 해야 한다.
바닥 시공의 경우에는 방열관을 매설하므로 방열관 내부의 온수온도가 높아 많은 열량이 손실되므로 온수온돌 바닥의 열관류율은 0.2[kcal/m²h℃] 이하로 시공하여야 한다.

### 1. 온수온돌바닥의 시공상 주의사항

① 바닥 전체의 열관류율은 0.2[kcal/m²h℃] 이하가 되도록 하여야 한다.
② 유리솜인 경우에는 압축이 되지 않도록 하고, 열손실 방지를 위하여 공기층이 형성되도록 한다.
③ 보온시공 전 방수처리를 철저히 한다.
④ 보온두께는 30[mm] 이상으로 한다.

### 2. 배관의 보온시공

① 두께가 75[mm] 이상인 경우 2층으로 분리 시공한다.
② 밸브, 부속 등의 보온은 2층으로 한다.
③ 100[℃] 이상인 경우에는 유리솜, 광석면, 규산칼슘 등 내열도가 큰 것을 사용한다.
④ 빗물을 받는 경우 방수처리를 하고, 보온용 테이프를 감아준다.

### 3. 배관의 열손실 및 보온 효율

#### (1) 나관의 열손실(보온하지 않은 관)

$$Q = a_1 \cdot A \cdot \Delta t [kcal/h]$$

$a_1$ : 표면 열전달률[kcal/m²h℃]
$A$ : 나관의 외표면적[m²] = $\pi DL$ ($D$ : 나관의 바깥지름, $L$ : 관 길이)
$\Delta t$ : 배관 외면온도 − 공기의 온도[℃]

### (2) 보온관 열손실로부터의 열손실

$$\text{나관 열손실} = \frac{\text{보온관 열손실}}{(1 - \text{보온효율})} \quad [\text{kcal/h}]$$

### (3) 보온관 열손실

$$Q_0 = a_2 \cdot A_2 \cdot \Delta t$$

$Q_0$ : 보온관 열손실[kcal/h]
$a_2$ : 보온관 표면 열전달률[kcal/m²h℃]
$A_2$ : 보온과 외표면적[m²] = $\pi D_1 L_1$ ($D_1$ : 보온관 바깥지름, $L_1$ : 관 길이)
$\Delta t$ : 보온관 표면온도 − 공기온도[℃]

### (4) 보온효율($\eta$)

$$\eta = \frac{Q_0 - Q}{Q_0} \times 100$$

$\eta$ : 보온효율[%]   $Q_0$ : 나관 열손실[kcal/h]   $Q$ : 보온관 열손실[kcal/h]

# 예상문제

## Chapter 03. 도면해독 및 작성

**001** 보온재의 재질에 따른 종류 3가지는?

> 정답 및 해설
>
> - 유기질 보온재
> - 무기질 보온재
> - 금속질 보온재

**002** 나관의 바깥지름 60[mm], 관의 총 길이가 40[m], 관 표면온도가 110[℃], 접촉 공기 온도가 15[℃], 열전달률이 25[kcal/m²h℃]이다. 이 관의 열손실 열량은?

> 정답 및 해설
>
> $Q = K \times A \times \triangle t \, (A = \pi d \ell)$
> $= 25 \times 3.14 \times 0.06 \times 40 \times (110 - 15) = 17{,}898 [\text{kcal/h}]$

**003** 나관 열손실 열량이 4,500[kcal/h], 보온관 열손실이 1500[kcal/h]이다. 보온효율은?

> 정답 및 해설
>
> $\eta = \dfrac{Q_0 - Q}{Q_0} \times 100 = \dfrac{4{,}500 - 1{,}500}{4{,}500} \times 100 = 67[\%]$

**004** 보온관의 열손실이 3,500[kcal/h]이다. 보온효율이 80[%]이면 나관의 열손실 열량은?

🔹 정답 및 해설

$$\frac{3,500}{1-0.8} = 17,500[\text{kcal/h}]$$

**005** 온수온돌의 시공순서를 쓰시오. (주로 보기를 주고 ( )를 채우는 형식으로 시험에 출제된다.)

🔹 정답 및 해설

배관의 기초공사 → 방수처리 → 단열처리 → 받침재 설치 → 배관작업 → 공기방출기 설치 → 보일러 설치 → 팽창 탱크 설치 → 굴뚝 설치 → 수압시험 → 온수 순환시험 및 경사조정 → 골재 충진작업 → 시멘트 모르타르 바르기 → 양생 건조작업

**006** 팽창 탱크를 개방식으로 한다. 연결되어야 할 주위 배관 6가지를 쓰시오.

🔹 정답 및 해설

팽창관, 안전관, 급수관, 개방관(통기관), 배수관, 오버플로우관

**007** 밀폐식 팽창 탱크 주위에 부착되는 관 및 부품을 쓰시오.

🔹 정답 및 해설

압축공기관, 압력계, 수위계, 안전 밸브, 급수관, 배수관, 주관

**008** 다음은 온수 온돌의 시공층 단면도이다. 다음 물음에 답하시오.

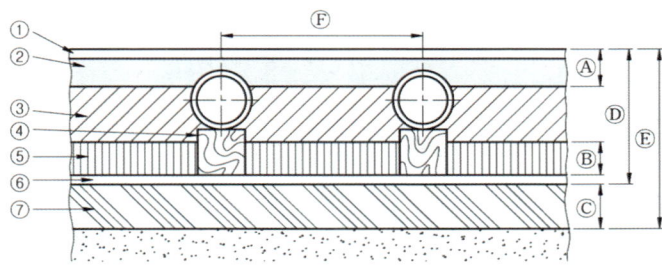

가. 도면의 ① ~ ⑦까지의 명칭을 각각 쓰시오.
나. 도면의 Ⓐ ~ Ⓔ의 두께는 몇 [cm]가 적당한지 각각 쓰시오.
다. 방열관의 피치(Ⓕ)는 몇 cm가 적당한가?

> **정답 및 해설**
>
> 가. ① 장판, ② 시멘트 모르타르층, ③ 자갈층, ④ 받침재
>   ⑤ 보온재, ⑥ 방수층, ⑦ 콘크리트층
> 나. Ⓐ 2~3[cm], Ⓑ 3[cm] 이상, Ⓒ 3[cm] 이상, Ⓓ 13[cm] 이상
>   Ⓔ 16~20[cm]
> 다. 20±2[cm]

**009** 크로스의 관 지름이 다음과 같다. 읽는 순서로 표시하시오.

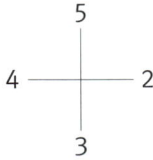

> **정답 및 해설**
>
> 5×3×4×2

010 관의 이음방법 5가지를 쓰고, 도시기호를 알맞게 그리시오.

> 정답 및 해설

| 나사 이음 | |
|---|---|
| 플랜지 이음 | |
| 용접 이음 | |
| 턱걸이 이음 | |
| 납땜 이음 | |

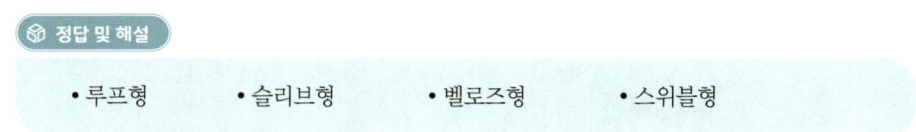

011 신축이음 종류 중 연결방식 4가지를 쓰시오.

> 정답 및 해설
> 
> • 루프형  • 슬리브형  • 벨로즈형  • 스위블형

012 다음 도시기호를 보고 명칭을 쓰시오.

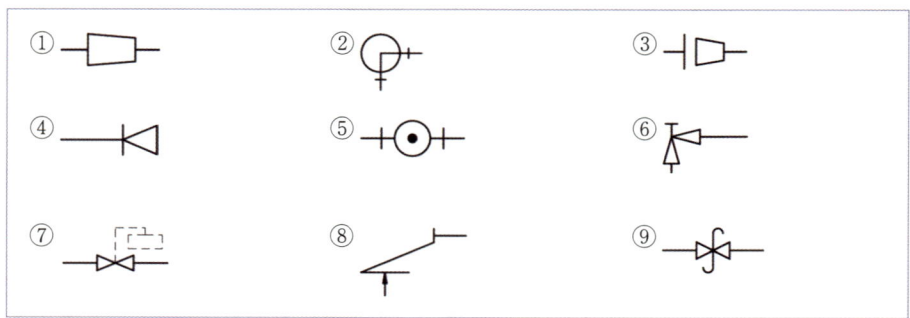

> 정답 및 해설
> 
> ① 부싱, ② 옆가지 엘보우 가는 것, ③ 줄임 플랜지
> ④ 벌 플러그, ⑤ 오는 티, ⑥ 글로브 앵글 밸브(수직)
> ⑦ 플로트 밸브, ⑧ 앵글 체크 밸브, ⑨ 안전 밸브

013 다음은 온수보일러 배관도이다. 도면을 보고 물음에 답하시오.

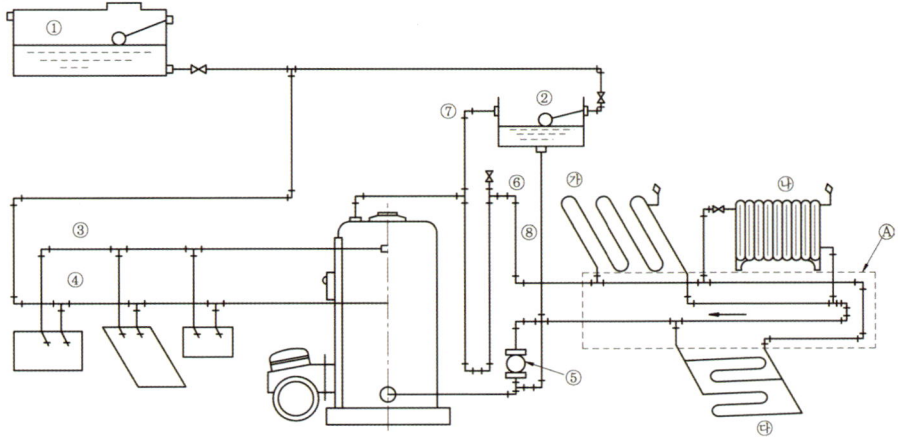

가. ㉰ 의 배관방식 명칭을 쓰고 특징을 3가지 쓰시오.
나. 이 보일러 배관방식을 온수 순환 방향에 따라 분류하면 어떤 방식인가?
다. ① ~ ⑧ 까지 명칭을 기록하시오.

### 정답 및 해설

가. ㉰ 분리주관식
　　① 배관비용이 적당하다.
　　② 배관저항이 비교적 적다.
　　③ 방열관은 1갈래당 15[m] 이내로 한다.
나. 하향순환식
다. ① 옥상 물탱크　　② 팽창 탱크
　　③ 급탕 온수라인　④ 급탕 냉수라인
　　⑤ 온수 순환펌프　⑥ 에어핀
　　⑦ 방출관　　　　⑧ 팽창관

**014** 온수보일러를 설치하고자 한다. 상향 순환식, 하향 순환식을 간단하게 그리시오.

> 정답 및 해설

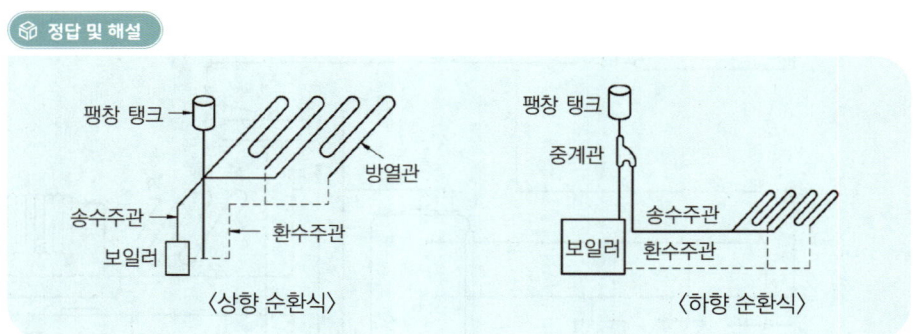

# CHAPTER 04

PART 2. 필답 실기편

# 공작용 공구 및 접합

## 01. 강관용 공구

### 1. 파이프 커터(pipe cutter)

관을 절단하는 공구로 1매날형(1개의 날, 2개의 롤러)과, 3매날형(날만 3개)이 있다. 커터로 절단한 경우 관의 안쪽으로 거스러미(burr)가 생기므로 절단 후 리머로 거스러미를 제거한 후 조립하여야 한다.

링크형 커터는 주철관의 절단용으로 사용한다.

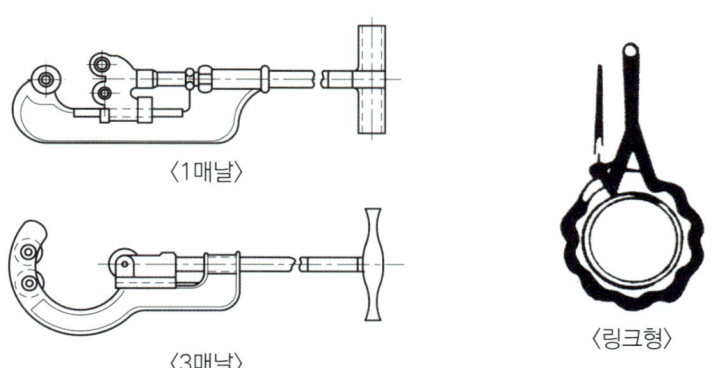

〈1매날〉

〈3매날〉

〈링크형〉

### 2. 쇠톱

관 절단용 공구로 크기는 구멍과 구멍 사이로 표시하며, 200[mm](8), 250[mm](10), 300 [mm] (12) 3종류가 있다.

### 3. 파이프 리머(pipe reamer)

관의 안쪽에 생긴 거스러미를 제거하기 위하여 사용한다.

## 4. 수동형 나사절삭기(pipe threader)

수동으로 관에 나사를 절삭하는 공구로써 종류는 오스터형, 리드형, 베이비 리드형이 있다.

① 오스터형 : 4개의 다이스, 3개의 조우
② 리드형 : 2개의 다이스, 4개의 조우

(a) 오스터형 나사 절삭기　　　　(b) 리드형 나사 절삭기

〈수동 파이프 나사 절삭기〉

## 5. 파이프 렌치(pipe wrench)

밸브 및 부속품 등을 조립·분해하기 위하여 사용한다. 체인형은 200A 이상의 대형용으로 사용된다.

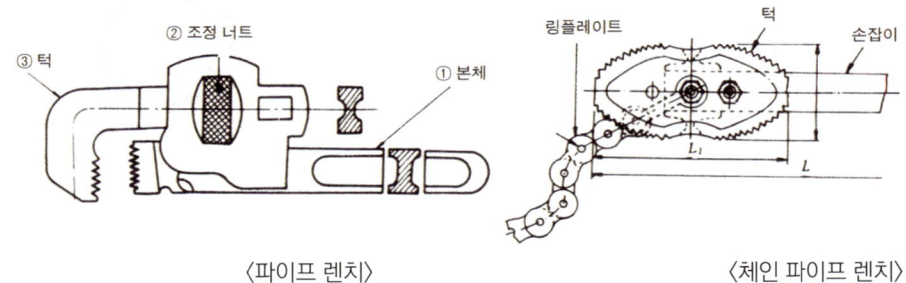

〈파이프 렌치〉　　　　　　〈체인 파이프 렌치〉

## 6. 파이프 바이스(pipe vise)

관을 분해 조립 및 관의 절단, 고정을 위하여 사용하며, 크기는 물릴 수 있는 최대의 관지름으로 표시한다.

## 7. 벤치 바이스(평바이스)

관을 고정하기 위하여 사용한다. 주강제와 주철제가 있으며 크기는 조우의 폭으로 표시한다.

## 8. 토치 램프

관의 가열, 열간 벤딩 등에 주로 사용한다.

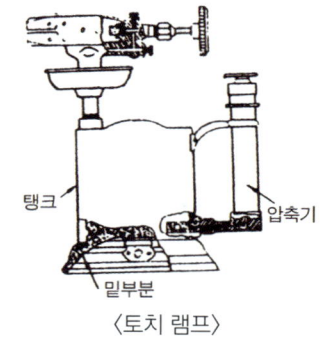

〈토치 램프〉

## 9. 파이프 절단용 기계

### (1) 기계톱(haek sawing machine)

환봉이나 강관을 크랭크의 왕복운동으로 절단한다.

### (2) 고속 숫돌 절단기

두께 0.5~3[mm] 정도의 원판 숫돌을 고속으로 회전시켜 절단한다.

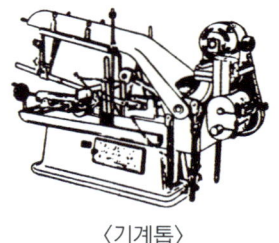

〈기계톱〉

### (3) 파이프 가스절단기

자동식과 수동식이 있으며 롤러에 의하여 회전시키면서 절단 토치로 환봉이나 강관을 절단한다.

## 10. 동력용 파이프 나사 절삭기

〈오스터형〉

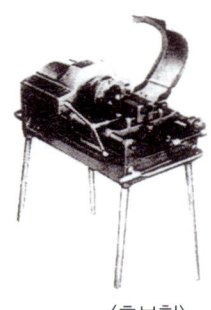
〈호브형〉

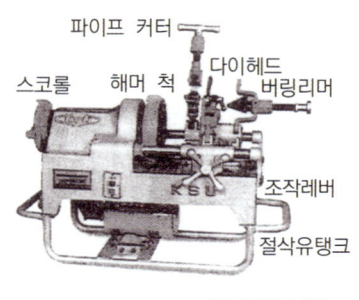
〈다이헤드형〉

① 오스터형

② 호브형

③ 다이헤드형 : 관의 절단, 거스러미 제거, 나사절삭 등을 연속 작업할 수 있으며, 현장용으로 가장 많이 사용된다.

## 02. 동관용 공구

### 1. 튜브 커터(tube cutter)

동관을 절단할 때 사용하는 공구이다.

〈튜브 커터〉

### 2. 플레어링 툴 세트

동관을 압축이음(플레어이음)으로 하는 경우에 사용되며, 동관의 끝을 나팔관으로 만들 때 사용한다.

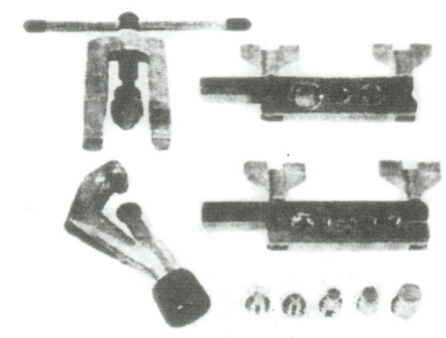

〈플레어링 툴 세트〉

## 3. 사이징 툴(sizing tools)

동관의 끝을 원형으로 교정하는 데 사용한다.

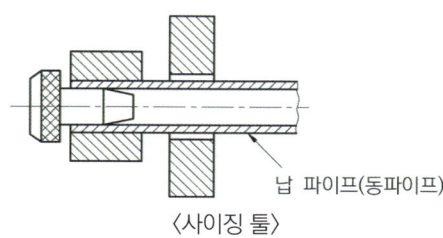

〈사이징 툴〉

## 4. 튜브 벤더(tube bender)

동관을 벤딩하기 위하여 사용한다.

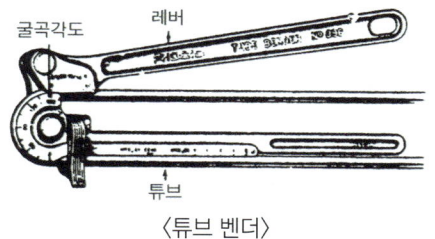

〈튜브 벤더〉

## 5. 익스 팬더(expander : 확관기)

동관의 관 끝을 확관하기 위하여 사용한다.

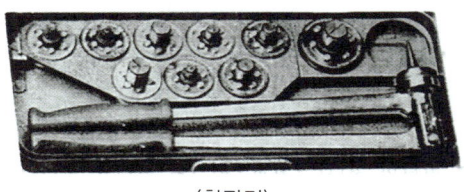

〈확관기〉

## 6. 리머

관내의 거스러미를 제거하는 데 사용한다.

## 03. 연관용 공구

① 봄볼
분기관 따내기 작업 시 주관에 구멍을 뚫어낸다.

② 드레셔
연관 표면의 산화물을 깎아낸다.

③ 벤드벤
연관을 굽힐 때나 펼 때 사용한다.

④ 턴핀
접합하려는 연관의 끝부분을 소정의 관지름으로 넓힌다.

⑤ 맬릿
턴핀을 때려 박든가 접합부 주위를 오므리는 데 사용한다.

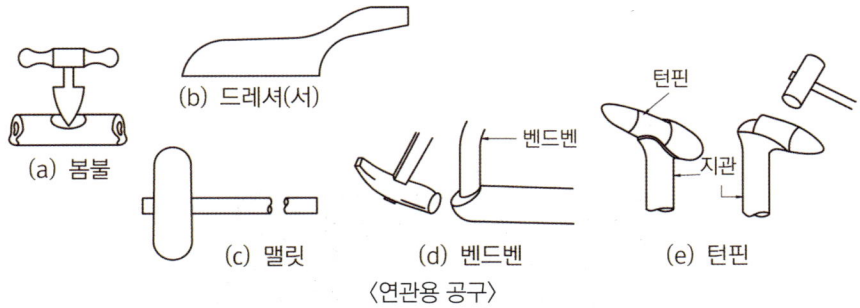

〈연관용 공구〉

## 04. 주철관용 공구

① 납 용해용 공구 셋
냄비, 파이어 포트(fire pot), 납물용 국자, 산화납 제거기 등이 있다.

② 클립(clip)

　　소켓 접합 시 용해된 납물의 비산을 방지한다.

③ 링크형 파이프 커터

　　주철관 전용 절단공구이다.

④ 코킹 정

　소켓 접합 시 코킹(다지기)에 사용하는 정이다.

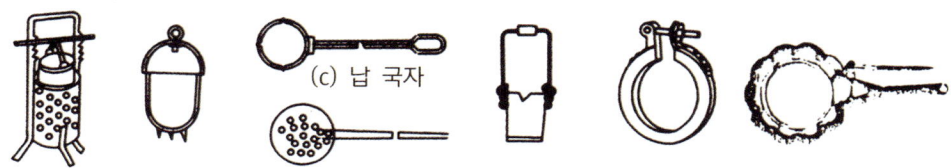

(a) 파이어 포트　(b) 납 냄비　(c) 납 국자　(d) 산화납 제거기　(e) 납 운반기　(f) 클립　(g) 링크형 파이프 커터

〈주철관용 공구〉

## 05. 관의 접합 및 벤딩

### 1. 나사접합(소구경관용 접합방법)

#### (1) 관의 절단
수동공구에 의한 방법과 동력기계에 의한 방법, 가스절단방법 등이 있다.

#### (2) 나사절삭 및 조립
수동용 나사절삭기로 나사절삭을 하려면 절삭유를 수시로 치며 2~3회에 나누어 절삭해 준다. 나사절삭 후에는 패킹제를 감은 후에 연결 부속을 끼워 준다. 동력에 의한 절삭방법은 공장, 현장 등에서 다량의 나사를 단시간에 절삭할 때 사용하며 능률이 좋고 힘도 덜 든다.

#### (3) 관의 길이 산출법
배관 도면에서는 관의 중심선을 기준으로 모든 치수가 표시된다.

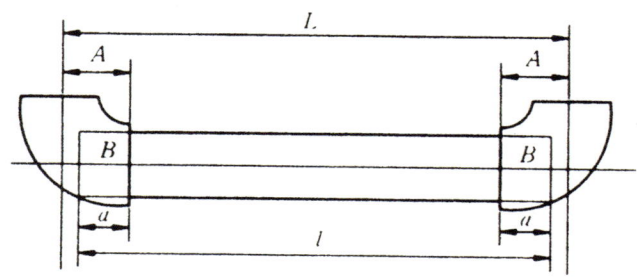

> 📦 **강관 나사 접합 시**
>
> 위 그림에서 배관의 중심선 길이를 $L$, 관의 실제 길이를 $l$, 부속의 끝 단면에서 중심선까지의 치수를 $A$, 나사가 물리는 길이를 $a$라 할 때, $L = l + 2(A - a)$의 공식을 이용한다. 이때 관의 길이를 구하는 공식은 $l = L - 2(A - a)$로 된다.
> 즉, 관의 실제 절단길이 = 전체길이 − 2(부속의 중심길이 − 관의 삽입길이)이다.

⟨관 이음쇠의 치수⟩

| 부속명 호칭 | 중심거리 | | 수나사 유효나사부 | 최소 물림길이 | 공간거리㉮ | | 물림 길이 | 공간거리㉯ | |
|---|---|---|---|---|---|---|---|---|---|
| | L.T | 45L | | | L.T | 45L | | L.T | 45L |
| 15 | 27 | 21 | 15 | 11 | 16 | 10 | 13 | 14 | 8 |
| 20 | 32 | 25 | 17 | 13 | 19 | 12 | 15 | 17 | 10 |
| 25 | 38 | 29 | 19 | 15 | 23 | 14 | 17 | 21 | 12 |
| 32 | 46 | 34 | 22 | 17 | 29 | 17 | 19 | 27 | 15 |
| 40 | 48 | 37 | 22 | 18 | 30 | 19 | 20 | 28 | 17 |
| 50 | 57 | 42 | 26 | 20 | 37 | 22 | 22 | 35 | 20 |

※ 기타 자세한 것은 부록 참조
  ㉮ 공간거리 = 중심거리 − 최소물림길이
  ㉯ 공간거리 = 중심거리 − 물림길이

🔍 **예상문제 01**

실제 배관의 절단길이는?

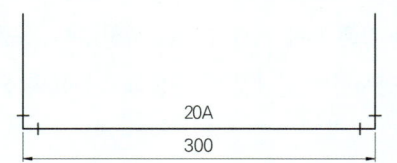

📦 **풀이**

$l = 300 - 2(32 - 13) = 262 \text{[mm]}$  ∴ 262[mm]

- 경사진 배관인 경우

배관 절단길이 계산은
b관의 중심거리는 피타고라스 정리에 의하여
$b^2 = a^2 + c^2$
$b = \sqrt{a^2 + c^2}$ 이며
실제 관의 절단길이는
$l = b - (A - a) - (A' - a)$ 가 된다.
경사각이 45°인 경우 $a = c$ 이므로
피타고라스 정리식에서 $a = c = 1$ 이라 하면,
$b = \sqrt{1^2 + 1^2}$
$= \sqrt{2} = 1.414$
도면에서 $a$와 $c$가 직각부 중심거리이면 $b$의 45°부 중심거리는
$b = a \times 1.414 = c \times 1.414$ 가 된다.
실제 배관 절단길이는
$\therefore l = a \times 1.414 - (A - a) - (A' - a)$ 가 된다.
$\therefore l = b - 2(A - a)$

### 예상문제 01

실제 배관의 절단길이는?

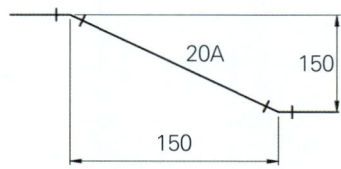

**풀이**
$150 \times 1.414 - 2(25 - 13) = 188.1 [mm] \fallingdotseq 188 [mm]$

### (4) 곡관의 길이계산

원둘레 산출식에서 $L = 2\pi r = \pi D$

곡관의 길이계산은

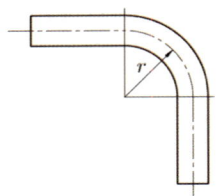

$$l = \pi D \times \frac{\theta}{360}$$

$D$ : 관의 지름[mm]    $\theta$ : 곡선의 각도

#### 예상문제 01

곡선의 반지름이 80[mm]이고, 각도가 90일 경우 곡관부 길이는?

**풀이**

$3.14 \times 160 \times \dfrac{90}{360} = 125.6[\text{mm}]$

# 예상문제

## Chapter 04. 공작용 공구 및 접합

**001** 동력식 나사절삭기의 종류 3가지를 쓰시오.

> 📦 정답 및 해설
>
> - 오스터형
> - 호브형
> - 다이헤드형

**002** 동관을 압축이음으로 하려고 한다. 필요한 공구 5가지를 쓰시오.

> 📦 정답 및 해설
>
> - 튜브커터
> - 리머
> - 플레어링 툴
> - 몽키스패너
> - 자

**003** 동관의 주관에 지관을 접속하고자 할 때 엘보우나 티를 사용하지 않고, 직접 주관에 티 형상을 만들려고 한다. 필요한 공구는?

> 📦 정답 및 해설
>
> 티뽑기

**004** 다음 주어진 이경티(T)의 크기를 순서대로 표시하시오.

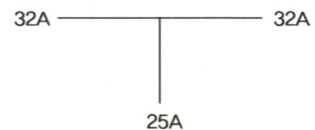

> 정답 및 해설
>
> 32A × 32A × 25A

**005** 관의 내경이 20mm, 유속 1.5m/s일 때 유량[Q]는 몇 m³/hr인지 계산하시오. (단, 소수점 셋째자리에서 반올림하여 둘째자리까지 구하시오.)

> 정답 및 해설
>
> $Q = A \times V = \dfrac{\pi D^2}{4} = \dfrac{3.14 \times 0.02^2}{4} \times 1.5 \times 3600 = 1.69 \text{m}^3/\text{h} \fallingdotseq 1.70 \text{m}^3/\text{h}$

**006** 다음의 내용 중에서 사용되는 공구 명칭을 쓰시오.

가. 동관 원형 복원 공구 :

나. 동관 전용 절단 공구 :

다. 동관 나팔관 작업 공구 :

라. 동관 거스러미 제거 공구 :

마. 동관 확관용 공구 :

> 정답 및 해설
>
> 가. 사이징 툴
> 나. 튜브커터
> 다. 플레어링 툴
> 라. 리머
> 마. 확관기(익스팬더)

**007** 다음 주어진 배관 부속품을 이용하여 유량계의 바이패스(By – pass) 회로를 배관 도시하시오.

- 유량계(F1) : 1개
- 유니언 : 3개
- 밸브(⋈) : 3개
- 엘보 : 2개
- 스트레이너(▷) : 1개,
- 티 : 2개

🔷 정답 및 해설

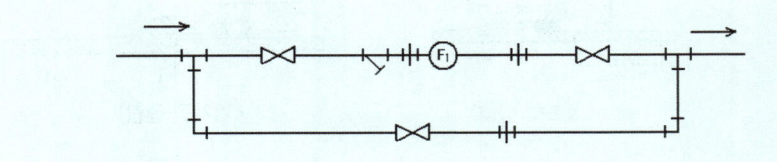

**008** 개방식 입형 배수펌프 설치 시 사용되는 것을 순서대로 나열하시오.

( ① ) – 글로브밸브 – ( ② ) – ( ③ ) – 배수펌프 – ( ④ ) – ( ⑤ ) – 게이트밸브

🔷 정답 및 해설

① 풋 밸브, ② 스트레이너, ③ 플렉시블 이음, ④ 플렉시블 이음, ⑤ 체크밸브

**009** 동관을 사용하여 배관을 하고자 한다. 이음방법 3가지는?

🔷 정답 및 해설

- 용접 이음
- 압축 이음
- 플랜지 이음

🔷 참고

용접 이음은 연납용접과 경납용접이 있으며, 압축 이음(플레어 이음)은 20[mm] 미만일 때 사용한다.

## 010 주철관의 접합방법은?

**정답 및 해설**

- 소켓 접합
- 빅토리 접합
- 플랜지 접합
- 타이톤 접합
- 기계적 접합

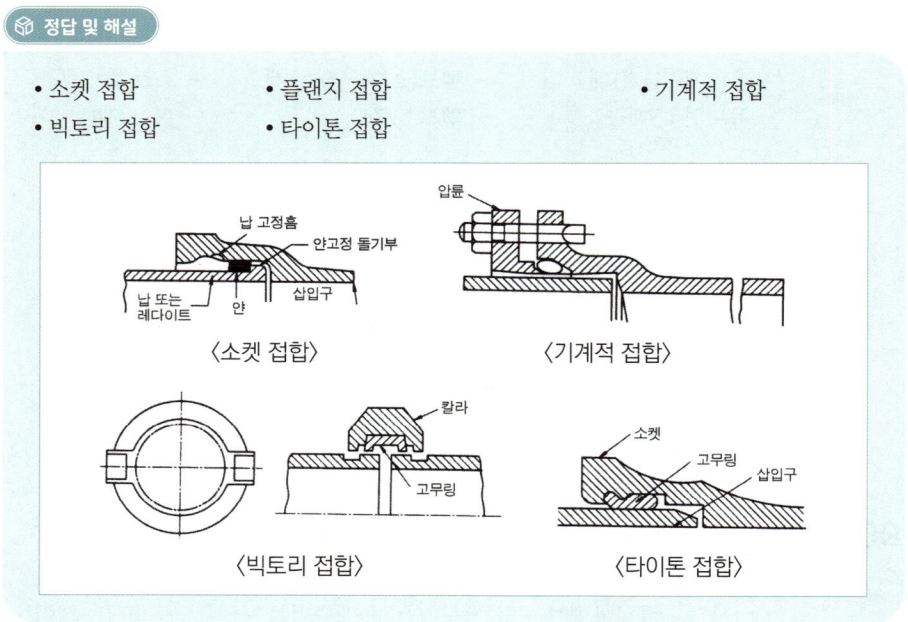

## 011 20A관을 90도 벤딩하려고 한다. 벤딩부의 길이를 계산하시오. (단, R = 100이다.)

**정답 및 해설**

$3.14 \times 200 \times \dfrac{90}{360} ≒ 157[\text{mm}]$

$\pi D \times \dfrac{\theta}{360}$ ($D$ : 관의 지름(R100이므로)은 200이다.)

**012** 가스 절단기를 제외한 강관 절단 방법 4가지를 쓰시오.

> **정답 및 해설**
> - 파이프커터기를 이용하여 절단
> - 쇠톱을 이용하여 절단
> - 고속숫돌 절단기를 사용하여 절단
> - 기계톱을 이용하여 절단

# CHAPTER 05

PART 2. 필답 실기편

# 배관 재료

## 01. 강관

탄소강관은 흑관과 부식 방지를 위해서 아연을 도금시킨 백관으로 크게 분류된다.

### (1) 특징

① 주철관에 비해 가볍고, 굴요성이 크다.
② 접합작업이 용이하고, 가격이 저렴하다.
③ 내충격성이 크고, 인장강도가 크다.

## 02. 동관

### (1) 동관의 치수 및 용도

동관은 바깥지름을 기준하며, 바깥지름은 같으나 두께가 다르므로 동관은 KS 기준에 따라 K, L, M형으로 구분된다. 동관은 냉·온수, 냉난방 배관에는 L, M형이 주로 사용된다. 또한 동관은 냉간가공 및 가공경화 현상에 의하여 인장강도, 연신율, 경도 등 기계적 성질이 서로 달라지기도 한다.(즉, 동관 두께 순서 K L M 순이다. 열처리 정도에 따라 연질(O), 반연질(OL), 경질(H), 반경질(H)로 구분한다.)

### (2) 특징

① 내식성, 내충격성이 좋으나 외부의 기계적 강도는 약한 결점이 있다.
② 가공 및 시공이 용이하다.
③ 열전도율이 크고, 가격이 비싸다.
④ 마찰손실이 적다.

## 03. PE 파이프 [고밀도 폴리에틸렌관(XL – pipe)]

일반적으로 100[℃] 이하의 온수난방 배관에 주로 사용한다. XL – 관은 반투명 유백색을 표준으로 하며, 색소를 첨가하여 색을 지닌 제품도 생산·판매되고 있다.

### (1) 특징

① 시공이 용이하고, 수명이 반영구적이다.
② 무공해 배관에 사용되며, 인체에 해가 없다.
③ 부식의 우려가 없다.
④ 사용압력은 0.5MPa(5[kg/cm$^2$]), 온도 80[℃] 이하의 저온에 사용된다.

## 04. PB 파이프

폴리부틸렌은 수명이 길며 배관작업이 용이하고 온돌배관, 화학배관, 공기압배관 등 여러 곳에 사용된다. 나사 이음이나 용접 이음이 필요없고, 끼워맞춤 형식으로 배관작업이 된다.

## 05. PP – C관

냉온수, 방열관 등에 사용하며, 열 융착에 의하여 시공된다.

## 06. 스테인리스관

내식성, 내열성이 뛰어나기 때문에 사용이 증가하고 있다.

### (1) 특징

① 내식성, 내열성이 크고, 특히 염소성분에 내식성이 있다.
② 관마찰 손실수두가 작고, 배관작업이 용이하며, 시간이 단축된다.

③ 열전도율이 낮고, 강도가 크고, 굽힘작업이 곤란하다.
④ 몰코 이음으로 공작이 가능하지만 수리작업이 비교적 어렵다.

## 07. 관의 이음쇠

강관의 이음은 주로 나사 이음, 용접 이음, 플랜지 이음을 하게 된다.

### 1. 관이음쇠의 사용 용도에 의한 분류

① 배관의 방향을 전환할 때
  엘보우, 벤드

② 관을 도중에서 분기할 때
  티, 크로스, 가지관(Y)

③ 동일 지름의 관을 직선 결합할 때
  소켓, 유니온, 니플

④ 지름이 다른 관을 연결할 때
  이경 엘보우, 이경 티, 부싱

⑤ 관의 끝을 막을 때
  캡, 플러그

### 2. MR 조인트 이음쇠

관의 나사 가공, 프레스 가공, 용접을 하지 않고 이음새 본체에 스테인리스 강관을 삽입하고 동합금제 링(ring)을 캡 너트(cap nut)로 죄어 고정시켜 접속하는 결합 방식이다.

### 3. 플랜지

플랜지는 보수 점검 분리가 용이하도록 하기 위하여 배관의 중간이나 밸브, 펌프 등 각종 기기 접속부에 설치된다.

### (1) 플랜지 종류

① 관과 부착방법에 따라

　용접식, 나사식, 반스톤식

② 플랜지 면의 모양에 따라

　전면 시트, 대평면 시트, 소평면 시트, 삽입형 시트, 홈형 시트

## 4. 동관용 관이음쇠

동관의 관이음쇠에는 플레어 이음쇠(압축 이음), 청동주물이음쇠, 동관이음쇠로 분류된다.

### (1) 압축 이음(플레어 이음)

동관의 지름이 20[mm] 이하에 사용되며, 분리 재결합 등이 용이하고 이음쇠와 접촉되는 동관의 끝부분을 나팔모양으로 확관하여 너트를 조임으로써 이음이 된다.

### (2) 동관 이음쇠

〈동관용 연결부속 및 형태〉

| 소켓<br>C × C | | CF 어댑터 | C × F<br>Ftg × F | 티이<br>C × C × C | 줄임소켓 | C × C<br>Ftg × C |
|---|---|---|---|---|---|---|
| CM 어댑터 | C × M<br>Ftg × m | 유니언 | C × C | 90° 엘보우 | C × C<br>C × Ftg | 45 엘보우<br>C × C<br>캡 플러그 |

### 5. 스테인리스 배관용 관 이음쇠

스테인리스 배관의 이음은 용접 이음이나 몰코 이음(유압프레스 이음)을 주로 한다. 이음쇠의 형태는 동관 이음쇠와 비슷하지만 관이음 작업 시에는 내부에 고무링을 채운 다음 프레스(관이음 기계)로 연결한다.

## 08. 신축 이음

### 1. 종류 및 특징

#### (1) 슬리브형(미끄럼형)

슬리브와 본체 사이에 패킹을 끼우고 그랜드로 밀착시켜 기밀을 유지하고, 신축을 흡수한다. 단식과 복식이 있으며, 나사 결합식(50A 이하), 플랜지 결합식(65A 이상)이 있다.

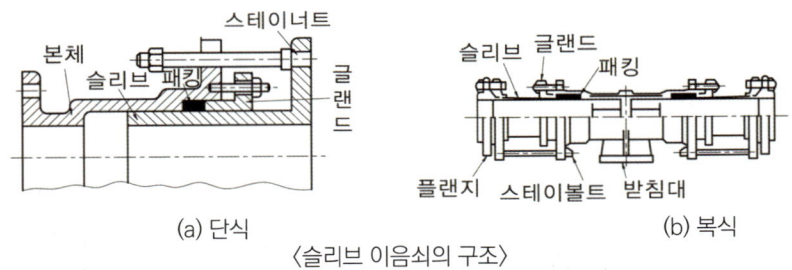

(a) 단식　　　　　　　　　　　　　　　(b) 복식
〈슬리브 이음쇠의 구조〉

#### (2) 벨로즈형(주름통형)

일명 팩레스형이라고도 하며, 벨로즈(주름통)를 사용하여 신축을 흡수한다. 저압증기나 가스, 온수배관에 주로 사용된다.

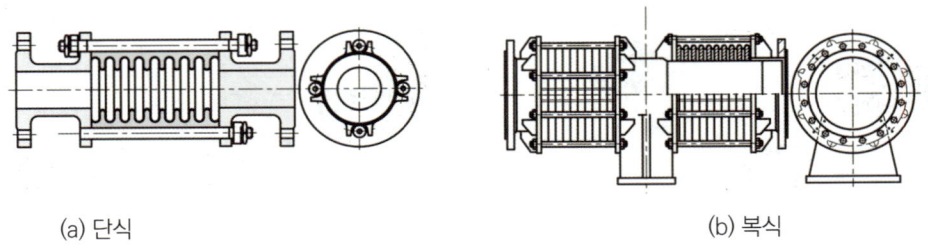

(a) 단식　　　　　　　　　　　　　　　(b) 복식
〈벨로즈형 신축 이음쇠 종류〉

### (3) 루프형(만곡관형)

가장 고압, 고온용으로 사용되며, 강관이나 동관을 만곡관형으로 벤딩을 하여 신축을 흡수할 수 있게 되어 있다.

#### 특징

① 설치장소가 필요 없다.
② 자체응력이 발생하는 결점이 있다.
③ 곡률반지름은 관지름의 6배 이상이다.
④ 가장 고온고압용으로 사용된다.

### (4) 스위블형(swivel type)

2개 이상의 엘보우를 사용하여 관의 신축을 흡수하며 증기, 온수 난방배관에서 주관으로부터 지관으로 분기 주관으로 합류하는 경우나 방열기 입구에 주로 사용된다.

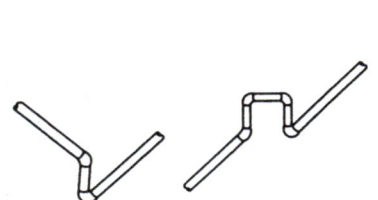

〈스위블 이음〉

#### 특징

① 저압용에 사용되며, 압력강하가 크다.
② 신축량이 큰 배관에 부적당하며 누설되기 쉽다.
③ 현장에서 제작이 가능한 이점이 있다.

### (5) 플렉시블 튜브

관의 가열, 열간 벤딩 등에 주로 사용된다. 면간거리가 짧고 많은 신축량을 흡수할 수 있는 구조로 설계되며 특히 펌프 코넥터용으로 이상적이다.

〈플렉시블 튜브〉

### (6) 볼 조인트형 신축이음

볼 조인트 신축 이음재와 오프셋 배관을 이용해서 관의 신축을 흡수하는 방법이며, 볼조인트는 평면상의 변위뿐만 아니라 입체적인 변위까지도 안전하게 흡수하므로 어떠한 형상에 의한 신축에도 배관이 안전하며 설치 공간이 적다. 종류는 나사식, 용접식, 플랜지식 3가지가 있다.

## 09. 밸브의 종류

### 1. 글로브 밸브(stop valve : 옥형 밸브)

① 유체의 저항은 크나 기밀도가 양호하다.
② 유량 조절용으로 좋다.
③ 50A 이하는 포금제의 나사결합형, 65A 이상은 밸브, 밸브시트는 포금제, 본체는 주철제의 플랜지형

〈글로브 밸브〉

### 2. 앵글 밸브(angle valve)

직각으로 굽어지는 방향 전환용이다.

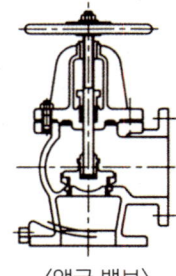

〈앵글 밸브〉

### 3. 니들 밸브(needle valve)

밸브의 디스크 모양을 원뿔 모양으로 바꾸어서 유체가 통과하는 평면이 극히 작은 구조로 되어 있으며, 특히 유량이 적거나 고압일 때에 유량조절을 누설 없이 정확히 행할 목적으로 사용된다.

### 4. 슬루스 밸브(gate valve)

배관용으로 가장 많이 사용되며 개폐용으로 사용된다.
① 관내 마찰저항 손실이 적다.
② 유량 조절용으로는 부적합하다.
③ 온수난방에는 사용압력 5MPa 이상의 청동제가 사용된다.

〈슬루스 밸브〉

## 5. 역지 밸브(체크 밸브)

유체의 흐름 방향을 한 방향으로 흐르게 하고 역류를 방지하기 위하여 사용된다.

### (1) 종류

① 스윙식

　수직, 수평에 사용

② 리프트식

　수평에만 사용

③ 푸트 밸브

　펌프 흡입관 하부에 사용되는 역지 밸브의 일종이다.

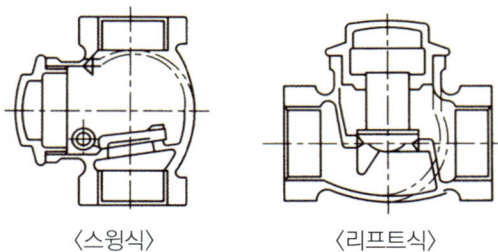

〈스윙식〉　　〈리프트식〉

## 6. 콕(cock)

① 유체의 마찰 저항이 적다.
② 신속한 개폐가 용이하다.(1/4 회전으로 완전 개폐)
③ 기밀도는 불량하다.

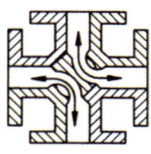 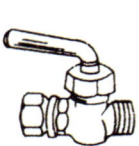

〈사방 콕〉　　〈핸들 콕〉

## 7. 안전 밸브(safety valve)

### (1) 안전 밸브의 종류
① 중추식　　　　　　　② 지렛대식
③ 스프링식(종류 : 저양정식, 고양정식, 전양정식, 전량식)

## 8. 공기빼기 밸브

배관 내에 공기가 체류하면 순환력이 저하되므로 공기제거를 위하여 설치한다.

〈공기방출기(플로우트형)〉　　〈공기방출기(볼플로우트형)〉

# 10. 여과기, 유수분리기, 화염검출기, 저수위경보장치

## 1. 스트레이너(strainer)

관 내의 불순물을 제거하는 목적으로 사용한다.
스트레이너는 형상에 따라 Y형, U형, V형 등이 있다.

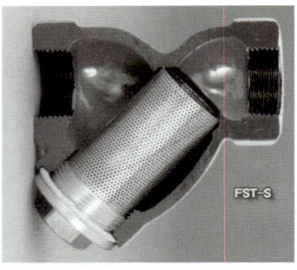

〈스트레이너〉

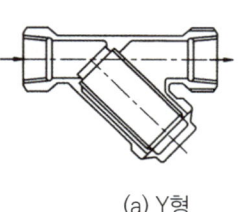 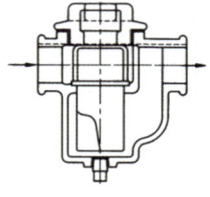 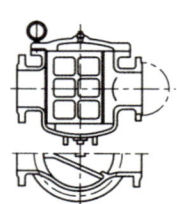

(a) Y형　　　　　　(b) U형　　　　　　(c) V형

〈여과기의 종류〉

## 2. 유수분리기(oil separate)

연료 내에 포함되어 있는 수분과 불순물을 분리하여 연료유를 공급하기 위하여 오일펌프와 저장 탱크 사이에 설치한다. 유수분리기에는 드레인 밸브를 필히 설치해야 한다.

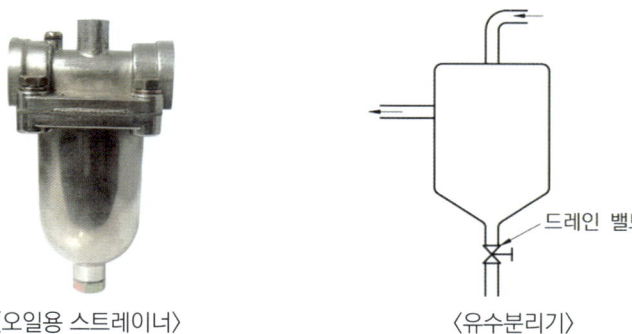

〈오일용 스트레이너〉　　　〈유수분리기〉

## 3. 화염 검출기

운전 중 실화, 불 착화 등의 경우 연소실 내로 진입되는 연료를 차단시켜 미연소가스로 인한 폭발을 방지하기 위해서 설치한다.

### (1) 종류

① 플레임 아이(flame eye)
　화염의 발광체 이용(연소실에 설치). 즉, 광학적성질 이용

② 플레임 로드(flame rod)
　화염의 이온화 이용(연소실에 설치). 즉, 전기전도성 이용

③ 스택 스위치(stack switch)
　화염의 발열체 이용(연도에 설치되며, 감지속도가 늦다). 즉, 열적변화 이용

## 4. 저수위 경보장치(제어기)

안전 저수위 이하로 수위가 감소 시 자동적으로 경보가 울리면서(연료차단 50~100초 전) 연소실내로 진입되는 연료를 차단시켜 과열현상을 방지하기 위한 장치이다.

## (1) 종류

① 플로트식(맥도널식)

플로트의 부력 이용

② 전극식

전기전도성 이용

③ 열팽창력식(코프스식)

금속의 열팽창력 이용

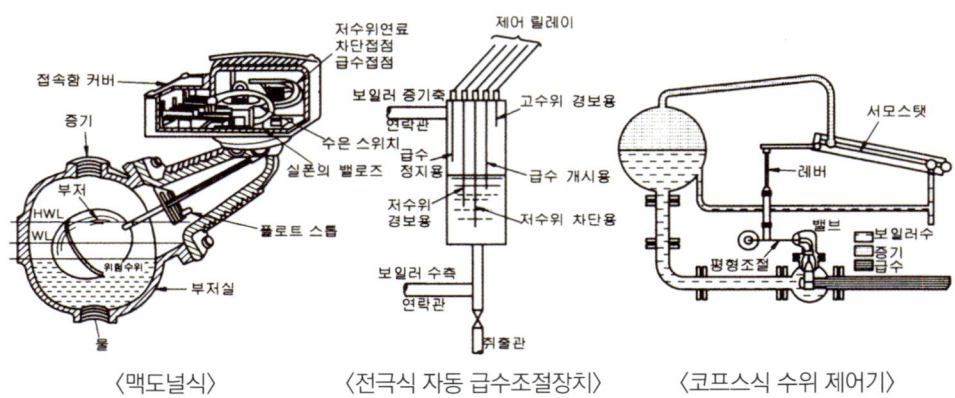

〈맥도널식〉　　〈전극식 자동 급수조절장치〉　　〈코프스식 수위 제어기〉

## (2) 수위 제어 방식

① 1요소식(단요소식)

수위만을 이용 검출

② 2요소식

수위, 증기량을 이용 검출

③ 3요소식

수위, 증기량, 급수량을 이용 검출

# 11. 관 지지기구

## 1. 행거(hanger)

배관 중량을 위(천장)에서 지지할 목적으로 사용한다.

### (1) 행거의 종류

① 리지드 행거(rigid hanger)

I빔 턴버클을 이용하여 지지하는 것으로 수직방향으로 변위가 없는 곳에 사용된다.

② 콘스탄트 행거(constant hanger)

배관의 상하이동에 관계없이 관지지력이 일정한 것

③ 스프링 행거(spring hanger)

턴버클 대신에 스프링을 사용한다.

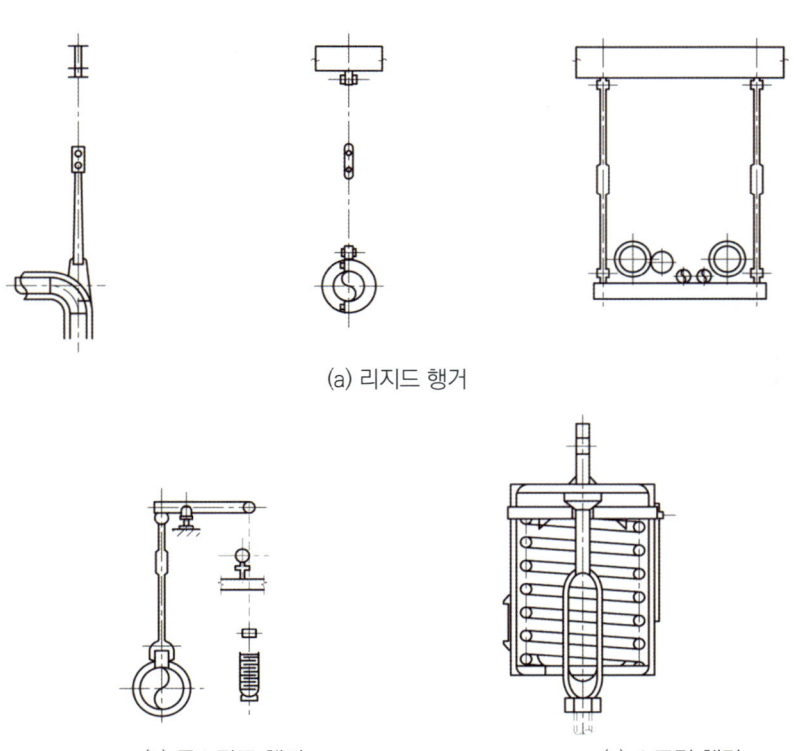

(a) 리지드 행거

(b) 콘스탄트 행거    (c) 스프링 행거

〈행거의 종류〉

## 2. 리스트레인(restrain)

열팽창으로 인한 배관의 좌우, 상하 이동을 제한하는 장치이다.

### (1) 리스트레인의 종류

① 앵커(anchor)
- 리지드 서포트 일종으로 이동 및 회전을 방지하기 위해 지지점 위치에 완전히 고정하는 장치이다.
- 앵커의 설치 위치 : 열팽창으로 인한 진동이 다른 부분에 영향을 미치지 않도록 배관을 분리하여 설치하고 잘 고정시킨다.

② 스톱(stop)
- 배관의 일정한 방향과 회전만 구속하고 다른 방향은 자유롭게 이동하게 하는 장치이다.
- 용도 : 노즐 보호를 위한 안전 밸브에서 분출하는 유체의 추력을 받는 곳 또는 신축 조인트와 내압에 의한 축방향의 힘을 받는 곳에 사용한다.

③ 가이드(guide)
- 배관의 곡관 부분이나 신축 이음(루프형, 슬리브형) 부분에 설치하며 축과 직각방향의 이동을 구속하는 장치이다.

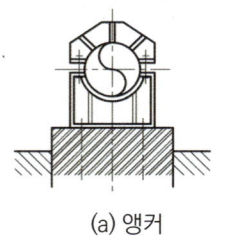 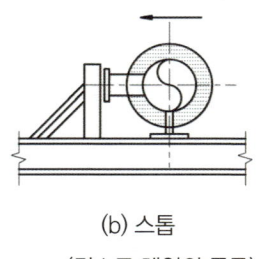 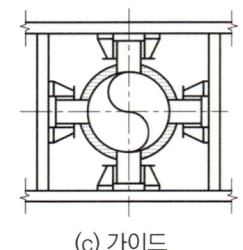

(a) 앵커　　　　　(b) 스톱　　　　　(c) 가이드

〈리스트 레인의 종류〉

## 3. 서포트(support)

배관 하중을 밑에서 떠받쳐 지지해 주는 장치이다.

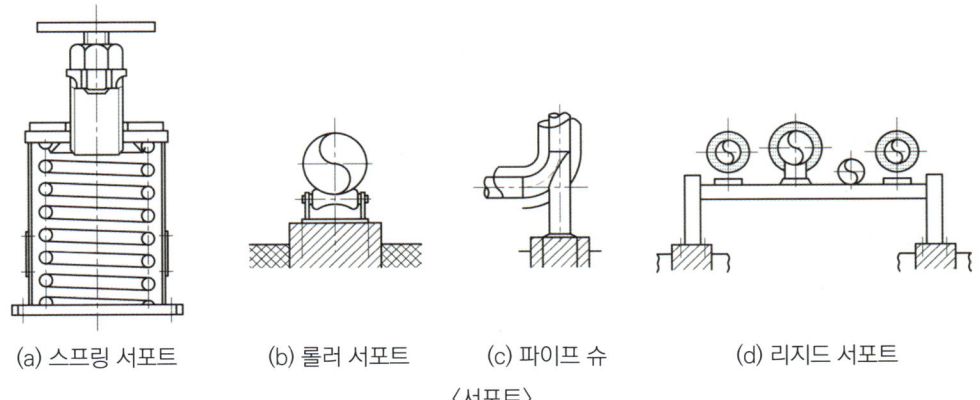

(a) 스프링 서포트　　(b) 롤러 서포트　　(c) 파이프 슈　　(d) 리지드 서포트

〈서포트〉

### (1) 스프링 서포트(spring support)
스프링의 완충 작용에 의해 상하로 자유롭게 이동하고 밑에서 위로 지지해주는 장치이다.

### (2) 롤러 서포트(roller support)
관을 지지하면서 신축을 자유롭게 하는 것으로 롤러가 관을 받치고 있다.

### (3) 파이프 슈(pipe shoe)
배관의 벤딩과 수평부분에 관으로 영구히 고정시켜 배관의 이동을 구속시키는 장치이다.

### (4) 리지드 서포트(rigid support)
I빔이나 H빔으로 만든 받침을 만들어 지지한다.

## 12. 밀봉 재료

### 1. 패킹제
패킹은 접합부로부터의 누설을 방지하기 위해 사용한다.

#### (1) 플랜지 패킹

① 고무패킹
- 천연고무
  - 탄성은 우수하나 흡수성이 없다.
  - 산이나 알칼리에 강하나 열과 기름에 약하다.
  - 100[℃] 이상 고온 배관에는 사용이 불가능하며 주로 급·배수용으로 사용된다.
- 네오프렌(neoprene)
  - 내열범위가 −46~121[℃]인 합성 고무제이다.
  - 물, 공기, 기름, 냉매 배관용(증기배관에는 제외) 등에 많이 사용된다.

② 석면 조인트 시트
- 증기, 온수, 고온의 기름 배관에 적합하며, 가늘고 강한 광물질로 된 패킹제로 450[℃]까지 고온배관에 사용된다.

③ 합성수지 패킹
가장 많이 쓰이고 있다. 테프론은 기름에도 침해되지 않고, 내열 범위도 −260~260[℃]이다.

④ 금속 패킹
구리, 납, 연강, 스테인리스강 등이 있으며, 탄성이 적어 누설의 위험이 있다.

#### (2) 나사용 패킹

① 페인트
광명단을 혼합 사용하는 것으로 고온의 기름배관은 사용이 불가능하고, 모든 배관에 사용된다.

② 일산화연
페인트에 소량의 일산화연을 혼합 사용하며 냉매배관에 많이 사용된다.

③ 액상 합성수지

내열범위가 −30~130[℃] 정도로 증기, 기름, 약품수송 배관에 많이 쓰인다.

### (3) 그랜드 패킹

밸브의 회전부위에 기밀을 목적으로 사용된다.

① 석면 각형 패킹

석면을 각형으로 짜서 만들었으며, 내열성, 내산성이 좋아 대형의 밸브 그랜드용에 쓰인다.

② 석면 얀

석면을 꼬아서 만들었으며, 소형 밸브, 수면계의 콕, 기타 소형 그랜드용으로 사용된다.

③ 아마존 패킹

면포와 내열 고무 콤파운드를 가공 성형한 것으로 압축기의 그랜드용에 쓰인다.

④ 몰드 패킹

석면, 흑연, 수지 등을 배합 성형한 것으로 밸브, 펌프 등의 그랜드용에 쓰인다.

## 2. 나사 이음에 사용되는 밀봉제

① 합성수지 패킹 : 테프론 테이프
② 액상 합성수지 : 콤파운드
③ 마
④ 배관용 면테이프
⑤ 석면끈

# 예상문제

## Chapter 05. 배관 재료

**001** 배관의 하중을 아래에서 위로 떠받치는 서포트(support)의 종류 4가지를 쓰시오.

> 정답 및 해설
>
> - 파이프 슈
> - 롤러 서포트
> - 리지드 서포트
> - 스프링 서포트

**002** 동관은 K, L, M형으로 구분한다. 무엇을 기준으로 하는가?

> 정답 및 해설
>
> 두께

> 참고
>
> 두께가 두꺼운 순서
> K > L > M

**003** 동관의 특징을 4가지만 쓰시오.

> 정답 및 해설
>
> - 내식성·내충격성이 크다.
> - 시공이 용이하다.
> - 열전도율이 크다.
> - 마찰손실이 적다.

**004** 동일관 지름을 직선으로 연결할 때 사용되는 이음쇠는?

> **정답 및 해설**
> - 소켓
> - 니플
> - 유니언

**005** 신축 이음의 종류를 4가지만 쓰시오.

> **정답 및 해설**
> - 슬리브형
> - 벨로즈형
> - 루프형
> - 스위블 이음

**006** 안전 밸브의 종류 3가지는?

> **정답 및 해설**
> - 중추식
> - 지렛대식
> - 스프링식

**007** 형상에 따른 여과기의 종류 3가지를 쓰시오.

> **정답 및 해설**
> - Y형
> - U형
> - V형

**008** 행거는 배관을 지지할 목적으로 사용된다. 행거의 종류 3가지는?

> **정답 및 해설**
> - 리지드 행거
> - 스프링 행거
> - 콘스탄트 행거

**009** 신축으로 인한 배관의 좌우, 상하이동을 구속, 제한할 목적으로 사용되는 관 지지기구의 종류 3가지를 쓰시오.

> **정답 및 해설**
> - 앵커
> - 스톱
> - 가이드

**010** 펌프에서 발생되는 진동으로 인한 배관계 진동을 억제하고, 지진 등의 충격을 완화하는 데 사용되는 관 지지물은?

> **정답 및 해설**
> 브레이스

**011** 배관의 신축을 좌우, 상하로 이동하는 것을 구속하기 위한 관 지지기구는?

> **정답 및 해설**
> 리스트레인
>
> **참고**
> 리스트레인의 종류
> 앵커, 스톱, 가이드

**012** 배관 하중을 밑에서 지지하는 관 지지기구 4가지를 쓰시오.

> **정답 및 해설**
>
> - 스프링 서포트
> - 롤러 서포트
> - 파이프 슈
> - 리지드 서포트

**013** 나사 이음에 사용되는 밀봉제의 종류 3가지를 쓰시오.

> **정답 및 해설**
>
> - 콤파운드    • 배관용 면 테이프    • 테프론 테이프

**014** 가스 보일러 화염검출기의 종류를 보기에서 골라 번호를 쓰시오.

〈 보기 〉
① CdS셀    ② PbS셀    ③ 적외선광전관
④ 자외선광전관    ⑤ 프레임 로드

> **정답 및 해설**
>
> ② PbS셀, ④ 자외선광전관, ⑤ 프레임 로드
>
> **참고**
>
> ① CdS셀(황화카드뮴셀) : 중유용
> ② PbS셀(황화납셀) : 가스, 오일용

**015** 관을 나사가공이나 압착(프레스)가공, 용접가공을 하지 않고, 청동 주물제 이음새 본체에 스테인리스 강관을 삽입하고, 동합금제 링(ring)을 캡 너트(cap nut)로 죄어 고정시켜 접속하는 스테인리스관 결합방법은?

> **정답 및 해설**
> 
> MR 조인트 이음

**016** 온수전밸브 및 압력방출장치의 크기는 호칭지름 ( ① ) 이상으로 한다. 다만, 최고사용압력 0.1[Mpa] 이하의 보일러에서는 호칭지름 ( ② ) 이상으로 할 수 있다.

> **정답 및 해설**
> 
> ① 25A, ② 20A

# CHAPTER 06

PART 2. 필답 실기편

# 통풍장치

## 01. 통풍(Draught)

### 1. 통풍의 종류

#### (1) 자연통풍
배기가스와 공기의 비중 차에 의한 통풍을 말하며 통풍력은 15[mmH$_2$O], 배기가스의 유속은 3~4[m/s] 정도이다.

#### (2) 강제통풍(인공통풍)
송풍기를 이용하여 통풍하는 방법이며 종류는 압입통풍, 흡입통풍, 평형통풍으로 분류한다.

① 압입통풍(forced draught)
연소실 입구 측에 송풍기를 설치하여 통풍하는 방식이고 연소실 내 압력은 정압(+)이며, 배기가스의 유속은 8[m/s] 정도이다.

② 흡입(유인)통풍(induced draught)
연도 측에 송풍기를 설치하여 통풍하는 방식으로 연소실 내 압력은 부압(-)이며, 배기가스의 유속은 10[m/s] 정도이다.

③ 평형통풍(balanced draught)
연소실 입구 측과 연도 측에 송풍기를 설치하여 통풍시키는 방식으로 연소실 내 압력은 정압(+)과 부압(-)을 임의로 조절할 수 있으며 배기가스 유속은 10[m/s] 이상이다.

> ❖ 통풍력을 크게 하려면
> ① 연돌의 높이를 높게 한다.
> ② 연돌의 단면적을 크게 한다.
> ③ 연돌의 길이는 짧고 굴곡부는 적게 한다.
> ④ 배기가스의 온도를 높게 유지한다.(굴뚝 보온조치)
> ∴ 연도의 굴곡부는 3개소 이내로 하고, 경사도는 1/10도 이상으로 한다.

## 2. 통풍력 계산

$Z = H(r_a - r_g)$

### (1) 비중차 및 온도차에 의한 계산

$$Z = H\left(\frac{273 \times r_a}{273 + t_a} - \frac{273 \times r_g}{273 + t_g}\right)[\text{mmH}_2\text{O}]$$

### (2) 온도차만을 이용한 계산

$$Z = H\left(\frac{353}{273 + t_a} - \frac{367}{273 + t_g}\right)[\text{mmH}_2\text{O}]$$

$[273 \times 1.2936 = 353,\ 273 \times 1.345 = 367]$

> 📦 1[atm](표준대기압) 상태에서 기체의 비중량
> ① 공기 : 1.294[kg/Nm³]
> ② 배기가스의 경우
>   • 고체연료 : 1.345[kg/Nm³]
>   • 액체연료 : 1.31[kg/Nm³]
>   • 기체연료 : 1.25[kg/Nm³]

### (3) 실제 통풍력 계산

실제 통풍력 [Z']은 이론 통풍력의 70~80[%] 정도이며, 실제 통풍력의 계산은 아래와 같이 계산한다.

$$Z' = H\left(\frac{273 \times r_a}{273 + t_a} - \frac{273 \times r_g}{273 + t_g}\right) \times 0.8 [\text{mmH}_2\text{O}]$$

$Z'$ : 통풍력[mmH$_2$O]   $H$ : 연돌의 높이[m]
$r_a$ : 외기의 비중량[kg/Nm³]   $r_g$ : 배기가스의 비중량[kg/m³]
$t_a$ : 외기의 온도[℃]   $t_g$ : 배기가스의 온도[℃]

## 3. 연돌의 상부 단면적(A) 계산

$$A = \frac{Q \times (1 + 0.0037t[\text{℃}]) \times \frac{760}{P_g}}{3,600 \times V}$$

$$\fallingdotseq \frac{Q \times \frac{273 + t_g}{273} \times \frac{760}{P_g}}{3,600 \times V} \ [\text{m}^2]$$

$V$ : 배기가스의 유속[m/s]   $Q$ : 배기가스량[Nm³/h]
$t_g$ : 배기가스의 온도[℃]   $P_g$ : 배기가스의 압력[mmHg]

## 02. 송풍기

### (1) 회전식 송풍기

송풍기의 종류는 크게 축류식과 원심식으로 분류되며 원심식에는 터보형, 플레이트형, 다익형으로 분류되고 보일러에는 주로 터보형 송풍기가 많이 사용된다.

### (2) 송풍기의 소요동력 계산

$$KW = \frac{Z \cdot Q}{102 \times 60 \times \eta}$$

$$PS = \frac{Z \cdot Q}{75 \times 60 \times \eta}$$

$Z$ : 풍압[mmH$_2$O]   $Q$ : 풍량[m³/min]   $\eta$ : 송풍기효율[%]

## 03. 댐퍼(Damper)

### (1) 댐퍼의 종류
① 회전식
② 승강식

### (2) 댐퍼의 설치 목적
① 통풍량 조절
② 연소가스 흐름 차단
③ 연소가스 흐름 전환(주연도, 부연도)

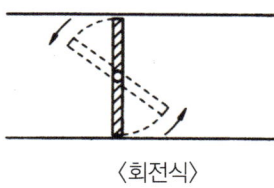
〈회전식〉

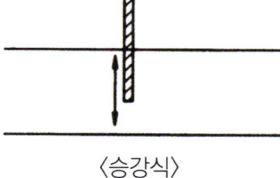
〈승강식〉

## 04. 집진장치

배기가스 중에 포함된 매연을 처리하여 대기오염을 방지하기 위해 설치한다. 입자가 큰 경우는 중력식, 원심력식, 여과식을 설치하고, 입자가 작은 경우에는 전기식, 여과식, 습식 집진장치를 설치한다.

### (1) 건식 집진장치

① 중력식

② 원심력식(사이클론식, 멀티크론식)

③ 여과식(백 필터식)

④ 관성력식

### (2) 습식 집진장치(세정식)

① 유수식

② 가압수식

③ 회전식

### (3) 전기식 집진장치

코트렐 집진장치라고 하며 효율이 가장 높다.

## 05. 매연

### (1) 매연 발생원인

① 연료와 공기의 혼합이 부적당할 경우

② 통풍력이 부족 또는 과다할 경우

③ 연소장치 불량 및 취급자 기술 미숙

④ 연소실 온도가 낮거나 용적이 작을 경우

### (2) 매연농도 측정 방법

① 링겔만 농도표에 의한 방법

② 매연 포집 중량법

③ 광전관식 매연농도계에 의한 방법

### (3) 링겔만 매연농도계

종류는 농도번호(No) 0~5번까지 총 6종류가 있으며 굴뚝에서 관측자와의 거리는 30~40[m], 농도표와 관측자는 16[m]를 유지하고, 굴뚝 상단 30~45[cm] 떨어진 부분의 연기색과 농도표를 비교하여 측정한다.

$$\text{매연농도율} = \frac{\text{총매연농도값}}{\text{측정시간(분)}} \times 20$$

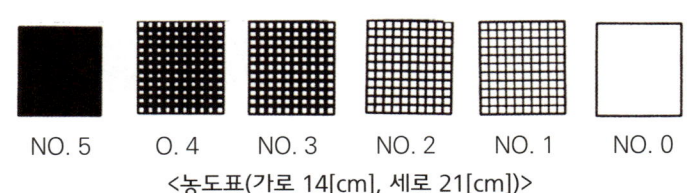

<농도표(가로 14[cm], 세로 21[cm])>

〈매연의 농도와 번호〉

| No | 0 | 1 | 2 | 3 | 4 | 5 |
|---|---|---|---|---|---|---|
| 농도율 | 0[%] | 20[%] | 40[%] | 60[%] | 80[%] | 100[%] |
| 연기색 | 무색 | 엷은 회색 | 회색 | 엷은 흑색 | 흑색 | 암흑색 |
| 백선[mm] | 전백 | 9 | 7.7 | 6.3 | 4.5 | – |
| 흑선[mm] | – | 1 | 2.3 | 3.7 | 5.5 | 전흑 |

※ 가장 양호한 연소 상태의 농도번호는 No 1, 농도율은 20[%]. 이때 화염의 색은 오렌지색이며 온도는 1,100[℃] 정도이다.

# 예상문제
## Chapter 06. 통풍장치

**001** 강제통풍의 종류 3가지를 쓰고 간단히 설명하시오.

> **정답 및 해설**
> - 압입통풍 : 연소실 입구 측에 송풍기를 설치하여 통풍시키는 방법
> - 흡입(유인)통풍 : 연도 측에 송풍기를 설치하여 통풍시키는 방법
> - 평형통풍 : 연소실 입구 측과 연도 측에 송풍기를 설치하여 통풍시키는 방법

**002** 풍량의 조절방법 3가지를 쓰시오.

> **정답 및 해설**
> - 전동기 회전수의 변화에 의한 방법
> - 섹션베인의 개도에 의한 방법
> - 댐퍼의 조절에 의한 방법

**003** 통풍력을 증가시키는 방법 4가지를 쓰시오.

> **정답 및 해설**
> - 연돌의 높이를 높게 한다.
> - 배기가스의 온도를 높인다.(굴뚝보온조치)
> - 굴뚝의 단면적을 크게 한다.
> - 연도는 짧고, 굴곡부를 적게 한다.

**004** 매연 발생의 원인 4가지를 쓰시오.

> 정답 및 해설
> 
> - 통풍력의 부족
> - 연소실 용적이 작을 경우
> - 취급자의 기술 미숙
> - 연료와 공기의 혼합이 부적당할 경우
> - 연소실의 온도가 낮을 경우

**005** 댐퍼의 설치 목적 3가지를 쓰시오.

> 정답 및 해설
> 
> - 통풍량을 조절
> - 가스의 흐름을 차단
> - 주연도, 부연도가 있을 경우 가스의 흐름을 전환

**006** 댐퍼의 작동방법에 의한 분류 2가지를 쓰시오.

> 정답 및 해설
> 
> - 회전식
> - 승강식

**007** 다음의 보기에서 강제통풍 방식에서 유속이 큰 순서대로 쓰시오.

| ① 압입통풍 | ② 평형통풍 | ③ 흡입통풍 |

> 정답 및 해설
> 
> ②, ③, ①

**008** 오르자트 가스분석기로 분석이 가능한 배기가스 성분 3가지를 분석 순서대로 쓰시오.

> **정답 및 해설**
>
> $CO_2$, $O_2$, CO

**009** 연돌높이가 100[m], 배기가스의 평균온도 210[℃], 외기온도가 25[℃], 대기의 비중량 1.29[kg/Nm³], 가스의 비중량 1.34[kg/Nm³]인 경우, 통풍력 Z[mmH$_2$O]를 정수자리까지 구하시오.

> **정답 및 해설**
>
> $$Z = 100 \times \left( \frac{85 + 60}{273 \times 1.29} - \frac{273 \times 1.34}{273 + 210} \right) = 42.44 = 42 [mmH_2O]$$

**010** 어느 공장의 보일러실 연돌에서 시간당 6,000[Nm³]의 실제 배기가스가 배출된다. 배기가스 온도는 280[℃]이고, 연돌 상부 단면적은 0.6[m²]이다. 배기가스의 유속을 구하시오.

> **정답 및 해설**
>
> $$V = \frac{Q \times (1 + 0.0037)}{3,600 \times A} = \frac{6,000 \times (1 + 0.0037 \times 280)}{3,600 \times 0.6} = 5.66 [m/s]$$
>
> 즉, $\dfrac{Q \times \left( \dfrac{273 + t_g}{273} \right)}{3,600 \times A} = \dfrac{6,000 \times \dfrac{273 + 280}{273}}{3,600 \times 0.6} ≒ 5.63 [m/s]$

011 배기가스 온도가 100[℃], 외기온도가 15[℃], 굴뚝의 실제 통풍력이 2[mmAq] 이상으로 하려면 굴뚝의 높이는 최소 몇 m 이상이어야 하는가?

> **정답 및 해설**
>
> $$H = \frac{Z}{0.8 \times \left(\frac{273 \times r_a}{273 + t_a} - \frac{273 \times r_a}{273 + t_g}\right)} = \frac{Z}{0.8 \times \left(\frac{353}{273 + t_a} - \frac{367}{273 + t_g}\right)}$$
>
> $$= \frac{2}{0.8 \times \left(\frac{353}{273 + 15} - \frac{367}{273 + 100}\right)} = 9.5[m]$$

> **참고**
>
> ※ 353
> - $273 \times 1.2936 ≒ 353$ 〈온도보정된 공기의 비중량〉
> - $273 \times 1.345 ≒ 367$ 〈온도보정된 고체연료 배기가스 비중량〉

012 어느 굴뚝 하부 가스의 평균온도가 80[℃]이고, 외기온도가 20[℃]이다. 굴뚝의 높이를 4[m]로 할 경우 실용적으로 사용한 굴뚝의 실용기인 총 능력을 구하시오. (단, 답은 소수점 셋째자리에서 반올림하여 둘째자리까지만 기재할 것.)

> **정답 및 해설**
>
> $$4 \times \left(\frac{353}{273 + 15} - \frac{367}{273 + 100}\right) \times 0.8 ≒ 0.53[mmH_2O]$$

013 오르자트 가수분석기의 흡수용액의 명칭을 쓰시오.

> **정답 및 해설**
>
> - $CO_2$ : KOH 30% 수용액(수산화칼륨 용액)
> - CO : 암모니아성 염화 제1동 용액
> - $O_2$ : 알칼리성 피로가롤 용액

014 어떤 공장의 굴뚝에서 배출되는 연기의 농도를 측정한 결과 다음과 같았을 때 농도율 [%]을 계산하시오.

- 1회 No 1 : 5분    - 2회 No 2 : 4분    - 3회 No 1 : 5분

🟦 정답 및 해설

$$\frac{1 \times 5 + 2 \times 4 + 1 \times 5}{14} \times 20 = 25.71[\%]$$

015 다음 ( ) 안에 적당한 말을 넣으시오.

( ① )에 의한 자연통풍에는 한도가 있으므로 큰 보일러에서는 ( ② )통풍으로 한다. 이것에는 ( ③ )통풍, ( ④ )통풍, ( ⑤ )통풍 3방법이 있다.

🟦 정답 및 해설

① 연돌(굴뚝) ② 강제(인공) ③ 압입 ④ 흡입(흡인 = 유인) ⑤ 평형

# CHAPTER 07

PART 2. 필답 실기편

# 보일러 설치·시공 기준

## 01. 보일러 설치·시공 기준

[산업통상자원부고시]

### (1) 적용범위

이 기준은 에너지이용합리화법 제28조, 제31조의 2와 동법 시행규칙 제27조 및 제42조의 규정에 의한 강철제 보일러, 주철제 보일러 및 가스용 온수 보일러(이하 "보일러"라 한다)의 설치·시공 기준, 설치검사 기준, 계속사용 안전검사 기준, 계속사용 성능검사 기준, 개조검사 기준 및 설치장소 변경검사 기준에 대하여 규정한다.

### (2) 용어의 정의

이 기준에서 사용하는 주요용어는 별도의 규정이 없는 한 KS B 6233(육용강제 보일러의 구조)에 따른다.

### ❖ 설치시공 기준

### 1. 설치장소

#### (1) 옥내 설치

보일러를 옥내에 설치하는 경우에는 다음 조건을 만족시켜야 한다.
① 보일러는 불연성 물질의 격벽으로 구분된 장소에 설치하여야 한다. 다만, 소용량 강철제·주철제 보일러, 가스용 온수 보일러 및 1종 관류 보일러(이하 "소형 보일러"라 한다)는 반격벽으로 구분된 장소에 설치할 수 있다.
② 보일러 동체 최상부로부터(보일러의 검사 및 취급에 지장이 없도록 작업대를 설치한 경우에는 작업대로부터) 천장, 배관 등 보일러 상부에 있는 구조물까지의 거리는 1.2[m] 이상이어야 한다. 다만, 소형 보일러의 경우는 0.6[m] 이상으로 할 수 있다.

③ 보일러 및 보일러에 부설된 금속제의 굴뚝 또는 연도의 외측으로부터 0.3[m] 이내에 있는 가연성 물체에 대하여는 금속 이외의 불연성 재료로 피복하여야 한다.
④ 연료를 저장할 때에는 보일러 외측으로부터 2[m] 이상 거리를 두거나 방화격벽을 설치하여야 한다. 다만, 소형 보일러의 경우에는 1[m] 이상 거리를 두거나 반격벽으로 할 수 있다.
⑤ 보일러에 설치된 계기들을 육안으로 관찰하는 데 지장이 없도록 충분한 조명 시설이 있어야 한다.
⑥ 보일러실은 연소 및 환경을 유지하기에 충분한 급기구 및 환기구가 있어야 하며, 급기구는 보일러 배기가스 덕트의 유효단면적 이상이어야 하고 도시가스를 사용하는 경우에는 환기구를 가능한 한 높이 설치하여 가스가 누설되었을 때 체류하지 않는 구조이어야 한다.
⑦ 보일러 동체에서 벽, 배관, 기타 보일러측부에 있는 구조물까지의 거리는 0.45[m] 이상이어야 한다. 다만 소형 보일러의 경우는 0.3[m] 이상으로 할 수 있다.

### (2) 옥외설치

보일러를 옥외에 설치할 경우에는 다음 조건을 만족시켜야 한다.
① 보일러에 빗물이 스며들지 않도록 케이싱 등의 적절한 방지설비를 하여야 한다.
② 노출된 절연재 또는 패킹 등에는 방수처리(금속 커버 또는 페인트 포함)를 하여야 한다.
③ 보일러 외부에 있는 증기관 및 급수관 등이 얼지 않도록 적절한 보호조치를 하여야 한다.
④ 강제통풍팬의 입구에는 빗물방지 보호판을 설치하여야 한다.

### (3) 보일러의 설치

보일러는 다음 조건을 만족시킬 수 있도록 설치하여야 한다.
① 기초가 약하여 내려앉거나 갈라지지 않아야 한다.
② 강구조물은 접지되어야 하고 빗물이나 증기에 의하여 부식이 되지 않도록 적절한 보호조치를 하여야 한다.
③ 수관식 보일러의 경우 전열면을 청소할 수 있는 구멍이 있어야 하며, 구멍의 크기 및 수는 강철제 보일러 형식승인 기준에 따른다. 다만, 전열면의 청소가 용이한 구조인 경우에는 예외로 한다.
④ 보일러에 설치된 폭발구의 위치가 보일러기사의 작업장소에 2[m] 이내에 있을 때에는 당해 보일러의 폭발가스를 안전한 방향으로 분산시키는 장치를 설치하여야 한다.

### (4) 배관의 설치

보일러실 내의 각종 배관은 팽창과 수축을 흡수하여 누설이 없도록 하고, 가스용 보일러의 연료배관은 다음에 따른다.

① 배관의 설치
- 배관은 외부에 노출하여 시공하여야 한다. 다만, 동관, 스테인리스강관 기타 내식성 재료로서 이음매(용접이음매를 제외한다) 없이 설치하는 경우에는 매몰하여 설치할 수 있다.
- 배관의 이음부와 전기계량기 및 전기개폐기와의 거리는 60cm 이상, 굴뚝(단열조치를 하지 아니한 경우에 한한다). 전기점멸기 및 전기접속기와의 거리는 30cm 이상, 절연 전선과의 거리는 10cm 이상, 절연조치를 하지 아니한 전선과의 거리는 30cm 이상의 거리를 유지한다.

② 배관의 고정

배관은 움직이지 아니하도록 고정 부착하는 조치를 하되 그 관지름이 13[mm] 미만의 것에는 1[m]마다, 13[mm] 이상 33[mm] 미만의 것에는 2[m]마다, 33[mm] 이상의 것에는 3[m]마다 고정장치를 설치하여야 한다.

③ 배관의 접합
- 배관을 나사접합으로 하는 경우에는 KS B 0222(관용 테이퍼나사)에 의하여야 한다.
- 배관의 접합을 위한 이음쇠가 주조품인 경우에는 가단주철제이거나 주강제로서 KS 표시 허가제품 또는 이와 동등 이상의 제품을 사용하여야 한다.

④ 배관의 표시
- 배관은 그 외부에 사용가스명·최고사용압력 및 가스흐름방향을 표시하여야 한다.
- 배관의 표면색상은 황색으로 하여야 한다.

## 2. 급수장치

### (1) 급수장치의 종류

① 급수장치를 필요로 하는 보일러는 다음의 조건을 만족시키는 주펌프(인젝터를 포함한다. 이하 같다) 세트 및 보조 펌프세트를 갖춘 급수장치가 있어야 한다. 다만, 전열면적 12[m$^2$]

이하의 보일러, 전열면적 14[m²] 이하의 가스용 온수 보일러 및 전열면적 100[m²] 이하의 관류 보일러에는 보조펌프를 생략할 수 있다.

② 주 펌프세트 및 보조 펌프세트는 보일러의 상용압력에서 정상가동상태에 필요한 물을 각각 단독으로 공급할 수 있어야 한다. 다만, 보조 펌프세트의 용량은 주 펌프세트가 2개 이상의 펌프를 조합한 것일 때에는 보일러의 정상 상태에서 필요한 물의 25[%] 이상이면서 주 펌프 세트 중의 최대 펌프의 용량 이상으로 할 수 있다.

③ 주 펌프세트는 동력으로 운전하는 급수 펌프 또는 인젝터이어야 한다. 다만, 보일러의 최고사용압력이 0.25MPa(2.5[kg/cm²]) 미만으로 화격자 면적이 0.6[m²] 이하인 경우, 전열면적이 12[m²] 이하인 경우 및 상용압력 이상의 수압에서 급수할 수 있는 급수탱크 또는 수원을 급수장치로 하는 경우에는 예외로 할 수 있다.

④ 보일러 급수가 멎는 경우 즉시 연료(열)의 공급이 차단되지 않거나 과열될 염려가 있는 보일러에는 인젝터를 설치하여야 한다.

### (2) 2개 이상의 보일러에 대한 급수장치

1개의 급수장치로 2개 이상의 보일러에 물을 공급할 경우 2.1항의 규정은 이들 보일러를 1개의 보일러로 간주하여 적용한다.

### (3) 급수 밸브와 체크 밸브

급수관에는 보일러에 인접하여 급수 밸브와 체크 밸브를 설치하여야 한다. 이 경우 급수가 밸브 디스크를 밀어 올리도록 급수 밸브를 부착하여야 하며 1조의 밸브 디스크와 밸브 시트가 급수 밸브와 체크 밸브의 기능을 겸하고 있어도 별도의 체크 밸브를 설치하여야 한다. 다만, 최고사용압력 0.1MPa(1[kg/cm²]) 미만의 보일러에서는 체크 밸브를 생략할 수 있으며, 급수가열기의 출구 또는 급수 펌프의 출구에 스톱 밸브 및 체크 밸브가 있는 급수장치를 개별 보일러마다 설치한 경우에는 급수 밸브 및 체크 밸브를 생략할 수 있다.

### (4) 급수 밸브의 크기

급수 밸브 및 체크 밸브의 크기는 전열면적 10[m²] 이하의 보일러에서는 호칭 15[A] 이상, 전열면적 10[m²]를 초과하는 보일러에서는 호칭 20[A] 이상이어야 한다.

### (5) 자동급수조절기

자동급수조절기를 설치할 때에는 필요에 따라 즉시 수동으로 변경할 수 있는 구조이어야 하며, 2개 이상의 보일러에 공통으로 사용하는 자동급수조절기를 설치하여서는 안 된다.

## 3. 압력방출장치

### (1) 안전 밸브의 개수

증기 보일러에는 2개 이상의 안전 밸브를 설치하여야 한다. 다만, 전열면적 50[m$^2$] 이하의 증기 보일러에서는 1개 이상으로 하며 U자형 입관을 부착한 보일러는 안전 밸브를 부착하지 않아도 된다. 관류 보일러에서 보일러와 압력방출장치와의 사이에 체크 밸브를 설치할 경우 압력방출장치는 2개 이상이어야 한다.

### (2) 안전 밸브의 부착

안전 밸브는 쉽게 검사할 수 있는 장소에 밸브축을 수직으로 하여 가능한 한 보일러의 동체에 직접 부착시켜야 한다.

### (3) 안전 밸브 및 압력방출장치의 용량

안전 밸브 및 압력방출장치의 용량은 다음에 따른다.
① 안전 밸브 및 압력방출장치의 분출용량은 강철제 보일러 형식 승인 기준에 따른다.
② 자동연소제어장치 및 보일러 최고사용압력의 1.06배 이하의 압력에서 급속하게 연료의 공급을 차단하는 장치를 갖는 보일러로서 보일러 출구의 최고사용압력 이하에서 자동적으로 작동하는 압력방출장치가 있을 때에는 동 압력방출장치의 용량(보일러의 최대증발량 30[%]를 안전 밸브 용량에 산입할 수 있다.)

### (4) 안전 밸브 및 압력방출장치의 크기

안전 밸브 및 압력방출장치의 크기는 호칭지름 25[A] 이상으로 하여야 한다. 다만, 다음 보일러에서는 호칭지름 20[A] 이상으로 할 수 있다.
① 최고사용압력 0.1MPa(1[kg/cm$^2$]) 이하의 보일러
② 최고사용압력 0.5MPa(5[kg/cm$^2$]) 이하의 보일러로 동체의 안지름이 500[mm] 이하이며 동체의 길이가 1,000[mm] 이하의 것

③ 최고사용압력 0.5MPa(5[kg/cm$^2$]) 이하의 보일러로 전열면적이 2[m$^2$] 이하의 것
④ 최대증발량 0.5MPa(5[T/h]) 이하의 관류 보일러
⑤ 소용량 보일러

### (5) 과열기 부착 보일러의 안전 밸브

① 과열기에는 그 출구에 1개 이상의 안전 밸브가 있어야 하며 그 분출용량은 과열기의 온도를 설계온도 이하로 유지하는 데 필요한 양(보일러의 최대 증발량의 15[%] 이상)이어야 한다.
② 과열기에 부착되는 안전 밸브의 분출용량 및 수는 보일러 동체의 안전 밸브의 분출용량 및 수에 포함시킬 수 있다. 이 경우 보일러의 동체에 부착하는 안전 밸브는 보일러의 최대 증발량의 75[%] 이상을 분출할 수 있는 것이어야 한다. 다만, 관류보일러의 경우에는 과열기출구에 최대 증발량에 상당하는 분출용량의 안전 밸브를 설치할 수 있다.

### (6) 재열기 또는 독립과열기의 안전 밸브

재열기 또는 독립과열기에는 입구 및 출구에 각각 1개 이상의 안전 밸브가 있어야 하며 그 분출용량의 합계는 최대 통과증기량 이상이어야 한다. 이 경우 출구에 설치하는 안전 밸브의 분출용량의 합계는 재열기 또는 독립과열기의 온도를 설계온도 이하로 유지하는 데 필요한 양(최대통과증기량의 15[%]를 초과하는 경우에는 15[%] 이상)이어야 한다. 다만, 보일러에 직결되어 보일러와 같은 분출용량의 합계는 독립과열기의 온도를 설계온도 이하로 유지하는 데 필요한 양(독립과열기의 전열면적 1[m$^2$]당 30[kg/h]로 한다) 이상으로 한다.

### (7) 안전 밸브의 종류 및 구조

① 안전 밸브의 종류는 스프링 안전 밸브로 하며 스프링 안전 밸브의 구조는 KS B 6216(증기용 및 가스용 스프링 안전 밸브)에 따라야 하며 어떠한 경우에도 밸브 시트나 몸체에서 누설이 없어야 한다. 다만, 스프링 안전 밸브 대신에 스프링 파일럿 밸브 부착 안전 밸브를 사용할 수 있다. 이 경우 소요분출량의 1/2 이상이 스프링 안전 밸브에 의하여 분출되는 구조의 것이어야 한다.
② 인화성 증기를 발생하는 열매체 보일러에서는 안전 밸브를 밀폐식 구조로 하거나 또는 안전 밸브로부터의 배기를 보일러실 밖의 안전한 장소에 방출하도록 한다.

### (8) 온수발생 보일러(액상식 열매체 보일러 포함)의 방출 밸브와 방출관

① 온수발생 보일러에는 압력이 보일러의 최고사용압력(열매체 보일러의 경우에는 최고사용압력 및 최고사용온도)에 달하면 즉시로 작동하는 방출 밸브 또는 안전 밸브를 1개 이상 갖추어야 한다. 다만, 손쉽게 검사할 수 있는 방출관을 갖출 때는 방출 밸브로 대응할 수 있다. 이때 방출관에는 어떠한 경우든 차단장치(밸브 등)를 부착하여서는 안 된다.

② 인화성 액체를 방출하는 열매체 보일러의 경우 방출 밸브 또는 방출관은 밀폐식 구조로 하거나 보일러 밖의 안전한 장소에 방출할 수 있는 구조이어야 한다.

### (9) 온수발생 보일러(액상식 열매체 보일러 포함)의 방출 밸브와 안전 밸브의 크기

① 액상식 열매체 보일러 및 온도 120[℃] 이하의 온수발생 보일러에는 방출 밸브를 설치하여야 하며, 그 지름은 20[mm] 이상으로 하고 보일러의 압력이 보일러의 최고사용압력에 그 10[%](그 값이 $0.35[kg/cm^2]$ 미만인 경우에는 $0.35[kg/cm^2]$로 한다)를 더한 값을 초과하지 않도록 지름과 개수를 정하여야 한다.

② 온도 120[℃]를 초과하는 온수발생 보일러는 안전 밸브를 설치하여야 하며 그 크기는 호칭지름 20[mm] 이상으로 하고 (3)항을 적용한다. 다만, 환산증발량은 열출력을 보일러의 최고사용압력에 상당하는 포화증기의 엔탈피와 급수 엔탈피의 차로 나눈 값[kg/h]으로 한다.

### (10) 온수발생 보일러(액상식 열매체 보일러 포함) 방출관의 크기

방출관은 보일러의 전열면적에 따라 [표 1]의 크기로 하여야 한다.

[표 1]

| 전열면적[$m^2$] | 방출관의 안지름[mm] |
|---|---|
| 10 미만 | 25 이상 |
| 10 이상 15 미만 | 30 이상 |
| 15 이상 20 미만 | 40 이상 |
| 20 이상 | 50 이상 |

## 4. 수면계

### (1) 수면계의 개수

① 증기 보일러는 2개(소용량 및 소형 관류 보일러는 1개) 이상의 유리수면계를 부착하여야 한

다. 다만 단관식 관류 보일러는 제외한다.
② 최고사용압력 1MPa(10[kg/cm$^2$]) 이하로서 동체 안지름이 750[mm] 미만인 경우에 있어서는 수면계 중 1개는 다른 종류의 수면 측정장치로 할 수 있다.
③ 2개 이상의 원격지시 수면계를 시설하는 경우에 한하여 유리수면계를 1개 이상으로 할 수 있다.

### (2) 수면계의 구조

유리수면계는 보일러의 최고사용압력과 그에 상당하는 증기온도에서 원활히 작동하는 기능을 가지며, 또한 수시로 이것을 시험할 수 있는 동시에 용이하게 내부를 청소할 수 있는 구조로서 다음에 따른다.
① 유리수면계는 KS B 6208(보일러용 수면계유리)의 유리를 사용하여야 한다.
② 유리수면계는 상·하에 밸브 또는 콕을 갖추어야 하며, 한눈에 그것의 개·폐 여부를 알 수 있는 구조이어야 한다. 다만, 소형 관류 보일러에서는 밸브 또는 콕을 갖추지 아니할 수 있다.
③ 스톱 밸브를 부착하는 경우에는 청소에 편리한 구조로 하여야 한다.

## 5. 계측기

### (1) 압력계

보일러에는 KS B 5305(부르동관 압력계)에 따른 압력계 또는 이와 동등 이상의 성능을 갖춘 압력계를 부착하여야 한다.

① 부르동식 압력계의 크기와 눈금
- 증기보일러에 부착하는 압력계 눈금판의 바깥지름은 100[mm] 이상으로 하고 그 부착높이에 따라 용이하게 지침이 보이도록 하여야 한다. 다만, 다음에 표시하는 보일러에 부착하는 압력계에 대하여는 눈금판의 바깥지름을 60[mm] 이상으로 할 수 있다.
    - 최고사용압력 0.5MPa(5[kg/cm$^2$]) 이하이고 동체의 안지름 500[mm] 이하 동체의 길이 1,000[mm] 이하인 보일러
    - 최고사용압력 0.5MPa(5[kg/cm$^2$]) 이하이고, 전열면적 2[m$^2$] 이하인 보일러
    - 최대증발량이 5[T/h] 이하인 관류 보일러
    - 소용량 보일러
- 압력계 최고눈금은 보일러의 최고사용압력의 3배 이하로 하되 1.5배보다 작아서는 안 된다.

② 압력계의 부착

증기 보일러의 압력계 부착은 다음에 따른다.

- 압력계는 보일러의 증기실에 눈금판의 눈금이 잘 보이는 위치에 부착하고 얼지 않도록 하며, 그 주위의 온도는 사용 상태에 있어서 KS B 5305(부르동관 압력계)에 규정하는 범위 안에 있어야 한다.
- 압력계와 연결된 증기관은 최고사용압력에 견디는 것으로서 그 크기는 황동관 또는 동관을 사용할 때에는 안지름 6.5[mm] 이상, 강관을 사용할 때에는 12.7[mm] 이상이어야 하며 증기온도가 210[℃]를 넘을 때에는 황동관 또는 동관을 사용하여서는 안 된다.
- 압력계에는 물을 넣은 안지름 6.5[mm] 이상의 사이폰관 또는 동등한 작용을 하는 장치를 부착하여 증기가 직접 압력계에 들어가지 않도록 하여야 한다.
- 압력계의 콕은 그 핸들을 수직인 증기관과 동일방향에 놓은 경우에 열려 있는 것이어야 하며 콕 대신에 밸브를 사용할 경우에는 한눈으로 개폐여부를 알 수 있는 구조로 하여야 한다.
- 압력계와 연결된 증기관의 길이가 3[m] 이상이면 관의 내부를 충분히 청소할 수 있는 경우에는 보일러의 가까이에 열린 상태에서 봉인된 콕 또는 밸브를 두어도 좋다.
- 압력계의 증기관이 길어서 압력계의 위치에 따라 수두압에 따른 영향을 고려할 필요가 있을 경우에는 눈금에 보정을 하여야 한다.

③ 시험용 압력계 부착장치

보일러 사용 중에 그 압력계를 시험하기 위하여 시험용 압력계를 부착할 수 있도록 나사의 호칭 PF, PT 또는 PS의 관용나사를 설치해야 한다. 다만, 압력계 시험기를 별도로 갖춘 경우에는 이 장치를 생략할 수 있다.

### (2) 수위계

① 온수발생 보일러에는 보일러 동체 또는 온수의 출구 부근에 수위계를 설비하고 이것에 가까이 부착한 콕을 닫을 경우 이외에는 보일러와의 연락을 차단하지 않도록 하여야 하며 콕의 핸들은 콕이 열려 있을 경우에 이것을 부착시킨 관과 평행이 되어야 한다.

② 수위계의 최고 눈금은 보일러의 최고사용압력의 1배 이상 3배 이하로 하여야 한다.

### (3) 온도계

아래의 곳에는 KS B 5320(공업용 바이메탈식 온도계) 또는 이와 동등 이상의 성능을 가진 온도계를 설치하여야 한다. 다만, 소용량 보일러 및 가스용 온수 보일러는 배기가스온도계만 설치하여도 좋다.

① 급수 입구의 급수온도계
② 버너 급유입구의 급유온도계(다만, 예열을 필요로 하지 않는 것은 제외한다.)
③ 절탄기 또는 공기예열기가 설치된 경우에는 각 유체의 전후 온도를 측정할 수 있는 온도계 (다만, 포화증기의 경우에는 압력계로 대신할 수 있다.)
④ 보일러 본체 배기가스온도계(다만 ③의 규정에 의한 온도계가 있는 경우에는 생략할 수 있다.)
⑤ 과열기 또는 재열기가 있는 경우에는 그 출구 온도계

### (4) 유량계

용량 1[T/h] 이상의 보일러에는 다음의 유량계를 설치하여야 한다.

① 급수관에는 적당한 위치에 급수유량계를 설치하여야 한다. 다만, 온수발생 보일러는 제외한다.
② 기름용 보일러에는 연료의 사용량을 측정할 수 있는 유량계를 설치하여야 한다. 다만, 2[T/h] 미만의 보일러로서 온수발생 보일러 및 난방전용 보일러에는 $CO_2$ 측정장치로 대신할 수 있다.
③ 가스용 보일러에는 가스사용량을 측정할 수 있는 유량계를 설치하여야 한다. 다만, 유량계가 보일러실 안에 설치되는 때에는 다음 각 호의 조건을 만족하여야 한다.
- 가스의 전체 사용량을 측정할 수 있는 유량계가 설치되었을 경우는 각각의 보일러마다 설치된 것으로 본다.
- 유량계는 당해 도시가스 사용에 적합한 것이어야 한다.
- 유량계는 화기(당해 시설 내에서 사용하는 자체화기를 제외한다)와 2[m] 이상의 우회거리를 유지하는 곳으로서 수시로 환기가 가능한 장소에 설치하여야 한다.
- 유량계는 전기계량기 및 전기개폐기와의 거리는 60[cm] 이상, 굴뚝 단열조치를 하지 아니한 경우에 한한다. 전기점멸기 및 전기접속기와의 거리는 30[cm] 이상, 절연조치를 하지 아니한 전선과의 거리는 15[cm] 이상의 거리를 유지하여야 한다.
- 각 유량계는 해당온도 및 압력 범위에서 사용할 수 있어야 하고, 유량계 앞에 여과기가 있어야 한다.

### (5) 자동 연료차단장치

① 최고사용압력 0.1MPa(1[kg/cm$^2$])를 초과하는 증기 보일러에는 다음 각 호의 저수위 안전장치를 설치해야 한다. 다만, 소용량 보일러는 제외한다.
- 보일러의 수위가 안전을 확보할 수 있는 최저수위(이하 "안전수위"라 한다)까지 내려가기 직전에 자동적으로 경보가 울리는 장치
- 보일러의 수위가 안전수위까지 내려가는 즉시 연소실 내에 공급하는 연료를 자동적으로 차단하는 장치

② 열매체 보일러 및 사용온도가 120[℃] 이상인 온수발생 보일러에는 작동유체의 온도가 최고사용온도를 초과하지 않도록 온도 – 연소제어장치를 설치해야 한다.

③ 최고사용압력이 0.1MPa(1[kg/cm$^2$])(수두압의 경우 10[m])를 초과하는 주철제 온수 보일러에는 온수 온도가 115[℃]를 초과할 때에는 연료공급을 차단하거나 파일럿 연소를 할 수 있는 장치를 설치하여야 한다.

④ 관류 보일러는 급수가 부족한 경우에 대비하기 위하여 자동적으로 연료의 공급을 차단하는 장치 또는 이에 대신하는 안전장치를 갖추어야 한다.

⑤ 가스용 보일러에는 급수가 부족한 경우에 대비하기 위하여 자동적으로 연료의 공급을 차단하는 장치를 갖추어야 하며, 또한 수동으로 연료공급을 차단하는 밸브 등을 갖추어야 한다.

### (6) 공기유량 자동 조절기능

가스용 보일러 및 용량 5[T/h](난방전용은 10[T/h]) 이상인 유류 보일러에는 공급연료량에 따라 연소용 공기를 자동 조절하는 기능이 있어야 한다. 이때 보일러 용량이 [kcal/h]로 표시되었을 때에는 60만[kcal/h]를 1[T/h]로 환산한다.

### (7) 연소가스분석기

(6)항의 적용을 받는 보일러에는 배기가스 성분($O_2$, $CO_2$ 중 성분)을 연속적으로 자동 분석하여 지시하는 계기를 부착하여야 한다. 다만, 용량 5[T/h](난방전용은 10[T/h]) 미만인 가스용 보일러로서 배기가스온도 상한 스위치를 부착하여 배기가스가 설정온도를 초과하면 연료의 공급을 차단할 수 있는 경우에는 이를 생략할 수 있다.

### (8) 가스누설 자동차단장치

가스용 보일러에는 누설되는 가스를 점검하여 경보하며, 자동으로 가스의 공급을 차단하는 장

치 또는 가스누설 자동차단기를 설치하여야 한다. 이 장치의 설치는 도시가스사업법 시행규칙 [별표 4]의 규정에 따라 산업통상자원부장관이 고시하는 가스누설 자동차단장치 설치기준에 따라야 한다.

### (9) 압력조정기
보일러실 내에 설치하는 가스용 보일러의 압력조정기는 액화석유가스의 안전 및 사업관리법 제21조 제2항 규정에 의거 가스용품 검사에 합격한 제품이어야 한다.

## 6. 스톱 밸브 및 분출 밸브

### (1) 스톱 밸브의 개수
① 증기의 각 분출구(안전 밸브 과열기의 분출구 및 재열기의 입·출구를 제외한다)에는 스톱 밸브를 갖추어야 한다.
② 맨홀을 가진 보일러가 공통의 주 증기관에 연결된 때에는 각 보일러와 주 증기관을 연결하는 증기관에는 2개 이상의 스톱 밸브를 설치하여야 하며, 이들 밸브 사이에는 충분히 큰 드레인 밸브를 설치하여야 한다.

### (2) 스톱 밸브
① 스톱 밸브의 호칭압력(KS 규격에 최고사용압력을 별도로 규정한 것은 최고사용압력)은 보일러의 최고사용압력 이상이어야 하며 적어도 0.7MPa(7[kg/cm2]) 이상이어야 한다.
② 65[mm] 이상의 증기 스톱 밸브는 바깥나사형의 구조 또는 특수한 구조로 하고 밸브 몸체의 개폐를 한눈에 알 수 있는 것이어야 한다.

### (3) 밸브의 물빼기
물이 고이는 위치에 스톱 밸브가 설치될 때에는 물빼기를 설치하여야 한다.

### (4) 분출 밸브의 크기와 개수
① 보일러 아랫부분에는 분출관과 분출 밸브 또는 분출 콕을 설치하여야 한다. 다만, 관류 보일러에 대해서는 이를 적용하지 않는다.
② 분출 밸브의 크기는 호칭 25A 이상의 것이어야 한다. 다만 전열면적이 10[m$^2$] 이하인 보일

러에서는 지름 20[mm] 이상으로 할 수 있다.
③ 최고사용압력 0.7MPa(7[kg/cm²]) 이상의 보일러(이동식 보일러는 제외한다)의 분출관에는 분출 밸브 2개 또는 분출 밸브와 분출 콕을 직렬로 갖추어야 한다. 이 경우에 적어도 1개의 분출 밸브는 닫힌 밸브를 전개하는 데 회전축을 적어도 5회전 하는 것이어야 한다.
④ 1개의 보일러에 분출관이 2개 이상 있을 경우에는 이것들을 공통의 주관에 하나로 합쳐서 각각의 분출관에는 1개의 분출 밸브 또는 분출 콕을, 어미관에는 1개의 분출 밸브를 설치하여도 좋다. 이 경우 분출 밸브 및 콕은 닫힌 상태에서 전개하는 데 회전축을 적어도 5회전 하는 것이어야 한다.
⑤ 2개 이상의 보일러의 공동분출관은 분출 밸브 또는 콕의 앞을 공동으로 하여서는 안 된다.
⑥ 정상 시 보유수량 400[kg] 이하의 강제 순환 보일러에는 닫힌 상태에서 전개하는 데 회전축을 적어도 5회전 이상 요하는 분출 밸브는 1개를 설치하여도 좋다.

### (5) 분출 밸브 및 콕의 모양과 강도

① 분출 밸브는 스케일 그 밖의 침전물이 퇴적되지 않는 구조이어야 한다. 그 최고사용압력은 보일러 최고사용압력의 1.25배 또는 보일러의 최고사용압력에 1.5MPa(15[kg/cm²])를 더한 압력 중 작은 쪽의 압력 이상이어야 하고, 어떠한 경우에도 0.7MPa(7[kg/cm²])(소용량 보일러, 가스용 온수 보일러 및 주철제 보일러는 0.5MPa(5[kg/cm²])) 이상이어야 한다.
② 주철제의 분출 밸브는 최고사용압력 1.3MPa(13[kg/cm²]) 이하, 흑심가단주철제의 것은 1.9MPa(19[kg/cm²]) 이하의 보일러에 사용할 수 있다.
③ 분출 콕은 그랜드를 갖는 것이어야 한다.

### (6) 기타 밸브

보일러 본체에 부착하는 기타의 밸브는 그 호칭압력 또는 최고사용압력이 보일러의 최고사용압력 이상이어야 한다.

## 7. 운전 성능

### (1) 운전 상태

보일러는 운전상태(정격부하 상태를 원칙으로 한다)에서 이상 진동과 이상 소음이 없고 각종 부분품의 작동이 원활하여야 한다.

① 다음의 압력계들의 작동이 정확하고 이상이 없어야 한다.
- 증기드럼압력계(관류 보일러에서는 절탄기입구압력계)
- 과열기출구압력계(과열기를 사용하는 경우)
- 급수압력계
- 노내압계

② 다음의 계기들의 작동이 정확하고 이상이 없어야 한다.
- 급수유량계
- 급유량계
- 유리수면계 또는 수면 측정장치
- 수위계 또는 압력계
- 온도계

③ 급수 펌프는 다음 사항이 이상 없고, 성능에 지장이 없어야 한다.
- 펌프 송출구에서의 송출압력 상태
- 급수펌프의 누설 유무

④ 가스용 보일러의 가스 버너는 액화석유가스의 안전 및 사업관리법 제21조 규정에 의하여 검사를 받은 것이어야 한다.

### (2) 배기가스 온도

① 유류용 및 가스용 보일러(열매체 보일러는 제외한다) 출구에서의 배기가스 온도는 주위 온도와의 차이가 정격용량에 따라 [표 2]와 같아야 한다. 이때 배기가스 온도의 측정위치는 보일러 전열면의 최종 출구로 하며 폐열회수장치가 있는 보일러는 그 출구로 한다.

② 열매체 보일러의 배기가스 온도는 출구열매 온도와의 차이가 150K(℃) 이하이어야 한다.

[표 2]

| 보일러 용량[T/h] | 배기가스 온도차[℃] |
|---|---|
| 5 이하 | 300 이하 |
| 5 초과 20 이하 | 250 이하 |
| 20 초과 | 210 이하 |

주 : 1. 보일러 용량이 [kcal/h]로 표시되었을 때에는 60만[kcal/h]를 1[T/h]로 환산한다.
2. 주위 온도는 보일러에 최초로 투입되는 연소용 공기 투입 위치의 주위 온도로 하며 투입위치가 실내일 경우는 실내온도, 실외일 경우는 외기온도로 한다.

### (3) 외벽의 온도
보일러의 외벽 온도는 주위온도보다 30K(℃)를 초과하여서는 안 된다.

### (4) 저수위안전장치
① 저수위안전장치는 연료차단 전에 경보가 울려야 한다.
② 온수발생보일러(액상식 열매체 보일러 포함)의 온도 – 연소제어장치는 최고사용온도 이내에서 연료가 차단되어야 한다.

## 02. 보일러 설치검사 기준 및 계속사용검사 기준

### ❖ 설치검사 기준

#### 1. 검사의 신청 및 준비

##### (1) 검사의 신청
에너지이용합리화법 시행규칙의 규정에 의하여 검사신청을 하여야 한다.

##### (2) 검사의 준비
검사신청자는 에너지이용합리화법 시행규칙의 규정에 의하여 다음의 준비를 하여야 한다.
① 보일러(또는 부품)를 검사할 수 있게 준비한다.
② 보일러를 운전할 수 있도록 준비한다.
③ 정전, 단수, 화재, 천재지변 등 부득이한 사정으로 검사를 실시할 수 없을 경우는 1회에 한하여 재신청없이 다시 검사받을 수 있다.

#### 2. 검사

##### (1) 수압 및 가스누설시험
① 수압시험 대상
- 수입한 보일러, 구조검사 중 발급일로부터 1년 이상 경과한 보일러 및 (10)항의 검사를 받아야 하는 보일러

② 가스누설시험 대상
- 가스용 보일러

③ 수압시험 압력
- 강철제 보일러
    - 보일러의 최고사용압력이 0.43MPa(4.3[kg/cm$^2$]) 이하일 때에는 그 최고사용압력의 2배의 압력으로 한다. 다만, 그 시험압력이 0.2MPa(2[kg/cm$^2$]) 미만인 경우에는 0.2MPa (2[kg/cm$^2$])로 한다.
    - 보일러의 최고사용압력이 0.43MPa(4.3[kg/cm$^2$]) 초과 1.5MPa(15[kg/cm$^2$]) 이하일 때에는 그 최고사용압력이 1.3배에 0.3MPa(3[kg/cm$^2$])를 더한 압력으로 한다.
    - 보일러의 최고사용압력이 1.5MPa(15[kg/cm$^2$])를 초과할 때에는 그 최고사용압력의 1.5배의 압력으로 한다.
- 주철제 보일러
    - 증기 보일러의 최고사용압력이 0.43MPa 이하일 때에는 최고사용압력의 2배의 압력으로 한다.
    - 증기보일러의 최고사용압력이 0.43MPa 초과일 때에는 최고사용압력의 1.3배에 0.3 MPa을 더한 압력으로 한다. 다만, 그 시험압력이 0.2MPa 미만의 경우에는 0.2MPa로 실시한다.
- 가스용 온수 보일러
    - 강철제인 경우에는 1항에서 규정한 압력으로 한다.
    - 주철제인 경우에는 2항에서 규정한 압력으로 한다.

④ 수압시험 방법
- 공기를 빼고 물을 채운 후 천천히 압력을 가하여 규정된 시험수압에 도달된 후 30분이 경과된 뒤에 검사를 실시하여 검사가 끝날 때까지 그 상태를 유지한다.
- 시험수압은 규정된 압력의 6[%] 이상을 초과하지 않도록 모든 경우에 대한 적절한 제어를 마련하여야 한다.
- 수압시험 중 또는 시험 후에도 물이 얼지 않도록 하여야 한다.

⑤ 가스누설시험 방법
- 내부누설시험 : 차압누설감지기에 대하여 누설확인 작동시험 또는 자기압력기록계 등

으로 누설 유무를 확인한다. 자기압력기록계로 시험할 경우 밸브를 잠그고 압력 발생 기구를 사용하여 천천히 공기 또는 불활성 가스 등으로 최고사용압력의 1.1배 또는 840[mmHO] 중 높은 압력 이상으로 가압한 후 24분 이상 유지하여 압력의 변동을 측정한다.
- 외부누설시험 : 보일러 운전 중에 비눗물시험 또는 가스누설검사기로 배관접속부위 및 밸브류 등의 누설 유무를 확인한다.

### (2) 압력방출장치
앞 항 및 다음에 따른다.

① 안전 밸브 작동시험
- 안전 밸브의 분출압력은 1개일 경우 최고사용압력 이하, 안전 밸브가 2개 이상인 경우 그 중 1개는 최고사용압력 이하, 기타는 최고사용압력의 1.03배 이하일 것
- 과열기의 안전 밸브 분출압력은 증발부 안전 밸브의 분출압력 이하일 것
- 재열기 및 독립과열기에 있어서는 안전 밸브가 하나인 경우 최고사용압력 이하, 2개인 경우 하나는 최고사용압력 이하이고 다른 하나는 최고사용압력의 1.03배 이하에서 분출하여야 한다. 다만, 출구에 설치하는 안전 밸브의 분출압력은 입구에 설치하는 안전 밸브의 설정압력보다 낮게 조정하여야 한다.
- 발전용 보일러에 부착하는 안전 밸브의 분출정지 압력은 분출압력의 0.93배 이상이어야 한다.

② 방출 밸브의 작동시험
온수발생 보일러(액상식 열매체 보일러 포함)의 방출 밸브는 다음 각 항에 따라 시험하여 보일러의 최고사용압력 이하에서 작동하여야 한다.
- 공기 및 귀환 밸브를 닫아 보일러를 난방 시스템과 차단한다.
- 팽창 탱크에 연결된 관의 밸브를 닫고 탱크의 물을 빼내고 공기 쿠션이 생겼나 확인하여 공기 쿠션이 있을 경우 공기를 배출시킨다. 다만, 가압팽창 탱크는 배수시키지 않으며 분출시험 중 보일러와 차단되어서는 안 된다.
- 보일러의 압력이 방출 밸브의 설정압력의 50[%] 이하로 되도록 방출 밸브를 통하여 보일러의 물을 배출시킨다.

- 보일러수의 압력과 온도가 상승함을 관찰한다.
- 보일러의 최고사용압력 이하에서 작동하는지 관찰한다.

### (3) 운전 성능

앞 항 및 다음에 따른다.

앞 항의 공기유량자동조절기능을 갖추어야 하는 보일러는 부하율을 90±10[%]에서 45±10[%]까지 연속적으로 변경시켜 배기가스 중 $O_2$ 또는 $CO_2$ 성분이 사용연료별로 [표 3]에 적합하여야 한다. 이 경우 시험은 반드시 다음 조건에서 실시하여야 한다.

① 매연농도 바카락카 스모크 스켓 4 이하, 다만 가스용 보일러의 경우 배기가스 중 CO의 농도는 0.1[%] 이하
② 부하변동 시 공기량은 별도 조작 없이 자동 조절

[표 3]

(단위 : %)

| 연료 | 성분 | $O_2$ | | $CO_2$ | |
|---|---|---|---|---|---|
| | 부하율 | 90±10 | 45±10 | 90±10 | 45±10 |
| 중유 | | 3.7 이하 | 5 이하 | 12.7 이하 | 12 이상 |
| 경유 | | 4 이하 | 5 이하 | 11 이상 | 10 이상 |
| 가스 | | 배기가스 중의 일산화탄소의 이산화탄소에 대한 비 : 0.02 이하 | | | |

### (4) 내부검사 등

① 유류 및 가스를 제외한 연료를 사용하는 정격출력이 50만[kcal/h] 미만인 온수발생 보일러가 연료 변경으로 인하여 검사대상이 되는 경우의 최초 검사는 앞 항 및 제조검사 기준의 앞 항을 추가로 검사하여 이상이 없어야 한다.
② 검사대상 기기가 아닌 유류용 보일러가 가스로 연료를 변경하여 검사대상 기기로 되는 경우의 최초 검사는 앞 항을 추가로 검사하여 이상이 없어야 한다.

## 3. 검사의 특례

① 출력 50만[kcal/h] 미만인 온수발생 보일러가 82. 1. 31. 이전에 준공된 건물에 설치된 경우
② 유류용 이외의 온수발생 보일러가 85. 10. 7. 이전에 준공된 건물에 설치된 경우

③ 가스용 온수 보일러 및 소형 관류 보일러가 88. 11. 27. 이전에 준공된 건물에 설치된 경우

### ❖ 계속사용 안전검사 기준

#### 1. 검사의 신청 및 준비

**(1) 검사의 신청**

에너지이용합리화법 시행규칙 규정에 따른다.

**(2) 검사의 준비**

① 연료공급관은 차단하며 적당한 곳에서 잠그어야 한다. 기름을 사용하는 것에서는 무화장치들을 버너로부터 제거한다. 가스를 사용하는 경우에는 공급관에 이중 블록과 블라이드(2개의 차단 밸브와 그 사이에 한 개의 통기공이 있는)가 설비되어 있지 않으면 공급관을 비게 하거나 가스차단 밸브와 버너 사이의 연결관을 떼어내야 한다.

② 보일러에 대한 손상을 방지하고 가열면에 고착물이 굳어져 달라붙지 않도록 충분히 냉각시켜야 한다. 맨홀과 청소공 또는 검사공에 뚜껑을 열어 환기시킬 때에는 보일러의 내부가 마를 수 있기에 충분한 열이 아직 보일러에 남아 있을 때 배수한다.

③ 모든 맨홀과 선택된 청소공 또는 검사공의 뚜껑 세척용 플러그 및 수주 연결관을 열고 보일러 장치 안에 들어가기 전에 체크 밸브와 증기 스톱 밸브는 반드시 잠그고 꼬리표를 붙이고 꺾쇠로 고정하며 두 밸브 사이의 배수 밸브 또는 콕은 열어야 한다. 급수 밸브는 잠그고 꼬리표를 붙여야 하고, 꺾쇠로 고정하는 것이 좋으며, 두 밸브 사이의 배수 밸브나 콕들은 열어야 한다. 보일러를 배수한 후에 블로·오프 밸브는 잠그고 고정하여야 한다. 실제로 가능한 경우에는 내압 부분과 밸브 사이의 블로·오프 배관은 떼어낸다. 모든 배수 및 통기배관은 열어야 한다.

④ 내부조명 : 검사를 위한 내부조명은 축전지로부터 전류가 공급되는 12볼트 램프나 이동램프를 사용하여야 한다.

⑤ 화염 측 청소 : 보일러의 내벽, 배출 및 드럼은 철저히 청소되어야 하고 모든 부품을 검사원이 검사할 수 있도록 재와 매연을 제거시켜야 한다.

⑥ 안전 밸브, 안전 방출 밸브 및 저수위 감지장치는 분해 후 정비하여야 한다.

⑦ 검사대상 기기 취급일지(시행규칙 별지 제42호 서식)가 작성 비치되어 있어야 한다. 다만, 가스용 보일러의 경우는 부표 1에 의한 가스용 보일러 사용자 자체 점검 일지가 작성 비치

되어 있어야 한다.
⑧ 화재, 천재지변 등 부득이한 사정으로 검사를 실시할 수 없는 경우에는 재신청 없이 다시 검사를 받을 수 있다.

## 2. 검사

### (1) 외부검사

① 보일러는 깨끗하게 청소된 상태이어야 하며 사용상에 현저한 부식과 그루빙이 없어야 한다.
② 시험용 해머로 스테이볼트 한쪽 끝을 두들겨 보아 이상이 없어야 한다.
③ 가스용 플러그가 사용된 경우에는 플러그 주위 금속 부위와 플러그 면의 산화피막을 적절히 제거하여 육안으로 관찰하였을 때 사용상 이상이 없어야 하며 불완전한 경우에는 교환토록 해야 한다.
④ 보일러가 매달려 있는 경우에는 지지대와 고정구대를 검사하여 구조물의 과도한 변형이 없어야 한다.
⑤ 리벳 이음 보일러에서 이음 부분에 누설 또는 그 밖의 유해한 결함이 없어야 한다.
⑥ 보일러 지지대의 균열, 내려앉음, 지지부재의 변형 또는 파손 등 보일러의 설치상태에 이상이 없어야 한다.
⑦ 벽돌쌓음에서 벽돌의 이탈, 심한 마모 또는 파손이 없어야 한다.

### (2) 내부검사

① 관의 부식 등을 검사할 수 있도록 스케일은 제거되어야 하며, 관 끝부분의 손모, 취화 및 빠짐이 없어야 한다.
② 보일러의 내부에는 균열, 스테이의 손상, 이음부의 현저한 부식이 없어야 하며, 침식, 스케일 등으로 드럼에 현저히 얇아진 곳이 없어야 한다.
③ 화염을 받는 곳에는 그을음을 제거하여야 하며 얇아지기 쉬운 관 끝부분을 가벼운 해머로 두들겨 보았을 때 얇아짐이 없어야 한다.
④ 관의 표면은 팽출, 균열 또는 결함 있는 용접부가 없어야 한다.
⑤ 관의 지나친 찌그러짐이 없어야 한다.
⑥ 급수관 및 그 밑의 물받이의 상태는 퇴적물이 없어야 하며 이음쇠는 헐거워지거나 가스켓의 손상이 없어야 한다.
⑦ 관판에 있는 관구멍 사이의 리가먼트를 조사하여 파단이나 누설이 없어야 한다.

⑧ 노벽 보호 부분은 벽체의 현저한 균열 및 파손 등 사용상 지장이 없어야 한다.

⑨ 맨홀 및 기타 구멍과 보강판, 노즐, 플랜지 이음, 나사 이음의 연결부의 내외부를 조사하여 균열이나 변형이 없어야 한다. 이때 검사는 가능한 한 보일러 안쪽부터 시행한다.

⑩ 저수위 차단 배관 등의 외부 부착 구멍들이나 방출 밸브 구멍들에 흐름의 차단 또는 지장을 줄 수 있는 퇴적물 등의 장애물이 없어야 한다.

⑪ 연소실 내부에는 부적당하거나 결함이 없는 버너 또는 스토커의 설치 운전에 의한 현저한 열의 국부적인 집중으로 인한 현상이 없어야 한다.

⑫ 보일러 각 부에 불룩해짐·팽출·팽대·압궤 또는 누설이 없어야 한다.

## 03. 온수 보일러 설치·시공 기준

### 1. 적용범위

이 기준은 전열면적이 14[m²] 이하이며, 최고사용압력이 0.35MPa(3.5[kg/cm²]) 이하의 온수를 발생하는 보일러(이하 "보일러"라 한다)의 설치시공에 대하여 규정한다(구멍탄용 온수 보일러 및 축열식 전기 보일러는 제외).

### 2. 용어의 정의

① "상향 순환식"이란 송수주관을 상향구배로 하고, 방열면을 보일러 설치기준보다 높게 하여 온수를 순환시키는 배관방식을 말한다.

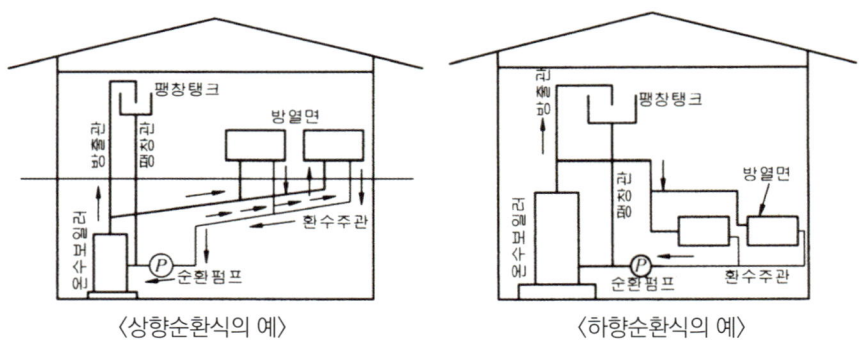

〈상향순환식의 예〉　　〈하향순환식의 예〉

② "하향 순환식"이란 송수주관을 하향구배로 하고 온수를 순환시키는 배관방식을 말한다.
③ "송수주관"이란 보일러에서 발생된 온수를 방열관 또는 온수 탱크에 공급하는 관을 말한다.
④ "환수주관"이란 방열관 등을 통과하여 냉각된 온수를 회수하는 관을 말한다.
⑤ "팽창 탱크"란 온수의 온도 변화에 따른 체적팽창 또는 이상팽창에 의한 압력을 흡수하여 보일러의 부족수를 보충할 수 있는 물을 보유하고 있는 탱크를 말한다.
⑥ "급수탱크"란 팽창 탱크에 물이 부족할 때 공급할 수 있는 물을 보유하고 있는 탱크를 말한다.
⑦ "공기방출기"란 순환 중에 함유된 공기를 외부로 방출하기 위한 장치를 말한다.
⑧ "팽창관"이란 보일러 본체 또는 환수주관과 팽창 탱크를 연결시켜주는 관을 말한다.

## 3. 보일러의 설치장소 및 설치

### (1) 보일러의 설치장소

① 보일러는 콘크리트, 콘크리트 블록 등 내화구조로 시공된 보일러실에 설치하는 것을 원칙으로 한다.
② 보일러는 통풍 및 배수가 잘되며, 굴뚝과 가능한 한 인접한 곳에 설치하여야 한다.
③ 보일러가 설치된 바닥 면은 충분한 강도를 갖도록 콘크리트 구조로 하고, 습기에 의한 부식 등의 장애가 없어야 한다.

### (2) 보일러의 설치

① 보일러는 수평으로 설치하여야 한다.
② 보일러는 보일러실 바닥보다 높게 설치하여야 하며, 주위에 적당한 공간을 두어 조작, 보수 및 청소가 용이하여야 한다.
③ 수도관 및 0.1MPa(1[kg/cm$^2$]) 이상의 수두압이 발생하는 급수관은 보일러에 직접 연결하여서는 안 된다.
④ 보일러를 설치·시공할 경우에는 전기에 의한 누전, 감전 등의 위험이 없도록 적절한 조치를 하여야 한다.

## 4. 배관 및 부속장치

### (1) 배관 재료

① 배관은 KS D 3507(배관용 탄소강관), KS D 3517(기계구조용 탄소강관) 또는 동등 이상의

것을, 급탕용관은 KS D 3507 중 백관 또는 동등 이상의 것을 사용하여야 한다.
② 관이음쇠는 KS B 1531(나사식 가단주철제 관이음쇠), KS B 1533(나사식 강관제 관이음쇠) 또는 동등 이상의 것을 사용하여야 한다.
③ 밸브는 KS B 2303(청동 밸브) 또는 동등 이상의 것을 사용하여야 한다.
④ 기타 배관재료 및 부품은 한국공업규격 또는 동등 이상의 것을 사용하여야 한다.

### (2) 배관의 크기 및 보온

① 송수주관 및 환수주관의 크기는 보일러 용량이 30,000[kcal/h] 이하는 호칭지름 25[mm] 이상을, 30,000[kcal/h] 초과는 호칭지름 30[mm] 이상을 원칙으로 한다.
② 급탕관의 크기는 보일러 용량이 50,000[kcal/h] 이하는 호칭지름 15[mm] 이상을, 50,000 [kcal/h] 초과는 호칭지름 20[mm] 이상을 원칙으로 한다.
③ 배관은 KS F 2803(보온·보냉공사 시공표준)에 정하는 방법에 따라 보온을 하여야 한다.

### (3) 배관의 이음

① 배관은 분해조립이 가능하도록 한국공업규격에서 정한 나사 이음 또는 이와 동등 이상의 방법으로 연결하여야 하며, 연결부에서 누수가 없도록 적절한 조치를 취하여야 한다.
② 배관은 전 계통이 연결된 후 배관 내부에 있는 찌꺼기 등 온수순환의 장애물을 깨끗이 청소하여야 한다.

### (4) 순환 펌프

순환 펌프를 설치할 경우에는 당해 보일러에서 발생되는 온수를 충분히 순환시킬 수 있는 용량의 것을 다음의 방법에 따라 설치하여야 한다. 다만, 순환 펌프가 내장된 보일러의 경우는 예외로 한다.
① 순환 펌프는 보일러 본체 연도 등에 의한 방열에 의해 영향을 받을 우려가 없는 곳에 설치하여야 한다.
② 순환 펌프에는 바이패스회로를 설치하여야 한다. 다만, 하향식 구조 및 자연순환이 곤란한 구조에서는 이를 설치하지 아니할 수 있다.
③ 순환 펌프와 전원콘센트 간의 거리는 가능한 한 최소로 하고, 누전 등의 위험이 없어야 한다.
④ 순환 펌프의 흡입 측에는 여과기를 설치하여야 하며, 펌프의 양측에는 밸브를 설치하여야 한다.

⑤ 순환 펌프는 방출관 및 팽창관의 작용을 폐쇄하거나 차단하여서는 아니되며, 환수주관에 설치함을 원칙으로 한다.
⑥ 순환 펌프의 모터 부분은 수평으로 설치함을 원칙으로 한다.

### (5) 급수 탱크

팽창 탱크 및 급탕용 급수가 부족할 때 이를 자동으로 보충하는 구조의 급수 탱크를 설치하여야 한다. 이 경우 급수 탱크의 구조는 KS B 5122(온수 보일러용 시스템)에 따른다.

### (6) 온수 탱크

급탕이 필요하여 온수 탱크를 설치할 경우에는 다음의 조건을 만족시켜야 한다.
① 내식성 재료를 사용하거나 내식처리된 온수 탱크를 설치하여야 한다.
② KS F 2803(보온·보냉공사 시공표준)에 정하는 방법에 따라 보온을 하여야 한다.
③ 100[℃]의 온수에도 충분히 견딜 수 있는 재료를 사용하여야 한다.
④ 탱크 밑부분에는 물빼기관 또는 물빼기 밸브가 있어야 한다.
⑤ 밀폐식 온수 탱크의 경우에는 팽창흡수장치 또는 방출 밸브를 설치하여야 하며, 이때 방출 밸브는 KS B 6155(온수기용 방출 밸브)에 정한 것 또는 동등 이상의 것을 사용하여야 한다.

### (7) 팽창관 및 방출관

보일러 내의 물의 팽창 및 증기 발생에 대비하여 다음 조건을 만족시키는 팽창관 및 방출관(또는 방출밸브)을 설치하여야 한다.
① 팽창관 및 방출관의 크기는 보일러 용량이 시간당 30,000[kcal/h] 이하인 경우 호칭지름 15[mm] 이상, 30,000[kcal/h] 이상 150,000[kcal/h] 이하인 경우 호칭지름 25[mm] 이상, 150,000[kcal/h]를 초과하는 경우에는 호칭지름 30[mm] 이상이어야 한다.
② 팽창관 및 방출관에는 물 또는 발생증기의 흐름을 차단하는 장치가 있어서는 안 된다.
③ 팽창관은 가능한 한 굽힘이 없고 어는 것을 방지할 수 있는 조치가 되어 있어야 한다.

### (8) 팽창 탱크

팽창관의 상부에 다음 조건을 만족시키는 팽창 탱크를 설치하여야 한다. 다만, 팽창 탱크가 보일러에 내장되었을 경우는 예외로 한다.

① 100[℃]의 온수에도 충분히 견딜 수 있으며, 수위를 용이하게 알아볼 수 있어야 한다.
② 개방식의 경우 팽창 탱크의 높이는 방열 면보다 1[m] 이상 높은 곳에 설치하여야 하며, 얼지 않도록 적절한 보온을 하여야 한다.
③ 밀폐식의 경우 배관계통 내의 압력이 제한압력 이상으로 되면 자동적으로 과잉수를 배출할 수 있도록 방출 밸브를 설치하여야 한다.
④ 팽창 탱크의 용량은 보일러 및 배관 내의 보유수량이 200[L]까지는 20[L], 보유수량이 200[L]를 초과하는 경우 그 초과량 100[L]마다 10[L]씩 가산한 용량 이상이어야 한다.

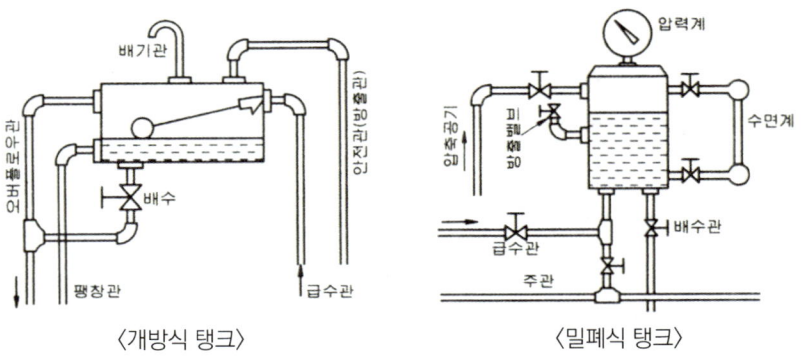

〈개방식 탱크〉 　　　　　〈밀폐식 탱크〉

⑤ 팽창관의 끝부분은 팽창 탱크 바닥 면보다 25[mm] 정도 높게 배관되어야 한다.
⑥ 팽창 탱크에 물이 부족한 때 이를 자동으로 보충할 수 있는 장치를 하여야 한다.
⑦ 팽창 탱크에는 물의 팽창에 대비하여 인체, 보일러 및 관련 부품에 위해가 발생되지 않도록 일수관(오버 플로관)을 설치하여야 한다.

### (9) 공기 방출기

배관 중의 공기를 방출할 수 있는 공기방출기가 있어야 한다.

### (10) 연도 및 굴뚝

① 연도 굽힘부의 수는 가능한 한 3개소 이내로 하고 수평부의 경사는 1/10 기울기 이상으로 하여야 한다. 다만, 보일러 자체가 강압통풍식으로 화실 내의 연소압력이 대기압보다 높은 경우에는 예외로 할 수 있다.
② 연도 및 굴뚝의 재료는 보일러 배기가스 온도에 충분히 견딜 수 있는 것이어야 한다.
③ 연도 및 굴뚝은 주위의 가연물과 접촉되지 않도록 하여야 한다.

④ 강제 급배기식(FF형) 보일러를 설치할 때에는 연소용 공기를 예열하여 공급할 수 있는 구조의 연도를 설치하여야 한다. 다만, 보일러실의 구조상 부득이할 경우에는 예외로 한다.
⑤ 제④항에 의한 연도의 재질은 연소가스에 충분한 내식성을 갖는 것이어야 한다.
⑥ 연도 및 굴뚝의 규격은 보일러 배기가스 출구와 접속되는 부분의 유효 단면적 이상이어야 한다.
⑦ 자연배기식 보일러의 경우 굴뚝의 옥상 돌출부는 지붕 면으로부터 1[m] 이상이어야 한다. 다만, 건축물의 기존 굴뚝과 연결하는 경우에는 예외로 한다.
⑧ 연도 및 굴뚝은 배기가스의 온도가 적정치를 유지할 수 있도록 충분한 보온을 하는 것을 원칙으로 한다.

## 5. 연료 배관

① 연료 탱크의 위치에 따라서 단관식 또는 복관식으로 배관하여야 한다.
- 단관식 : 연료 탱크의 위치가 버너의 펌프 위치보다 높을 때 사용하는 방식으로 공기 배출장치가 필요하다.
- 복관식 : 복관식 연료 배관법은 연료 탱크와 오일 펌프의 사이에 2개의 배관으로 하는 방법으로 연료 탱크가 오일 펌프보다 낮은 위치에 있을 때 사용하는 배관방식으로 공기 배출장치가 필요없다.

② 보일러와 연료 탱크 사이의 배관에는 기름과 물을 분리할 수 있는 유수 분리기가 있어야 하며, 유수 분리기에는 물빼기 밸브가 있어야 한다.
③ 연료 탱크와 버너 사이의 배관에는 여과기가 있어야 한다.
④ 연료 배관은 KS D 3507(배관용 탄소강관) 또는 동등 이상의 것을 사용하여야 한다.

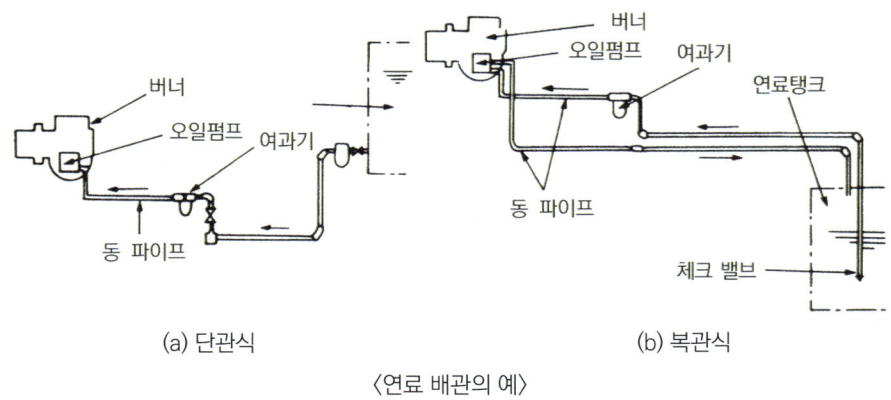

(a) 단관식      (b) 복관식

〈연료 배관의 예〉

## 6. 설치·시공 기록 등의 보존

### (1) 시공표지판

시공업자는 그가 설치한 시설에 관하여 시공표지판을 부착하여야 하며, 시공표지판의 규격, 재료, 기재사항, 기재방법 및 부착방법은 다음과 같다.

① 규격 : 20[cm] × 9[cm]

② 재료 : 100[g/m$^2$]의 노랑색 아트지 스티커

③ 기재사항
- 시공자의 상호
- 시공자의 지정번호
- 사무소 소재지
- 시공자의 성명 및 전화번호
- 보일러 제조업체명
- 보일러 기종 및 제조번호
- 시공 연월일
- 특기사항

④ 기재방법 : 기재사항이 쉽게 지워지지 않도록 명확하게 기재하여야 한다.

⑤ 부착방법 : 쉽게 떨어지지 않도록 단단히 부착하여야 한다.

### (2) 설치 · 시공기록의 보존

시공업자는 그가 설치한 시설에 관하여 설치·시공 기록부를 작성하여 3년 동안 보존하여야 하며, 그 기재사항은 다음과 같다.

① 시공기간

② 건축주 성명 및 전화

③ 건축주 주소 및 건축물 소재지

④ 보일러 종류 및 제조업체명

⑤ 보일러 용량 및 대수

⑥ 특기사항

### (3) 배관도면의 작성 및 보존

시공업자는 그가 설치한 시설에 관하여 다음 사항을 표시한 설치·시공 도면을 작성하여 3년

동안 보존하여야 한다.
① 모든 배관의 크기, 치수 및 경로
② 배관을 매설할 경우 매설 위치와 연결부
③ 밸브의 종류 및 설치 위치
④ 안전장치의 설치 위치
⑤ 작성 연월일
⑥ 특기사항

## 7. 설치·시공 확인

시공업자는 보일러를 설치한 후 가동 전에 다음 사항에 대하여 적합여부를 확인하여야 한다.

### (1) 수압 및 안전장치

① 보일러 설치가 끝난 후 실제사용 최고압력의 2배(그 값이 0.2MPa(2[kg/cm$^2$]) 이하일 경우는 0.2MPa(2[kg/cm$^2$])의 수압을 가하여 누설 및 변형이 없어야 한다.
② 본 기준이 (2)항 내지 (4)항에 적합한지 확인한다.

### (2) 보일러의 연소 및 배기성능 관계

보일러를 점화하여 정상연소가 이루어지는지 확인하고 연도 접속부의 가스 누설 및 매연의 발생 유무를 확인한다.

### (3) 연소계통의 누설 상태

보일러의 가동 시 연료배관계통에 누설이 발생하는지를 확인한다.

### (4) 온수순환

순환 펌프를 가동하여 온수의 순환 상태를 확인한다.

### (5) 자동제어에 의한 성능 관계

실내온도 조절기의 지시에 따른 순환 펌프의 작동 및 정지 버너의 작동 및 정지 상태를 확인하며, 실내온도 조절기를 부착하지 않았을 때는 Hi – Lo 또는 On – Off 시 버너의 정지 및 작동, 순환 펌프의 작동과 정지 상태가 원활한가를 확인한다.

### (6) 보온 상태
배관 및 온수 탱크는 적절한 보온이 되었는지 확인한다.

## 04. KS 배관 도시기호

| 구분 | 유별 | 도시기호 | 구분 | 유별 | 도시기호 |
|---|---|---|---|---|---|
| 배관부호·관지름·관재료 | 직교하는 관의 표시 | | 공기조화 | 냉매흡입관 | —RS—RD— |
| | | | | 냉각수송부관 | —CD—CD— |
| | | | | 냉각수반송관 | —CDR—CDR— |
| | 입관 | | | 냉수송수관 | —C—C— |
| | 파이프앵커 | | | 냉수반송관 | —CR—CR— |
| | 관구배 | | | 온수송관 | —H—H— |
| | | | | 온수반송관 | —HR—HR— |
| | 관지름 | | | 냉온수송관 | —CH—CH— |
| | | | | 냉온수반송관 | —CHR—CHR— |
| | | | | 브라인송관 | —B—B— |
| | | | | 브라인반송관 | —BR—BR— |
| | 관재료 | | | 드레인관 | —D—D— |
| | • 납관 | L | 급수·급탕 | 상수 | ——— |
| | • 구리관 | Cu | | 우물물 | —·—·— |
| | • 황동관 | B | | 급수주철관 | —(—(— |
| | • 스테인리스관 | SUS | | 급탕송관 | —|—|— |
| | • 콘크리트관 | C | | 급탕반송관 | —‖—‖— |
| | • 석면시멘트관 | A | | 팽창관 | —E—E— |
| | • 도관 | T | | 공기배기관 | ----A----A--- |
| | • 경질염화비닐관 | V | 배수 | 음용냉수송관 | —C---C— |
| | • 폴리에틸렌관 | P | | 음용냉수반송관 | —CR---CR— |
| | • 비닐라이닝강관 | VL | | 배수관 | ——— |
| | • 코팅강관 | CT | | 배수주철관 | —(—(— |

| 구분 | 유별 | 도시기호 | 구분 | 유별 | 도시기호 |
|---|---|---|---|---|---|
| 난방·급기 | 고압증기송부관 | —//—//—//— | 소화 | 통기관 | - - - - - - - |
| | 고압증기반송관 | - -//- -//- -//- | | 연결송수관 | — XS — XS — |
| | 중압증기송부관 | —/—/—/— | | 연결살수관 | — XB — XB — |
| | 중압증기반송관 | - -/- -/- -/- | | 소화전수관 | — X — X — |
| | 저압증기송부관 | ———————— | | 스프링클러주관 소화관 | — S — S — |
| | 저압증기반송관 | - - - - - - - - - | | 물분무소화관 | —WS—WS— |
| | 공기릴리프관 | - - -A- - - -A- - - | | 포말소화관 | — F — F — |
| | 연료유송부관 | — O — O — | | 이산화탄소소화관 | — $CO_2$ — $CO_2$ — |
| | 연료유반송관 | — OR — OR — | | 분말소화관 | — D — D — |
| | 기름탱크통기관 | — OV — OV — | | 할로겐화물소화관 | — HL — HL — |
| | 압축공기관 | — A — A — | 가스 | 드레인관 | - - - - - - - |
| | 온수난방송부관 | ———————— | | 가스공급관 | — G — G — |
| | 온수난방반송관 | - - - - - - - - - | | 액화석유가스관 | — PG — PG — |
| | 냉매토출관 | — RD — RD — | 기타 | 진공배관 | — V — V — |
| | 냉매액관 | — RL — RL — | | 산소배관 | — $O_2$ — $O_2$ — |

〈기기〉

| 구분 | 유별 | 도시기호 | 구분 | 유별 | 도시기호 |
|---|---|---|---|---|---|
| 난방용 기기 | 방열기 | ⊂⊃ | 난방용 기기 | 컨벡터표시형식 | (C·케이싱의 길이 / 형식×너비×높이 / 태핑 / 방열능력) |
| | 고압증기트랩 | ⊗ | | | |
| | 저압증기트랩 | ⊗ | | | |
| | 사이렌서 | ⊳ | | | |
| | 빨아올림이음쇠 | ⊢•⊣ | | | |
| | 기수분리기 | ⊢SS⊣ | | 베이스보드 히터표시형식 | (B·엘리멘트의 길이 / 종별×크기×핀의피치×단수 / 태핑 / 방열능력) |
| | 유량계 | OM | | | |
| | 주철방열시표시형식 | (절수 / 종류·모양 / 태핑) | | | |

| 명칭 | 기호 | 비고 | 명칭 | 기호 | 비고 |
|---|---|---|---|---|---|
| 송기관 | ——— | 증기 및 온수 | 편심조인트 | | 주철이형관 |
| 복귀관 | ------ | 증기 및 온수 | 팽창곡관 | | |
| 증기관 | | 증기 | 배관고정점 | | |
| 응축수관 | | | 급탕관 | | |
| 기타관 | A / A | | 온수복귀관 | | |
| 급수관 | | | 가스분리기 | (SS) | |
| 상수도관 | | | 리프트피팅 | | |
| 우물급수관 | | | 분기가열기 | | |
| Y자관 | | 주철이형관 | 주형방열기 | | |
| 곡관 | | 주철이형관 | 티 | | |
| T자관 | | 주철이형관 | 증기트랩 | | |
| Y자관 | | 주철이형관 | 스트레이너 | (S) | |
| 90°Y자관 | | | 바닥상자 | (B) | |
| 배수관 | | | 유분리기 | (OS) | |
| 통기관 | - - - - | | 그리스트랩 | (GT) | |
| 소화관 | —×— | | 배압 밸브 | | |
| 주철관(급수) | 75[mm] | 관지름 75[mm] | 감압 밸브 | | |
| 주철관(배수) | 100[mm] | 관지름 100[mm] | 압력계 | | |
| 연관(급수) | 13[l] | 관지름 13[mm] | 연성계 | | |
| 연관(배수) | 100[l] | 관지름 100[mm] | 온도계 | (T) | |
| 콘크리트관(급수) | 150[l] | | 송기도 단면 | | |
| 콘크리트관(배수) | 150[l] | 관지름 150[mm] | 배기도 단면 | | |

| 명칭 | 기호 | 비고 | 명칭 | 기호 | 비고 |
|---|---|---|---|---|---|
| 도관 | 100T | 관지름 100[mm] | 송기댐퍼 단면 | | |
| 수직관 | | | 배기댐퍼 단면 | | |
| 수직상향 | | | 송기구 | | |
| 하향부 | | | 배기구 | | |
| 곡관 | | | 바닥배수 | | |
| 플랜지 | | | 벽걸이방열기 | | |
| 유니언 | | | 핀방열기 | | |
| 엘보 | | | 대류방열기 | | |
| 청소구 | | | 소화전 | | |
| 하우스트랩 | | | 기구배수 | | |
| 양수기 | M | | | | |

| 명칭 | 기호 | 명칭 | 기호 |
|---|---|---|---|
| 절연 | X(mm) | 트랩 | T |
| 보온관 | X(mm) | 벤트 | |
| 인체안전용 보온관 | X(mm) PF | 탱크용 벤트 | |

| 명칭 | | 기호 | 명칭 | 기호 |
|---|---|---|---|---|
| 분리가능관 | | | ⟨관지지 기호⟩ | |
| | | | 관지지 | 기호 |
| 원뿔형여과막 | | | 앵커 | |
| 평면형여과막 | | | 가이드 | |
| 증기가열관 | | | 슈 | |
| Y형 여과기 | 맞대기용접 | | 행거 | |
| | 소켓용접 | | 스프링행거 | |
| | 플랜지 | | 바닥지지 | |
| | 나사식 | | 스프링지지 | |

## (1) 관 이음 및 밸브

| 구분 | 플랜지 이음<br>(FLANGED) | 나사 이음<br>(SCREWED) | 턱걸이이음<br>(BELL&SPIGOT) | 용접 이음<br>(WELDED) | 땜 이음<br>(SOLDERED) |
|---|---|---|---|---|---|
| 1. 부싱 (BUSHING) | | ⊣▷⊢ | →◡← | ●▏▏● | ●▏▏● |
| 2. 캡 (CAP) | | ⊣ | | | |
| 3. 크로스 (CROSS) | | | | | |
| 3.1 줄임크로스 (REDUCING) | | | | | |
| 3.2 크로스 (STRAIGHT SIZE) | | | | | |
| 4. 엘보 (ELBOW) | | | | | |
| 4.1 45°엘보 (45 – DEGREE) | | | | | |
| 4.2 90°엘보 (90 – DEGREE) | | | | | |
| 4.3 가는 엘보 (TURNED DOWN) | ○─╫ | ○─┼ | ○─← | ●─● | ●─● |
| 4.4 오는 엘보 (TURNED UP) | ⊙─╫ | ⊙─┼ | ⊙─→ | ⊙─● | ⊙─● |
| 4.5 받침 엘보 (BASE) | | | | | |
| 4.6 쌍가지 엘보 (DOUBLE BRANCH) | | | | | |
| 4.7 긴반지름 (LONG RADIUS) | | | | | |
| 4.8 줄임 엘보 (REDUCING) | | | | | |

| 구분 | 플랜지 이음 (FLANGED) | 나사 이음 (SCREWED) | 턱걸이이음 (BELL&SPIGOT) | 용접 이음 (WELDED) | 땜 이음 (SOLDERED) |
|---|---|---|---|---|---|
| 4.9 옆가지 엘보 [SIDE OUTLET (OUTLET DOWN)] | | | | | |
| 4.10 옆가지 엘보(오는 것) [SIDE OUTLET (OUTLET UP)] | | | | | |
| 5. 조인트 | | | | | |
| 5.1 조인트 (CONNECTING PIPE) | | | | | |
| 5.2 팽창 조인트 (EXPANSION) | | | | | |
| 6. 와이(Y)타이 (LATERAL) | | | | | |
| 7. 오리피스 플랜지 (ORIFICE FLANGE) | | | | | |
| 8. 줄임 플랜지 (REDUCING FLANGE) | | | | | |
| 9. 플러그 (PLUGS) | | | | | |
| 9.1 벌 플러그 (BULL PLUG) | | | | | |
| 9.2 파이프 플러그 (PIPE PLUG) | | | | | |
| 10. 줄이개 (REDUCER) | | | | | |
| 10.1 줄이개 (CONCENTRIC) | | | | | |
| 10.2 편심 줄이개 (ECCENTRIC) | | | | | |
| 11. 슬리브 (SLEEVE) | | | | | |

| 구분 | 플랜지 이음<br>(FLANGED) | 나사 이음<br>(SCREWED) | 턱걸이이음<br>(BELL&SPIGOT) | 용접 이음<br>(WELDED) | 땜 이음<br>(SOLDERED) |
|---|---|---|---|---|---|
| 12. 티<br>(TEE) | | | | | |
| 12.1 티<br>(STRAIGHT) SIZE | | | | | |
| 12.2 오는 티<br>(OUTLET UP) | | | | | |
| 12.3 가는 티<br>(OUTLET DOWN) | | | | | |
| 12.4 쌍스위프 티<br>(DOUBLE SWEEP) | | | | | |
| 12.5 줄임티<br>REDUCING | | | | | |
| 12.6 스위프티<br>(SINGLE SWEEP) | | | | | |
| 12.7 옆가지 티(가는 것)<br>[SIDE OUTLET<br>(OUTLET DOWN)] | | | | | |
| 12.8 옆가지 티(오는 것)<br>[SIDE OUTLET<br>(OUTLET UP)] | | | | | |
| 13. 유니온<br>(UNION) | | | | | |
| 14. 앵글 밸브<br>(ANGLE VALVE) | | | | | |
| 14.1 앵글 체크 밸브<br>(CHECK) | | | | | |
| 14.2 슬루스 앵글 밸브<br>(수직)<br>[GAGE(ELEVATION)] | | | | | |
| 14.3 슬루스 앵글 밸브<br>(수평)<br>[GAGE(PLAN)] | | | | | |

| 구분 | 플랜지 이음<br>(FLANGED) | 나사 이음<br>(SCREWED) | 턱걸이이음<br>(BELL&SPIGOT) | 용접 이음<br>(WELDED) | 땜 이음<br>(SOLDERED) |
|---|---|---|---|---|---|
| 14.4 글로브 앵글 밸브<br>(수직)<br>[GLOBE(ELEVATION)] | | | | | |
| 14.5 글로브 앵글 밸브<br>(수평)<br>[GLOBE(PLAN)] | | | | | |
| 14.6 호스 앵글 밸브<br>[HOSE ANGLE] | 기호 22.1과 같다. | | | | |
| 15. 자동 밸브<br>(AUTOMATIC VALVE) | | | | | |
| 15.1 바이패스 자동 밸브<br>(BY PASS) | | | | | |
| 15.2 거버너 자동 밸브<br>(GOVERNOR – OPERATED) | | | | | |
| 15.3 줄임 자동 밸브<br>(REDUCING) | | | | | |
| 16. 체크 밸브<br>(CHECK VALVE) | | | | | |
| 16.1 앵글 체크 밸브<br>(ANGLE CHECK) | | | | | |
| 16.2 체크밸브<br>(STRAIGHT WAY) | | | | | |
| 17. 콕<br>(COCK) | | | | | |
| 18. 다이어프램 밸브<br>(DIAPHRAGM VALVE) | | | | | |
| 19. 플로우트 밸브<br>(FLOAT VALVE) | | | | | |

| 구분 | 플랜지 이음<br>(FLANGED) | 나사 이음<br>(SCREWED) | 턱걸이이음<br>(BELL&SPIGOT) | 용접 이음<br>(WELDED) | 땜 이음<br>(SOLDERED) |
|---|---|---|---|---|---|
| 20. 슬루스 밸브<br>(GATE VALVE) | | | | | |
| 20.1 슬루스 밸브 | | | | | |
| 20.2 앵글 슬루스 밸브<br>(ANGLE GATE) | 기호 14.2 및 14.3과 같다. | | | | |
| 20.3 호스 슬루스 밸브<br>(HOSE GATE) | 기호 22.2과 같다. | | | | |
| 20.4 전동 슬루스 밸브<br>(MOTOR OPERATED) | | | | | |
| 21. 글로브 밸브<br>(GLOBE VALVE) | | | | | |
| 21.1 글로브 밸브 | | | | | |
| 21.2 앵글 글로브 밸브<br>(ANGLE GLOBE) | 기호 14.4 및 14.5과 같다. | | | | |
| 21.3 호스 글로브 밸브<br>(HOSE GLOBE) | 기호 22.3과 같다. | | | | |
| 21.4 전동 글로브 밸브<br>(MOTOR OPERATED) | | | | | |
| 22. 호스 밸브<br>(HOSE VALVE) | | | | | |
| 22.1 앵글 호스 밸브<br>(ANGLE) | | | | | |
| 22.2 슬루스 호스 밸브<br>(GAGE) | | | | | |
| 22.3 글로브 호스 밸브<br>(GLOBE) | | | | | |
| 23. 봉합 밸브<br>(LOCKSHIELD VALVE) | | | | | |

| 구분 | 플랜지 이음<br>(FLANGED) | 나사 이음<br>(SCREWED) | 턱걸이이음<br>(BELL&SPIGOT) | 용접 이음<br>(WELDED) | 땜 이음<br>(SOLDERED) |
|---|---|---|---|---|---|
| 24. 지렛대 밸브<br>(QUICK OPENING VALVE) | | | | | |
| 25. 안전 밸브<br>(SAFETY VALVE) | | | | | |
| 26. 스톱 밸브<br>(STOP VALVE) | 기호 20.1과 같다 | | | | |
| 27. 감압 밸브<br>(REDUCING PRESSURE VALVE) | 기호 20.1과 같다 | | | | |

## 05. 도면 해독

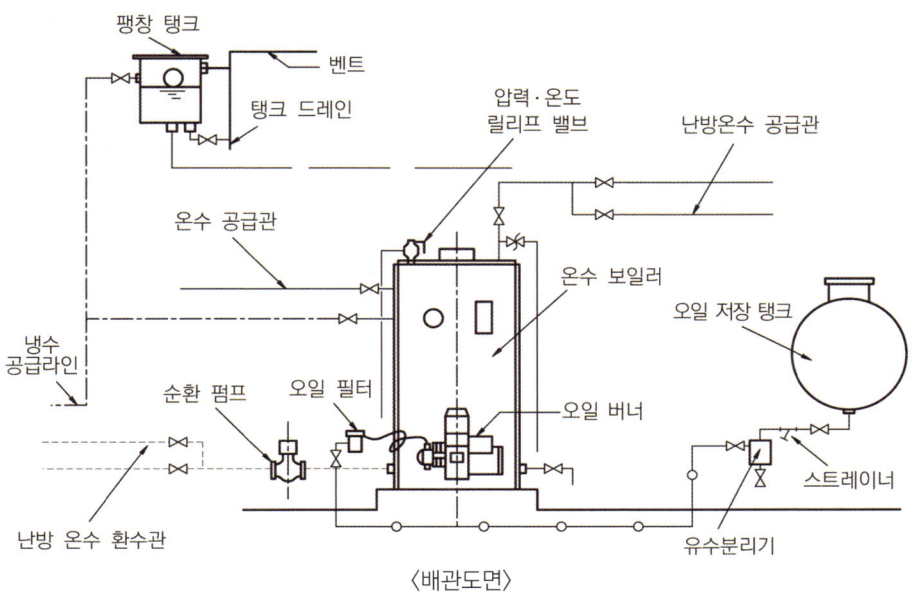

〈배관도면〉

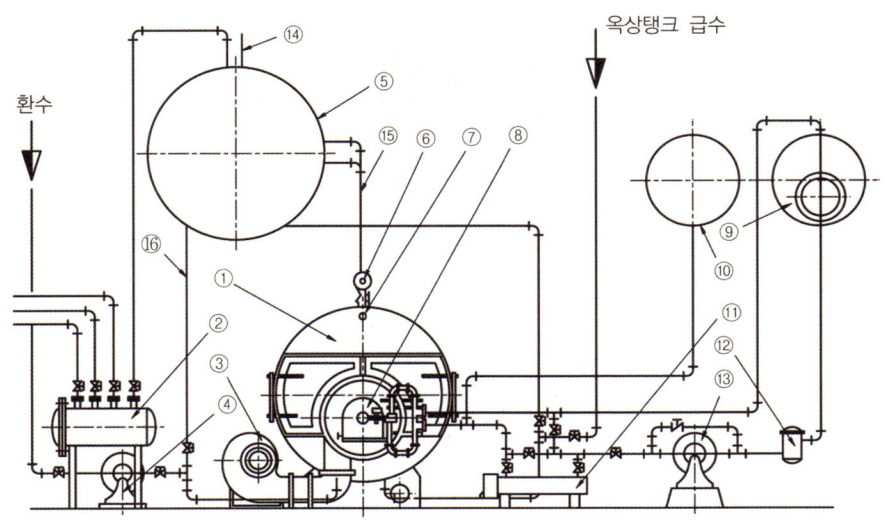

① 온수보일러　② 온수헤더　③ 압입송풍기　④ 순환 펌프
⑤ 온수 탱크　⑥ 압력계　⑦ 온도계　⑧ 버너
⑨ 서비스 탱크　⑩ 경유 탱크　⑪ 오일 히터　⑫ 스트레이너
⑬ 기어 펌프　⑭ 에어벤트　⑮ 급탕관　⑯ 순환관

〈배관도면〉

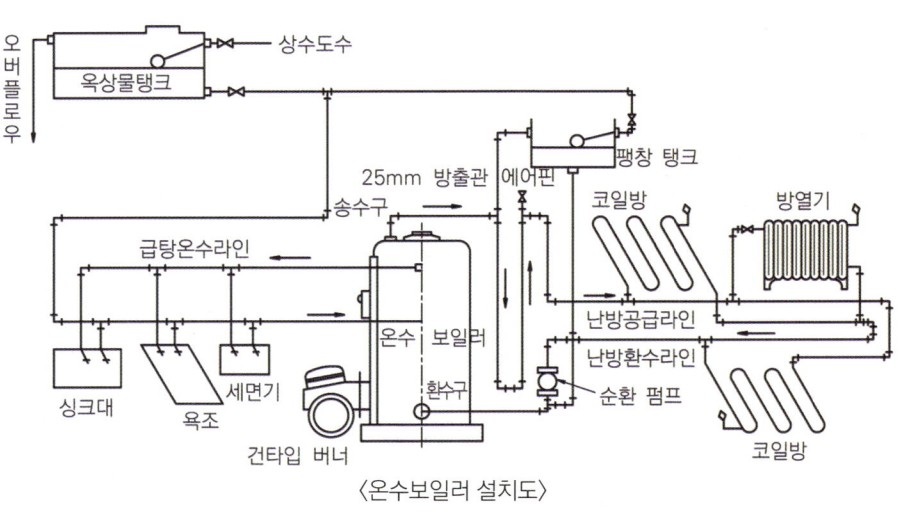

〈온수보일러 설치도〉

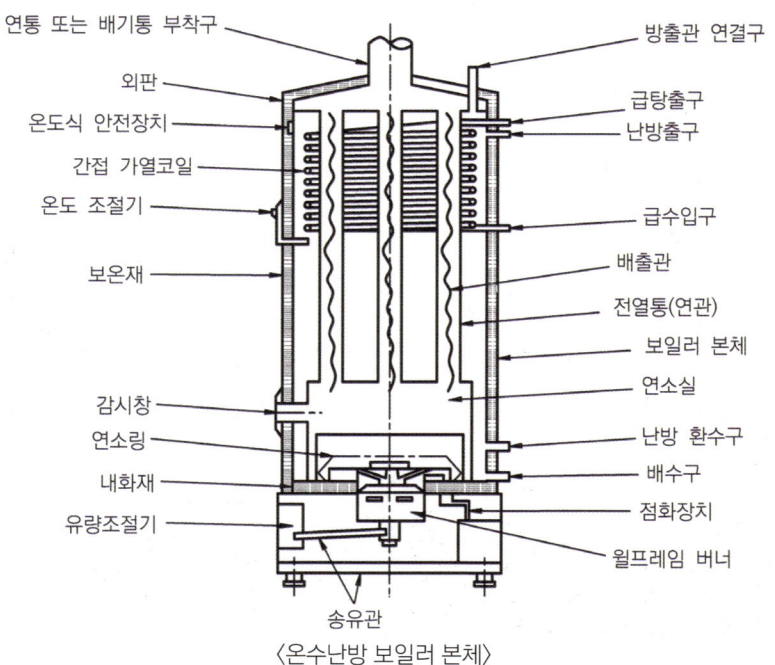

〈온수난방 보일러 본체〉

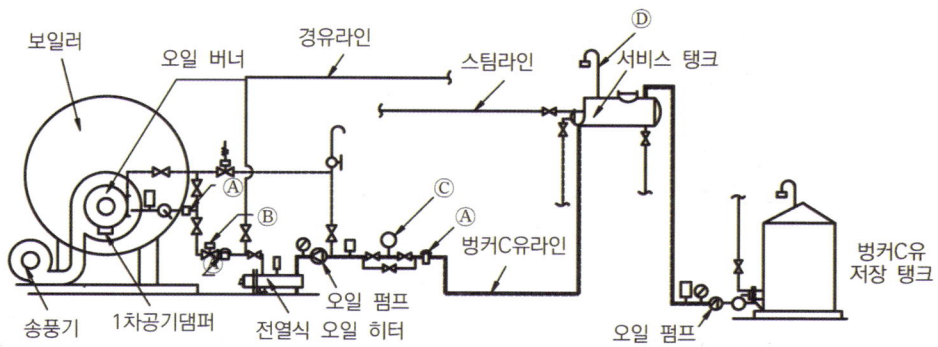

Ⓐ : 여과기(스트레이너)
Ⓑ : 전자 밸브
Ⓒ : 유량계
Ⓓ : 공기방출관 = 에어밴드 송기(送氣)배기(排氣)

〈증기난방 보일러 설치도〉

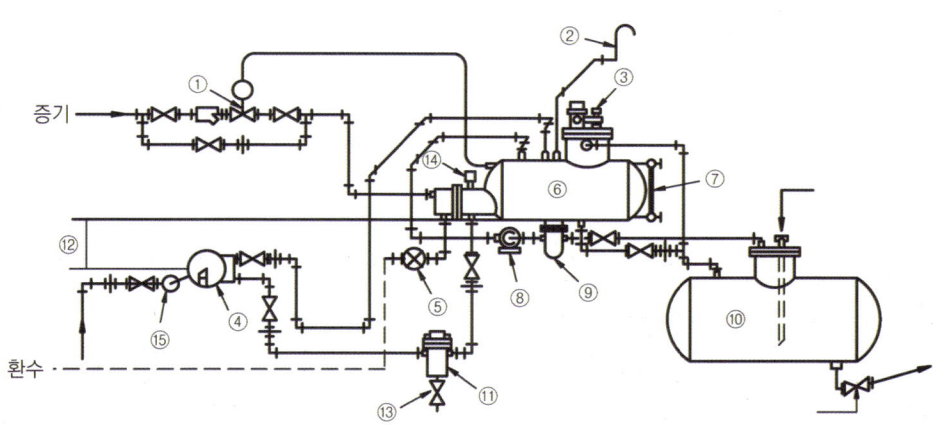

① 온도 조절 밸브　　② 통기관(air vent)　　③ 플로트 스위치(float swich)
④ 오일 버너(oil burner)　⑤ 환수 트랩　　⑥ 서비스(oil service) 탱크
⑦ 유면계　　　　　　⑧ 급유 펌프(oil pump)　⑨ 기름여과기(oil strainer)
⑩ 저유조(oil storage tank)　⑪ 유수분리기　　⑫ 1500[mm] 이상(1.5[m] 이상)
⑬ 드레인 밸브(drain valve)　⑭ 온도계　　　⑮ 가스점화장치(착화장치)

〈급유장치도〉

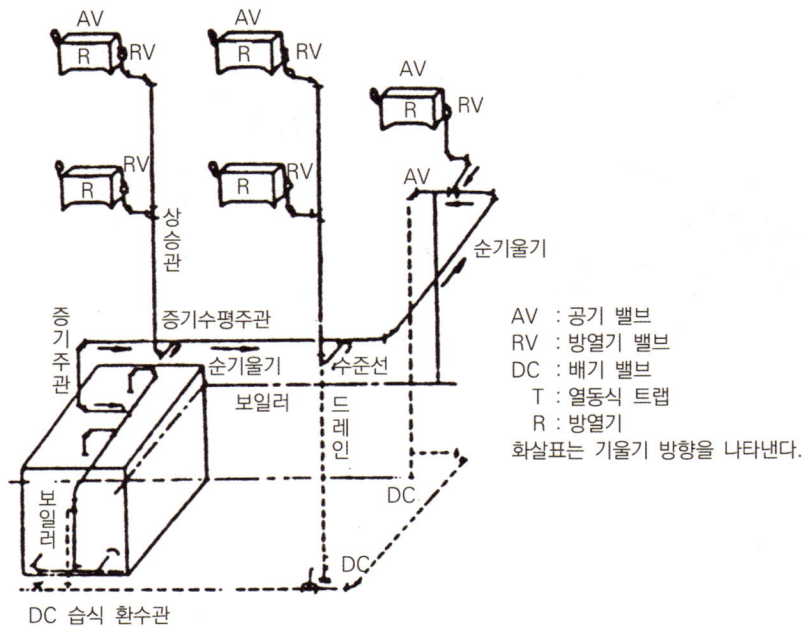

〈중력환수식 증기난방(단관식)〉

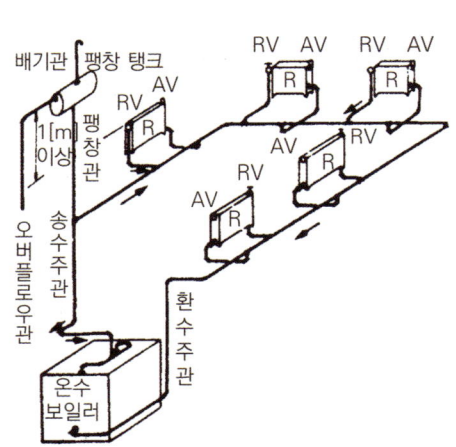

〈복관 중력순환식 온수난방법(상향공급)〉

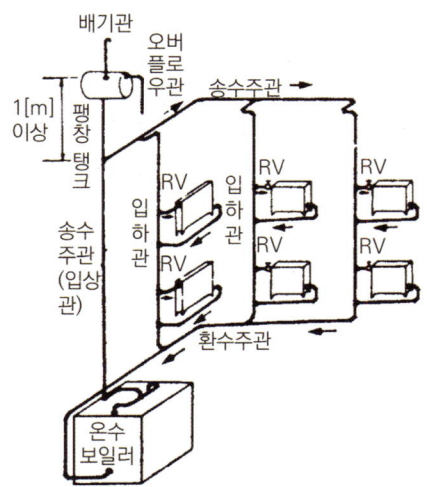

〈복관 중력순환식 온수난방법(하향공급)〉

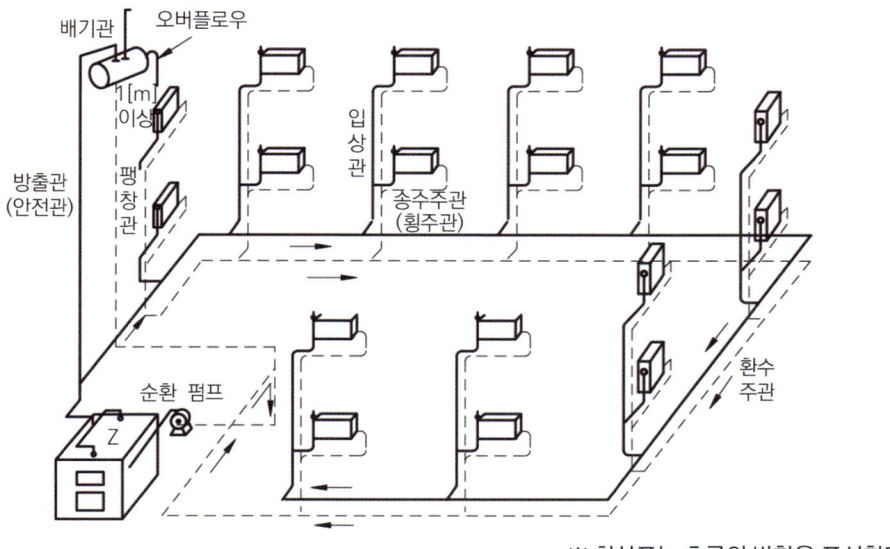

〈복관 강제순환식 온수난방법(역반환관식) 리버스 리턴 배관방식〉

※ 화살표는 흐름의 방향을 표시한다.

# CHAPTER 08

PART 2. 필답 실기편

# 실기도면 실습

[각 부속품별 공간치수 산정표]

| 부속명 \ 관경 | 15A($\frac{1}{2}$B) | 20A($\frac{3}{4}$B) | 25A(1B) | 32A($1\frac{1}{4}$B) |
|---|---|---|---|---|
| 관나사부(산) | 13mm(9산) | 15mm(9산) | 17mm(8산) | 19mm(8산) |
| 나사삽입길이 | 11 | 13 | 15 | 17 |
| 관 외경 | 21.7 | 27.2 | 34 | 42.7 |

| 부속명 \ 관경 | 15A | 20A | 25A | 32A |
|---|---|---|---|---|
| 90 엘보 | 27 − 11 = 16 | 32 − 13 = 19 | 38 − 15 = 23 | 46 − 17 = 29 |
| T(티) | | | | |
| 45 엘보 | 21 − 11 = 10 | 25 − 13 = 12 | 29 − 15 = 14 | 34 − 17 = 17 |
| 유니언 | | | 유니언 : 12 | 유니언 : 14 |
| 소켓 | 18 − 11 = 7 | 20 − 13 = 7 | 22 − 15 = 7 | 25 − 17 = 8 |

| 부속명 \ 관경 | 15A | 20A | 25A | 32A |
|---|---|---|---|---|
| 이경티 T | 25A : 32 − 15 = 17 | 25A : 34 − 15 = 19 | 32A : 38 − 17 = 21 | 32A : 40 − 17 = 23 |
| | 15A : 33 − 11 = 22 | 20A : 35 − 13 = 22 | 20A : 40 − 13 = 27 | 25A : 42 − 15 = 27 |
| 레듀셔 | 25A : 24 − 15 = 9 | 25A : 22 − 15 = 7 | 32A : 26 − 17 = 9 | 32A : 25 − 17 = 8 |
| | 15A : 20 − 11 = 9 | 20A : 20 − 13 = 7 | 20A : 22 − 13 = 9 | 25A : 23 − 15 = 8 |
| 이경 90 엘보 | 25A : 34 − 15 = 19 | 25A : 34 − 15 = 19 | 32A : 38 − 17 = 21 | 32A : 40 − 17 = 23 |
| | 15A : 35 − 11 = 24 | 20A : 35 − 13 = 22 | 20A : 40 − 13 = 27 | 25A : 42 − 15 = 27 |
| 이경 90 엘보 | 20A × 15A : 20A = 16, 15A = 20 | | | |
| 이경 45 엘보 | 20A × 15A : 20A = 19, 15A = 18 | | | |
| 부싱 | 약 10mm | | | |

※ 여기에 없는 부속품은 중심 길이를 실측한 후 각 나사 삽입길이를 뺀 후 공간치수로 산정하면 됩니다.

## 실기작업형 실습 방법

### 1. 각 부속품별 공간치수 산정표를 이용하여 관길이 계산하기

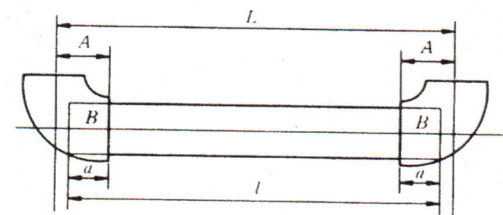

① $l = L - 2(A - a)$

   즉, 관의 실제 절단길이

   = 전체길이 − 2 × (부속의 중심길이 − 관의 삽입길이)

② 경사진 배관인 경우 배관 절단길이

   $b = \sqrt{a^2 + c^2}$ 이며

   * 가로, 세로의 높이가 동일할 경우에는 전 길이에

   $b = a \times 1.414$

   즉, 실제 배관 절단길이는 아래의 식으로 계산한다.

   ∴ $l = b - 2(A - a)$

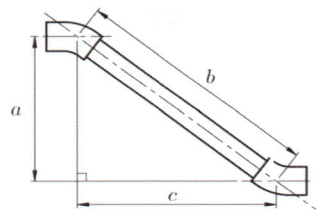

### 2. 강관 절단하기

① 실제 절단길이를 마킹한다.

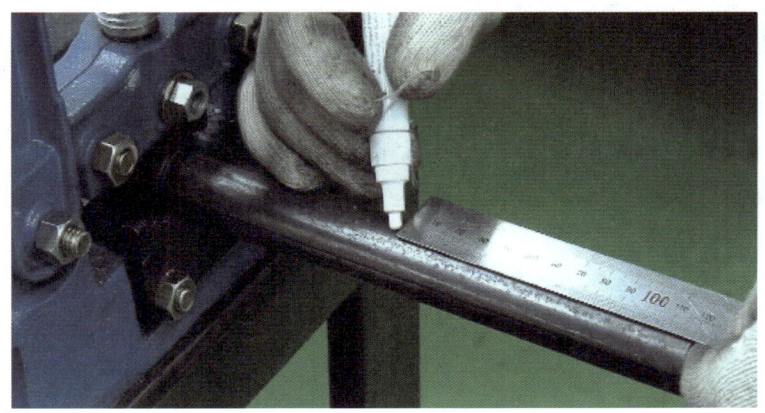

② 파이프 커터를 서서히 조여 3~4회전 시킨다. 이와 같은 방법으로 여러 번 반복하여 파이프를 절단한다.

### 3. 나사 절삭하기

① 체이서가 관의 지름에 적당한 것인지 먼저 확인한다.

즉, 아래와 같이 체이서에 "1/2 − 3/4"는 1/2(15A)와 3/4(20A) 관에 나사 절삭이 가능하며, 체이서에 "1 − 2"는 1 (25A), $1\dfrac{1}{4}$ (32A) 등의 관에 나사 절삭이 가능하다.

② 관의 지름에 맞게 손잡이를 앞으로 당겨 놓고 눈금을 중앙에 맞춘다.
　즉, 20A의 경우 아래와 같이 3/4에 눈금을 맞춘다.

③ 나사의 깊이는 손잡이를 밀고 당기면서 조정하고, 나사산의 수는 보통 8~9산을 낸다.

④ 나사의 깊이는 부속품을 손으로 조여 4산 정도 들어갈 정도로 낸다.

## 4. 강관 조립하기

① 실링테이프(테이프론)를 시계방향으로 약 10회 정도 나사 끝 쪽으로 감아준다.

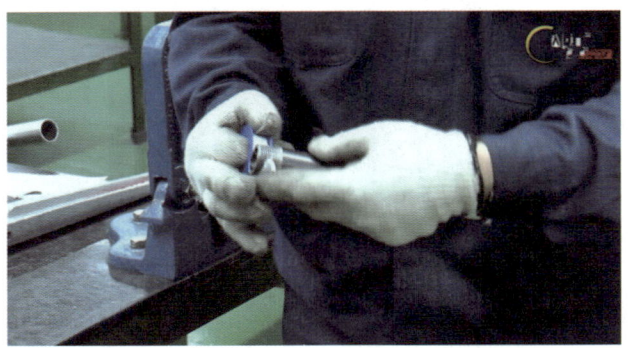

② 관을 파이프 바이스에 고정한 후 파이프렌치를 이용하여 나사산을 1.5~2산 정도 남기고 수압에 누수가 되지 않도록 힘 있게 조여 조립한다.

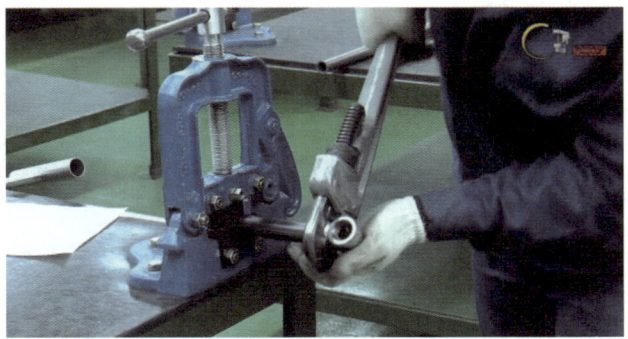

② 유니언에 누수가 되지 않도록 고무패킹을 끼우고 조립한다.

## 5. 동관 조립하기

① 동관과 C × M어댑터를 납땜할 경우에는 동관에 플럭스를 바른다.

② 가스토치의 가연성가스 밸브를 1/4 정도 열고 점화 후 산소 밸브를 열어 중성불꽃으로 조정하여 동관과 C × M어댑터를 빨갛게 가열한 후 은납봉 또는 인동납을 이용하여 납땜을 한다.

③ 납땜된 C × M어댑터에 실링테이프를 감은 후 몽키 스패너를 이용하여 조립한다.

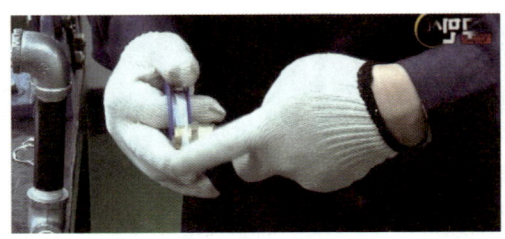

④ 조립 후 치수에 맞게 실측하여 동관길이를 절단한다.

⑤ 조립된 강관 및 동관에 동 엘보우를 끼우고 납땜하여 작품을 완성한다.
　이 때 테이프론이 열에 의해 녹지 않도록 주의한다.

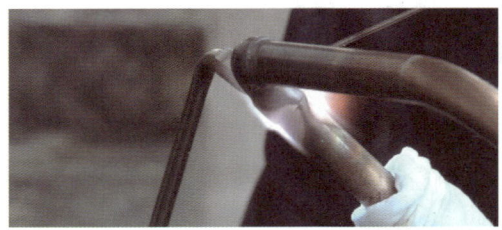

[완성작품]

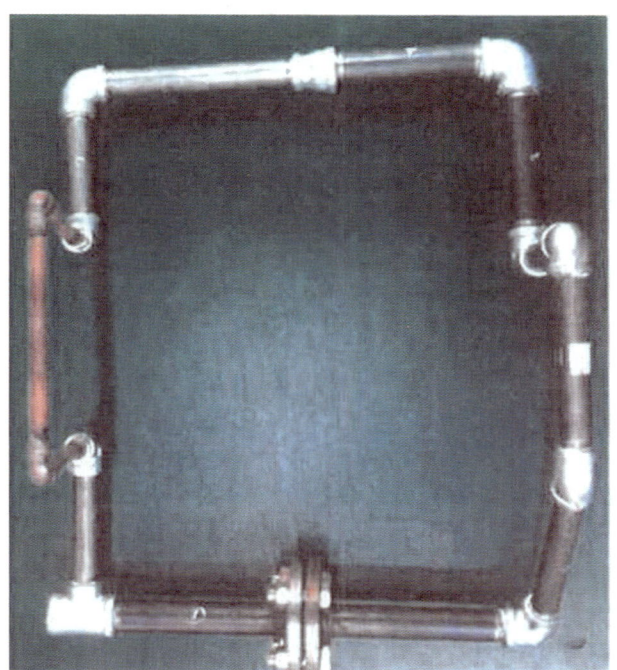

# CHAPTER 09

PART 2. 필답 실기편

# 실기작업형 공개도면

<국가기술자격 검정 실기 공개 도면>

| 자격종목 및 등급 | 에너지관리산업기사 | 작품명 | 강관 및 동관조립 | 척도 | N.S |

- 시험시간 : 표준시간 3시간(실기 작업형 : 40점)

## 1. 요구사항
(1) 지급된 재료를 사용하여 도면과 같은 강관 및 동관의 조립작업을 표준시간 내에 하시오.

## 2. 수검자 유의사항
(1) 강관의 나사작업은 검정장의 동력나사 절삭기로 하는 것이 원칙이며, 검정장 시설이 충분치 못한 경우 또는 수검자가 원하는 경우 수동나사, 절삭기로 가공할 수 있다.
(2) 25A 플랜지 이음 시 강관과 플랜지의 접합은 전기용접으로 한다.
(3) 동관의 접합은 가스용접으로 한다.
(4) 관을 절단할 때에는 파이프 커터, 튜브 커터 또는 쇠톱을 사용하여 절단한 후 확공기(pipe reamer)나 원형줄로 파이프 내의 거스러미를 제거해야 한다.
(5) 관 조립 시 관 내부에는 불순물을 완전히 제거하고 관의 나사부에도 칩(chip) 등을 제거한 후 테이프론을 나사부에 감아서 1MPa(10[kg/cm$^2$])까지 수압에 누설이 되지 않도록 한다.
(6) 지급된 재료 중 이음쇠 부속품이 불량품인 경우에는 교환이 가능하나, 조립 중 무리한 힘을 가하여 파손된 경우에는 교환할 수 없다.
(7) 지정된 작업대와 공구만을 사용하고 도면은 작업이 완료된 후 작품과 같이 제출한다.
(8) 다음과 같은 작품은 미완성 및 오작으로 채점하지 아니하고 불합격 처리한다.
　- 미완성
　　가. 시험시간 이내에 완성하지 못한 작품
　- 오작품
　　가. 부분치수가 ±15[mm] 이상 차이나는 작품 (단, 전체 길이는 가로, 세로 ±30[mm] 이상)
　　나. 수압시험 시 0.3[MPa](3[kg/cm$^2$]) 미만에서 누수가 되는 작품
　　다. 평행도가 30[mm] 이상 차이나는 작품
　　라. 도면과 상이하게 조립된 작품
　　마. 외관 및 기능도가 극히 불량한 작품

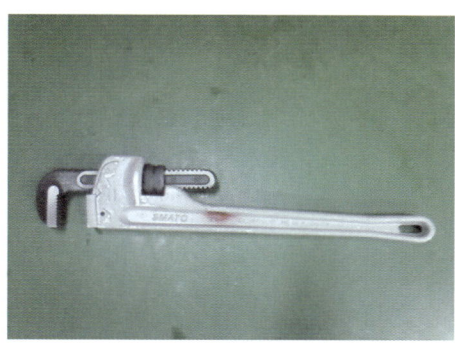
<파이프 렌치>

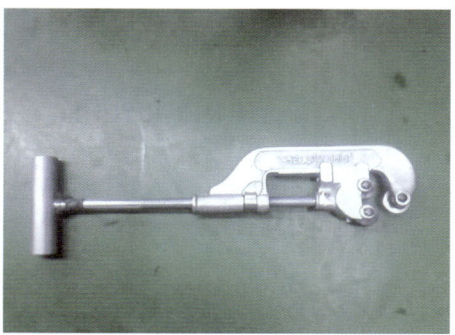
<파이프 커터>

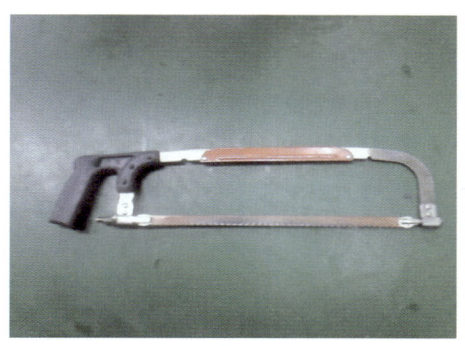
<쇠 톱>

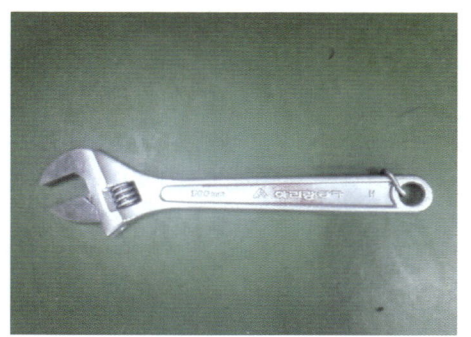
<몽키스패너>

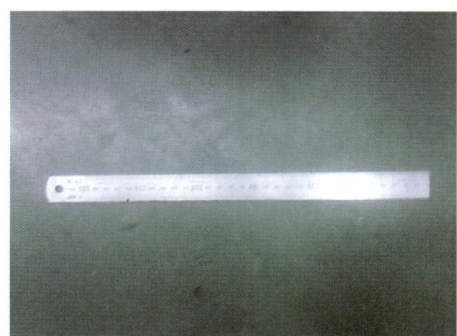
<철 자>

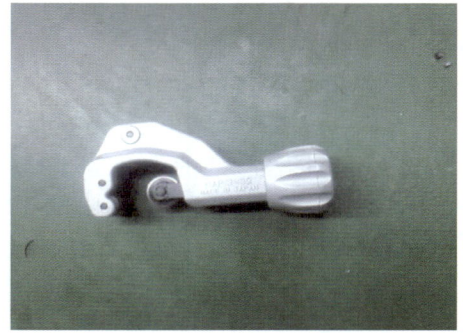
<동관 커터>

## [국가기술자격 실기시험 공개 문제]

| 자격종목 | 에너지관리산업기사 | 과제명 | 강관 및 동관 조합 |
|---|---|---|---|

시험시간 : 3시간

### 1. 요구사항

1) 지급된 재료를 이용하여 도면과 같이 강관 및 동관의 조립작업을 하시오.
   - 관을 절단할 때는 수험자가 지참한 수동공구(수동파이프 커터, 튜브 커터, 쇠톱 등)를 사용하여 절단한 후 파이프 내의 거스러미를 제거해야 합니다.
   - 플랜지 및 강관 용접 이음쇠는 지정된 용접봉을 사용하여 아크용접을 하여야 합니다.
   ※ 강관과 플랜지의 용접 ㅅ후 플랜지조립(체결)전에 감독위원의 확인을 받아야 합니다.
   ※ 플랜지 볼트 구멍의 배열은 우측 그림 같이 수평, 수직상태를 유지해야 합니다.
   - 시험 종료 후 작품의 수압시험 시 누수여부를 감독위원으로부터 확인 받아야 합니다.

### 2. 수험자 유의사항

1) 시험시간 내에 작품을 제출하여야 합니다.
2) 수험자가 지참한 공구와 지정된 시설만을 사용하며, 안전수칙을 준수하여야 합니다.
3) 수험자는 시험시작 전 지급된 재료의 이상유무를 확인 후 지급 재료가 불량품일 경우에만 교환이 가능하고, 기타 가공, 조립 잘못으로 인한 파손이나 불량 재료 발생시 교환할 수 없으며, 지급된 재료만을 사용하여야 합니다.
4) 재료의 재 지급은 허용되지 않으며, 잔여재료는 작업이 완료된 후 작품과 함께 동시에 제출하여야 합니다.
5) 수험자 지참공구 중 배관 꽂이용 지그와 동관 CM어댑터 용접용 지그는 사용 가능하나, 그 외 용접용 지그(턴테이블(회전형) 형태 등)는 사용불가 합니다.
6) 작품의 수평을 맞추기 위한 재료(모재, 시편 등)는 지참 및 사용이 가능합니다.
7) 플랜지 용접 시 플랜지에 배관 삽입 후 용접 높이 고정을 위해 배관 밑단부에 받치는 재료(와셔, 압연강판 등)는 지참 및 사용이 가능합니다.
8) 필답형 및 작업형(강관 및 동관 조립) 시험 전 과정을 응시하지 않았을 경우 채점 대상에서 제외합니다.
9) 작업형 시험(강관 및 동관 조립)에 응시하지 아니하거나, 응시하더라도 작업형 점수가 0점 또는 채점 대상 제외 사항(12번 항목)에 해당되는 경우 불합격 처리됩니다.
10) 작업 시 안전보호구 착용여부 및 사용법, 재료 및 공구 등의 정리정돈 등 안전수칙 준수는 채점 대상이 됩니다.

11) 지참한 공구 중 작업이 수월하여 타수험자와의 형평성 문제를 일으킬 수 있는 공구는 사용이 불가합니다.
12) 다음 사항은 실격에 해당하여 채점 대상에서 제외됩니다.
    가) 수험자 본인이 시험 도중 포기의사를 표하는 경우
    나) 실기시험 과정 중 1개 과정이라도 불참한 경우
    다) 시험시간 내에 작품을 제출하지 못한 경우
    라) 도면치수 중 부분치수가 ±15 mm(전체길이는 가로 또는 세로 ±30 mm) 이상 차이가 있는 작품
    마) 수압시험 시 0.3 MPa(3 kgf/cm2) 이하에서 누수가 되는 작품
    바) 평행도가 30 mm 이상 차이가 있는 작품
    사) 도면과 상이하게 조립된 작품
    아) 외관 및 기능도가 극히 불량한 작품
    자) 지급된 재료 이외의 재료를 사용하였을 경우
    차) 플랜지의 패킹면과 용접면을 바꿔서 조립한 작품
    카) 밴딩 작업 시 도면상 표기된 기계 벤딩(MC)과 상이하게 열간 벤딩한 경우
    타) 플랜지조립(체결)전에 감독위원의 확인을 받지 않은 경우

## [지급재료 목록]

| 일련번호 | 재 료 명 | 규 격 | 단위 | 수량 | 비 고 |
|---|---|---|---|---|---|
| 1 | 강관(SPP) 흑관 | 25 A × 1200 | 개 | 1 | KS규격품 |
| 2 | 강관(SPP) 흑관 | 20 A × 1500 | 개 | 1 | KS규격품 |
| 3 | 동관(경질, L형, 직관) | 15 A × 800 | 개 | 1 | KS규격품 |
| 4 | 90° 엘보(가단주철제)(백) | 20 A | 개 | 2 | KS규격품 |
| 5 | 90° 엘보(가단주철제)(백) | 25 A | 개 | 1 | KS규격품 |
| 6 | 90° 이경엘보(가단주철제)(백) | 25 A × 20 A | 개 | 2 | KS규격품 |
| 7 | 90° 이경엘보(가단주철제)(백) | 20 A × 15 A | 개 | 2 | KS규격품 |
| 8 | 45° 엘보(가단주철제)(백) | 20 A | 개 | 1 | KS규격품 |
| 9 | 이경티(가단주철제)(백) | 25 A × 20 A | 개 | 1 | KS규격품 |
| 10 | 레듀셔(가단주철제)(백) | 25 A × 20 A | 개 | 1 | KS규격품 |
| 11 | 동관용 어댑터(C × M형) | 황동제 15 A | 개 | 2 | KS규격품 |
| 12 | 동관용 엘보(C × C형) | 동관제 15 A | 개 | 2 | KS규격품 |
| 13 | 평플랜지(RF형) | 25 A(10 kgf/cm$^2$) | 개 | 2 | KS규격품 |
| 14 | 플랜지 가스킷(비석면제) | 25 A 플랜지용(t1.5 mm) | 개 | 1 | KS규격품 |
| 15 | 육각 볼트, 너트(플랜지용) | M16 × 50 | 조 | 4 | KS규격품 |
| 16 | 실링 테이프 | t0.08 × 12 × 10,000 | R/L | 5 | |
| 17 | 인동납 용접봉 | B Cup − 3 ($\phi$2.4 × 500) | 개 | 1 | |
| 18 | 붕사(동관 브레징용) | 200 g | 통 | 1 | 30인 공용 |
| 19 | 고산화티탄계 아크 용접봉 | $\phi$3.2 × 350 | 개 | 8 | KS : E4313 |
| 20 | 산소 | 120 kgf/cm$^2$(내용적:40 L) | 병 | 1 | 30인 공용 |
| 21 | 아세틸렌 | 3 kg | 병 | 1 | 30인 공용 |
| 22 | 절삭유(중절삭용) | 활성 극압유 (3.5 L) | 통 | 1 | 30인 공용 |
| 23 | 동력나사 절삭기 체이서 | 20 A 용 | 조 | 1 | 15인 공용 |
| 24 | 동력나사 절삭기 체이서 | 25 A 용 | 조 | 1 | 15인 공용 |

※ 국가기술자격 실기시험 지급재료는 시험종료 후(기권, 결시자 포함) 수험자에게 지급하지 않습니다.

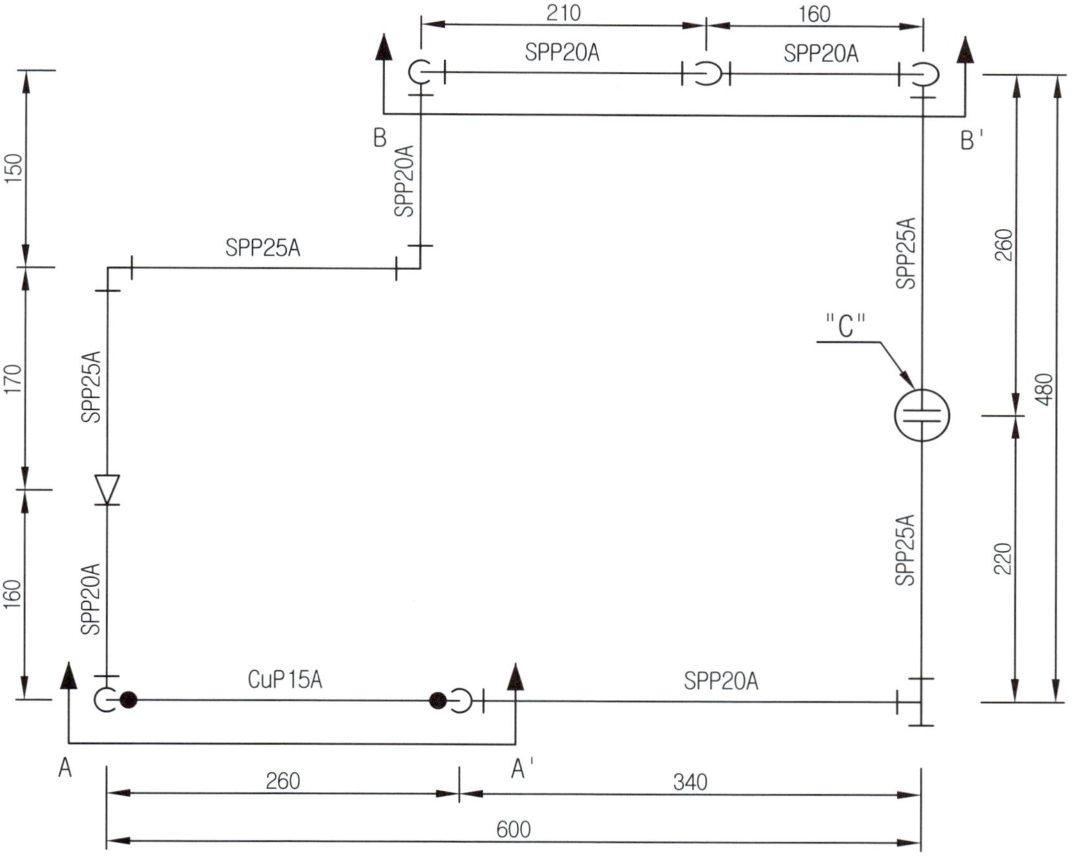

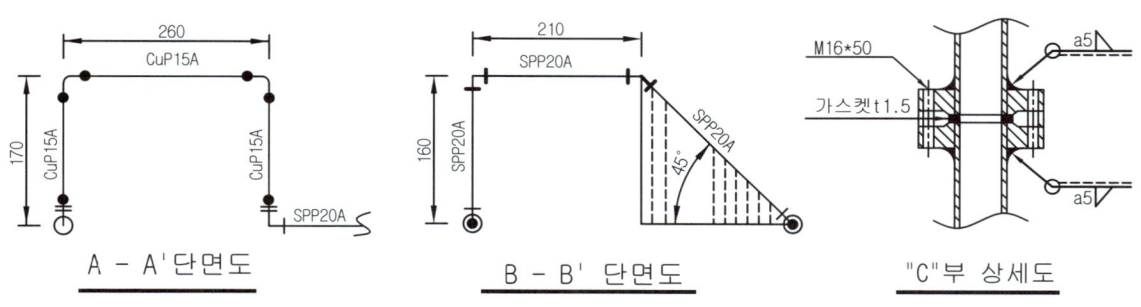

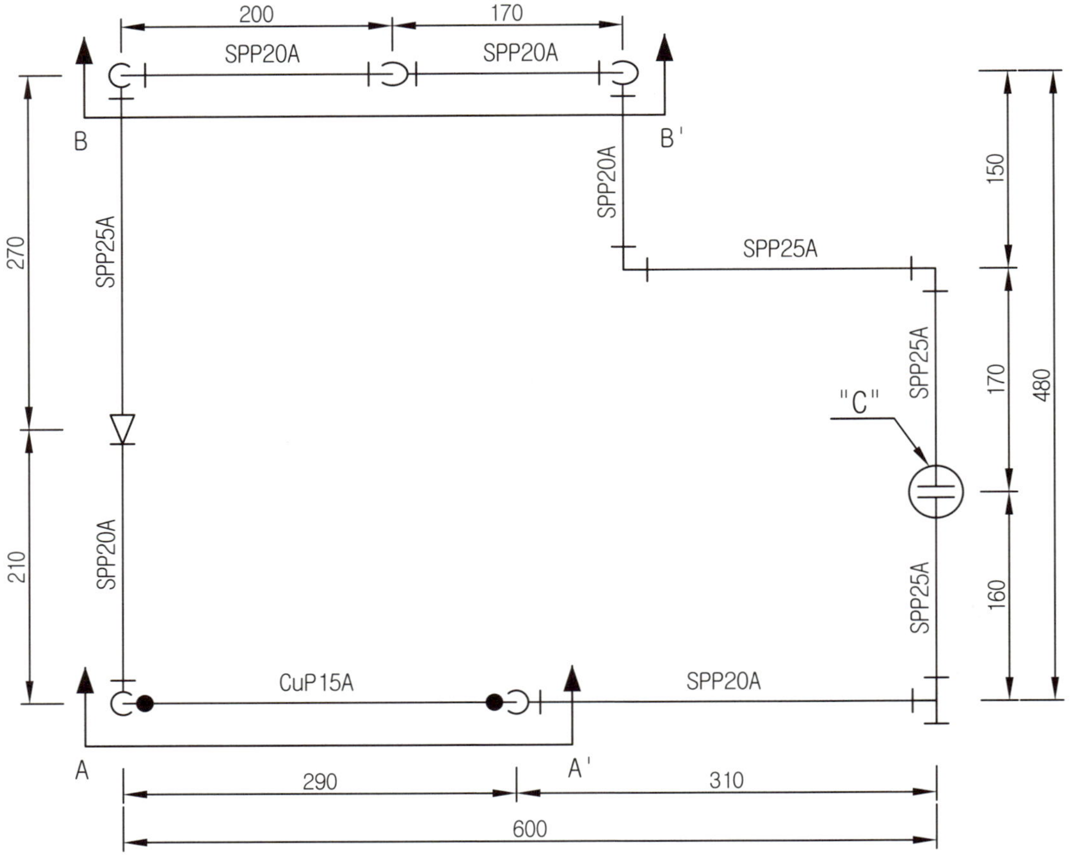

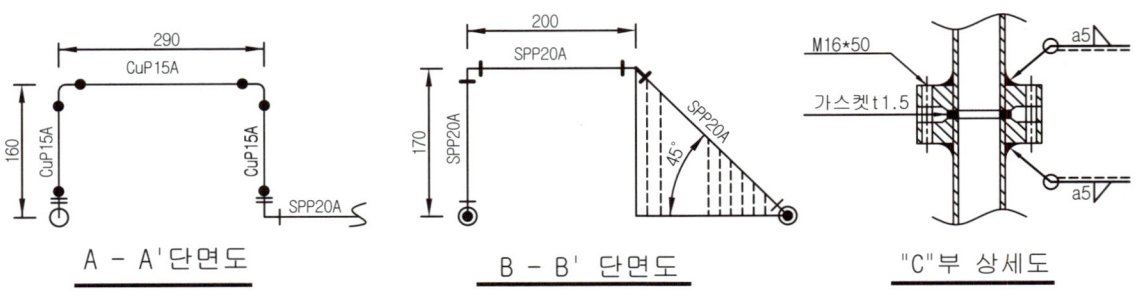

| 자격종목 | 에너지관리산업기사 | 과제명 | 강관 및 동관조립 | 척도 | N.S |

[도면 3]

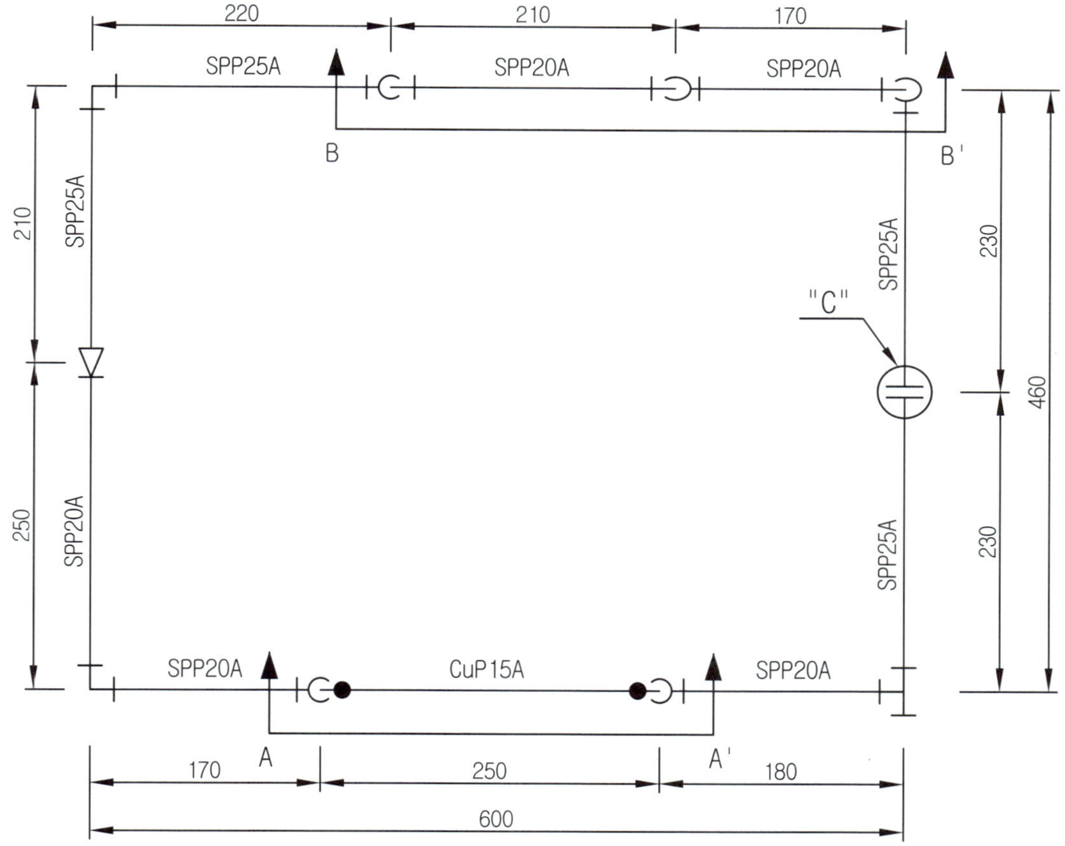

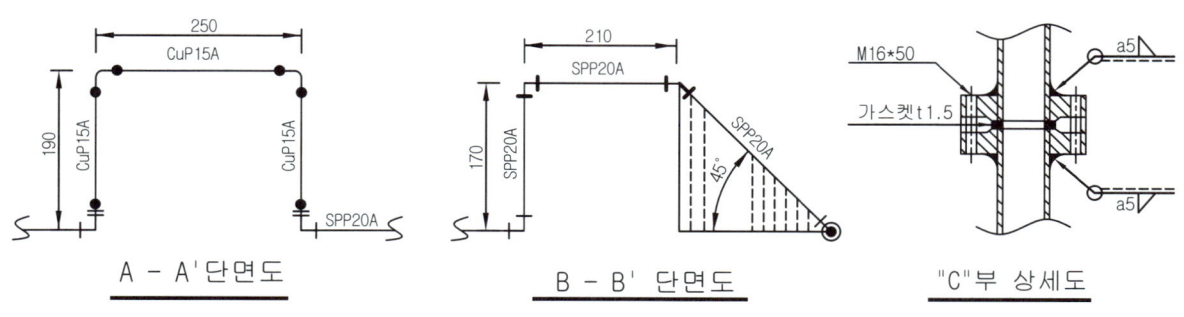

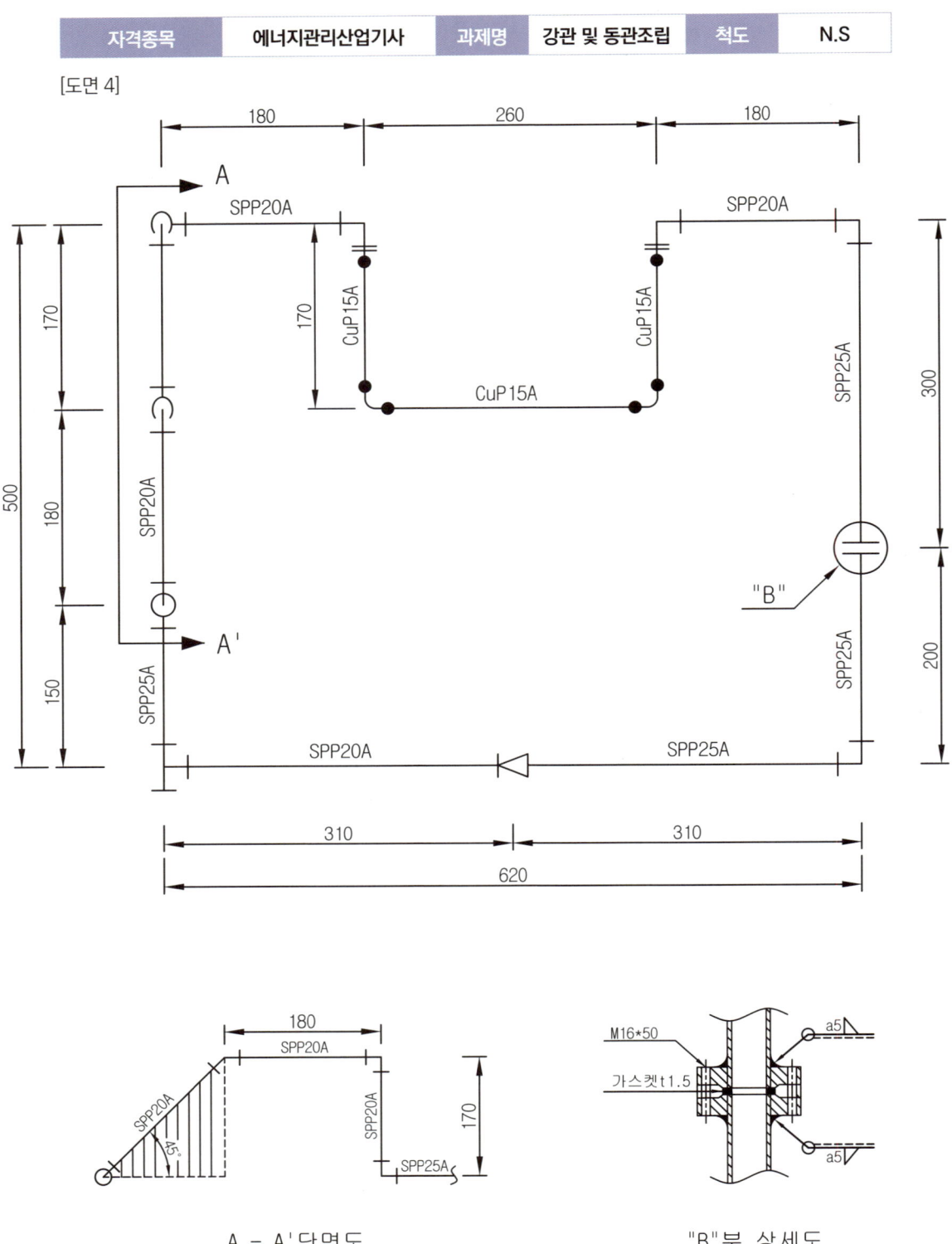

| 자격종목 | 에너지관리산업기사 | 과제명 | 강관 및 동관조립 | 척도 | N.S |

[도면 5]

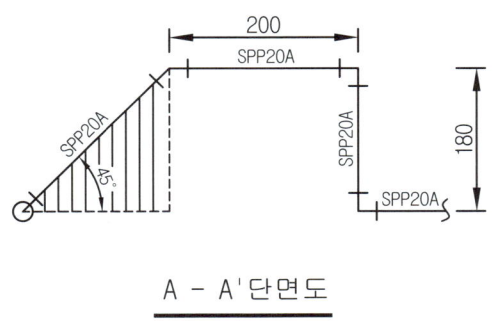

A - A' 단면도

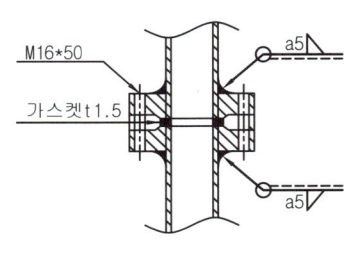

"B"부 상세도

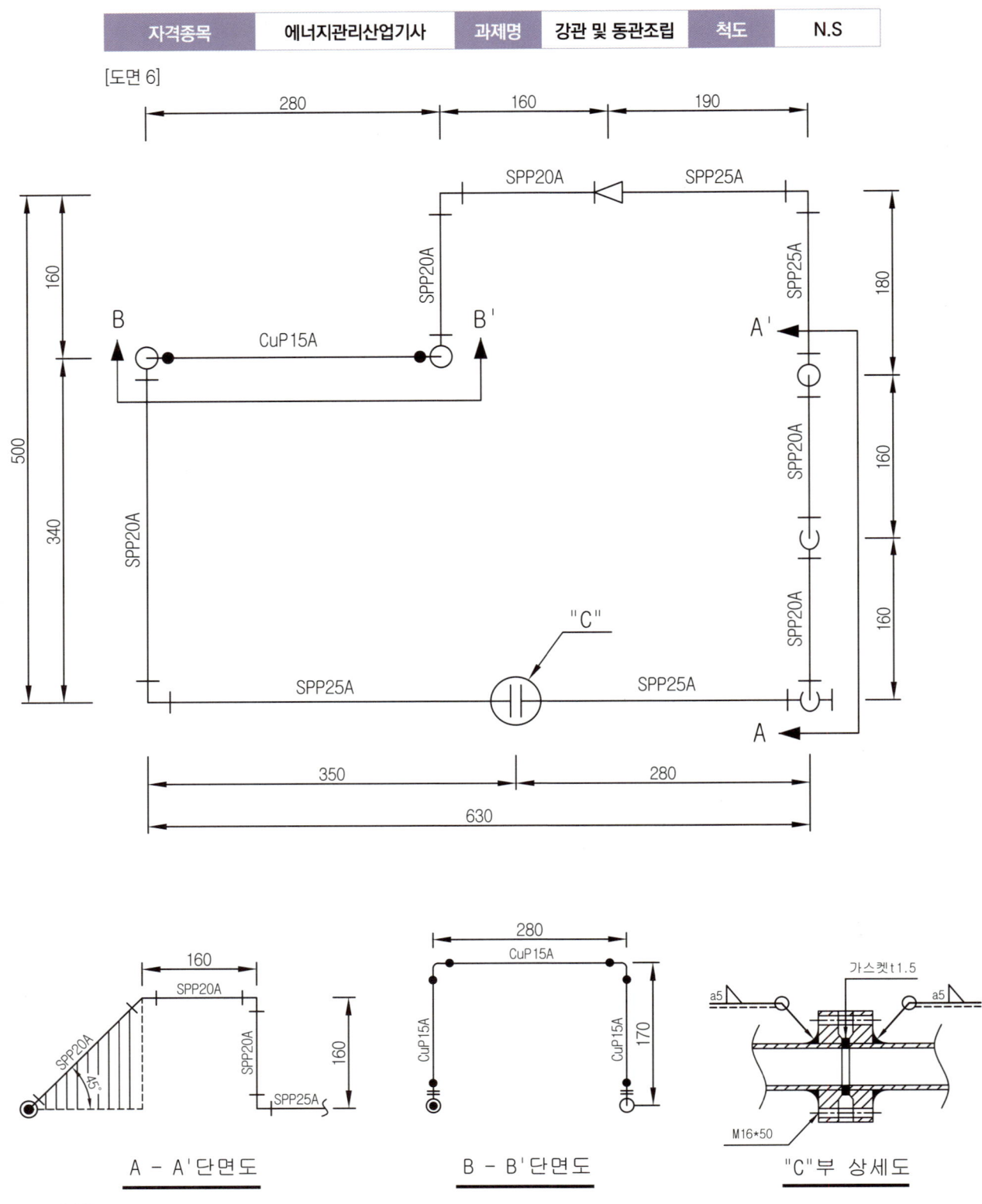

## ※ 1번 도면 강관 및 동관 치수계산 하기

① 25[A]플랜지와 25 × 20[A] 90°엘보우 부분
   260 − (플랜지부분 5mm + 25 × 20[A] 90°엘보우 19mm) = 236mm

② 25[A]플랜지와 25 × 20[A] 티 부분
   220 − (플랜지부분 5mm + 25 × 25 × 20[A] 티 19mm) = 196mm

③ 25 × 25 × 20[A] 티와 20 × 15[A] 90°엘보우 부분
   340 − (25 × 25 × 20[A] 티 부분 22mm + 20 × 15[A] 90°엘보우 16mm) = 302mm

④ 25 × 20[A] 90°엘보우와 부분 20[A] 45°엘보우 부분
   160 × 1.414 = 226.24mm
   226 − (25 × 20[A] 45°엘보우 22mm + 20[A] 45°엘보우 12mm) = 192.24mm

⑤ 20[A] 45°엘보우와 20[A] 90°엘보우 부분
   210 − (20[A] 45°엘보우 12mm + 20[A] 90°엘보우 19mm) = 179mm

⑥ 20[A] 90°엘보우 내려가는 부분
   160 − (20[A] 90°엘보우 19mm + 20[A] 90°엘보우 19mm) = 122mm

⑦ 20[A] 90°엘보우와 25 × 20[A] 90°엘보우 부분
   150 − (20[A] 90°엘보우 19mm + 25 × 20[A] 90°엘보우 22mm) = 109mm

⑧ 25 × 20[A] 90°엘보우와 25[A] 90°엘보우 부분
   600 − (210 + 160) = 230mm
   230 − (25 × 20[A] 90°엘보우 19mm + 25[A] 90°엘보우 23mm) = 188mm

⑨ 25[A] 90°엘보우와 25 × 20[A] 레듀셔 부분
   170 − (25[A] 90°엘보우 23mm + 25 × 20[A] 레듀셔 6mm) = 141mm

⑩ 25 × 20[A] 레듀셔와 20 × 15[A] 90°엘보우 부분
   160 − (25 × 20[A] 레듀셔 8mm + 20 × 15[A] 90°엘보우 16mm) = 136mm

⑪⑫ 동관부분으로 C × M어댑터를 용접한후 실링테이프를 감고 조립후
   20 × 15[A] 90°엘보우 중심에서 170 − 15(동관엘보우 여유수치) = 155mm를 동관 커터로 절단한다.

⑬ 동관부분
   260 − (15 + 15) = 230mm 절단후 동관 엘보우를 용접한다.

| 자격종목 | 에너지관리산업기사 | 과제명 | 강관 및 동관조립 | 척도 | N.S |

[도면 1]

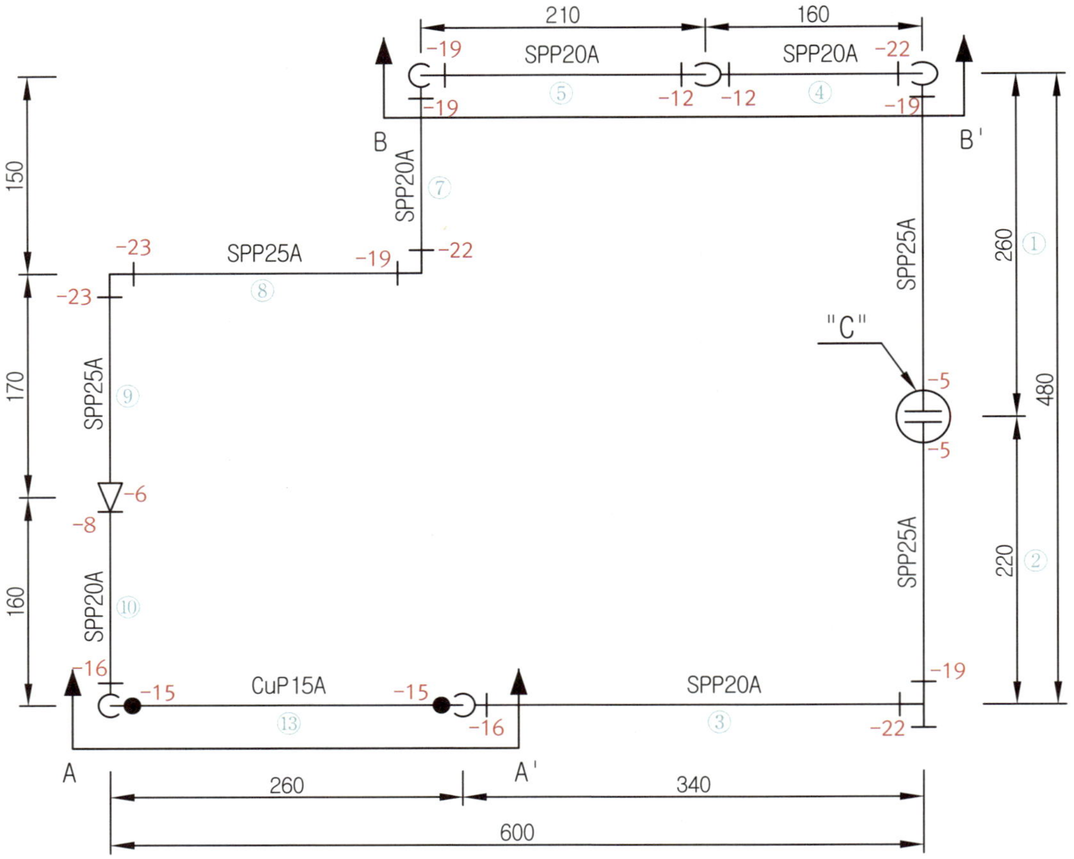

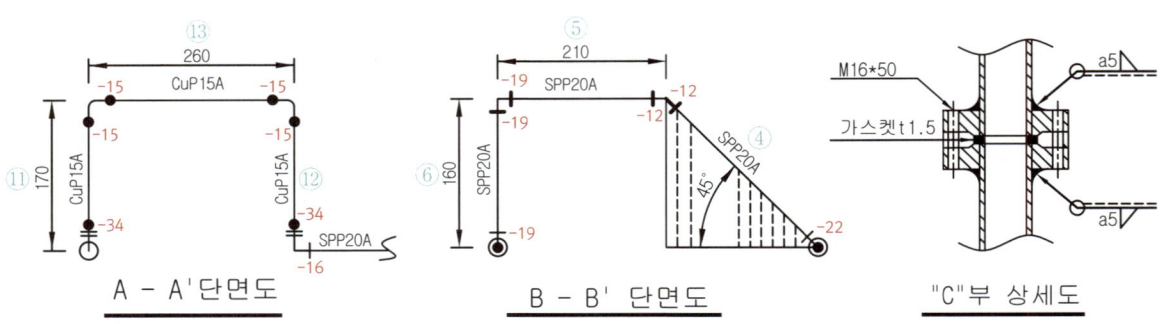

A - A' 단면도    B - B' 단면도    "C"부 상세도

## ※ 2번 도면 강관 및 동관 치수계산 하기

① 25[A]플랜지와 25[A] 90°엘보우 부분

　　170 − (플랜지부분 5mm + 25[A] 90°엘보우 23mm) = 142mm

② 25[A]플랜지와 25 × 20[A] 티 부분

　　160 − (플랜지부분 5mm + 25 × 25 × 20[A] 티 19mm) = 136mm

③ 25 × 25 × 20[A] 티와 20 × 15[A] 90°엘보우 부분

　　310 − (25 × 25 × 20[A] 티 부분 22mm + 20 × 15[A] 90°엘보우 16mm) = 272mm

④ 25[A] 90°엘보우와 25 × 20[A] 90°엘보우 부분

　　600 − (200 + 170) = 230mm

　　230 − (25[A] 90°엘보우 23mm + 25 × 20[A] 90°엘보우 19mm) = 188mm

⑤ 25 × 20[A] 90°엘보우와 20[A] 90°엘보우 부분

　　150 − (25 × 20[A] 90°엘보우 22mm + 20[A] 90°엘보우 19mm) = 109mm

⑥ 20[A] 90°엘보우 45°기울인 부분과 20[A] 45°엘보우 부분

　　170 × 1.414 = 240.38mm

　　240.38 − (20[A] 90°엘보우 45°기울인 부분 19mm + 20[A] 45°엘보우 12mm)
　　　= 209.38mm

⑦ 20[A] 45°엘보우 부분과 20[A] 90°엘보우 부분

　　200 − (20[A] 45°엘보우 12mm + 20[A] 90°엘보우 19mm) = 169mm

⑧ 20[A] 90°엘보우와 내려가는 부분

　　170 − (20[A] 90°엘보우 19mm + 25 × 20[A] 90°엘보우 22mm) = 129mm

⑨ 25 × 20[A] 90°엘보우와 25 × 20[A] 레듀셔 부분

　　270 − (25 × 20[A] 90°엘보우 19mm + 25 × 20[A] 레듀셔 6mm) = 245mm

⑩ 25 × 20[A] 레듀셔와 20 × 15[A] 90°엘보우 부분

　　210 − (25 × 20[A] 레듀셔 8mm + 20 × 15[A] 90°엘보우 16mm) = 186mm

⑪⑫ 동관부분으로 C × M어댑터를 용접한후 실링테이프를 감고 조립후

　　20 × 15[A] 90°엘보우 중심에서 160 − 15(동관엘보우 여유수치) = 145mm를 동관 커터로 절단한다.

⑬ 동관부분

　　290 − (15 + 15) = 260mm 절단후 동관 엘보우를 용접한다.

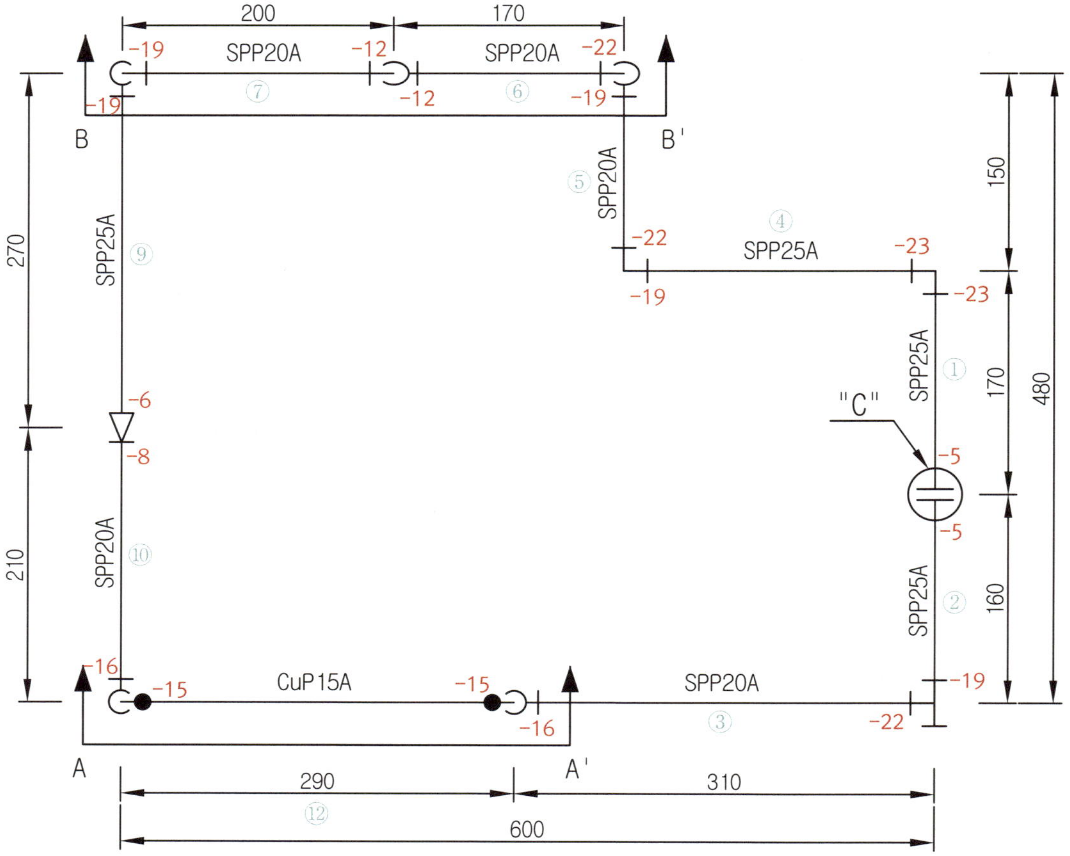

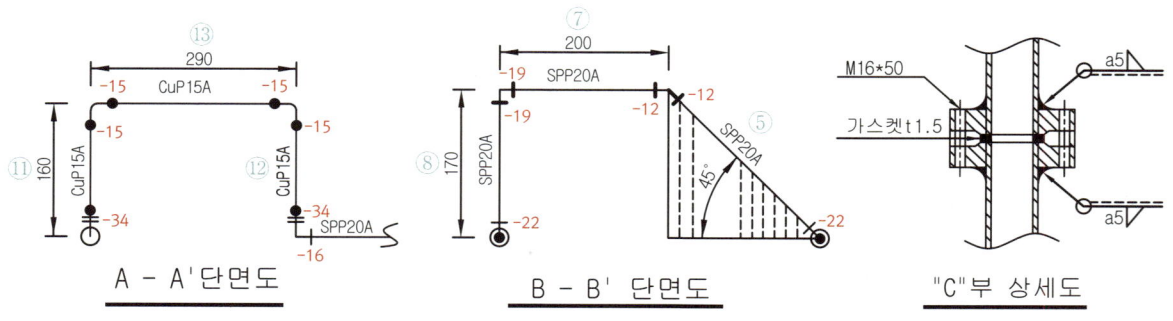

## ※ 3번 도면 강관 및 동관 치수계산 하기

① 25[A]플랜지와 25 × 20[A] 90°엘보우 부분

  230 − (플랜지부분 5mm + 25 × 20[A] 90°엘보우 19mm) = 206mm

② 25[A]플랜지와 25 × 25 × 20[A] 티 부분

  230 − (플랜지부분 5mm + 25 × 25 × 20[A] 티 19mm) = 206mm

③ 25 × 20[A] 티와 20 × 15[A] 90°엘보우 부분

  180 − (25 × 25 × 20[A] 티 부분 22mm + 20 × 15[A] 90°엘보우 16mm) = 142mm

④ 25 × 20[A] 90°엘보우와 부분 20[A] 45°엘보우 부분

  170 × 1.414 = 240.38mm

  240.38 − (25 × 20[A] 90°엘보우 22mm + 20[A] 45°엘보우 12mm) = 206.38mm

⑤ 20[A] 45°엘보우와 20[A] 90°엘보우 부분

  210 − (20[A] 45°엘보우 12mm + 20[A] 90°엘보우 19mm) = 179mm

⑥ 20[A] 90°엘보우 내려가는 부분

  170 − (20[A] 90°엘보우 19mm + 25 × 20[A] 90°엘보우 22mm) = 129mm

⑦ 20[A] 90°엘보우와 25 × 20[A] 90°엘보우 부분

  220 − (25 × 20[A] 90°엘보우 19mm + 25[A] 90°엘보우 23mm) = 178mm

⑧ 25[A] 90°엘보우와 25 × 20[A] 레듀셔 부분

  210 − (25[A] 90°엘보우 23mm + 25 × 20[A] 레듀셔 6mm) = 181mm

⑨ 25 × 20[A] 레듀셔와 20[A] 90°엘보우 부분

  250 − (25 × 20[A] 레듀셔 8mm + 20[A] 90°엘보우 19mm) = 223mm

⑩ 20[A] 90°엘보우와 20 × 15[A] 90°엘보우 부분

  170 − (20[A] 90°엘보우 19mm + 20 × 15[A] 90°엘보우 16mm) = 135mm

⑪⑫ 동관부분으로 C × M어댑터를 용접한후 실링테이프를 감고 조립후

  20 × 15[A] 90°엘보우 중심에서 190 − 15(동관엘보우 여유수치) = 175mm를 동관 커터로 절단한다.

⑬ 동관부분

  250 − (15 + 15) = 220mm 절단후 동관 엘보우를 용접한다.

[3번 도면 완성 작품]

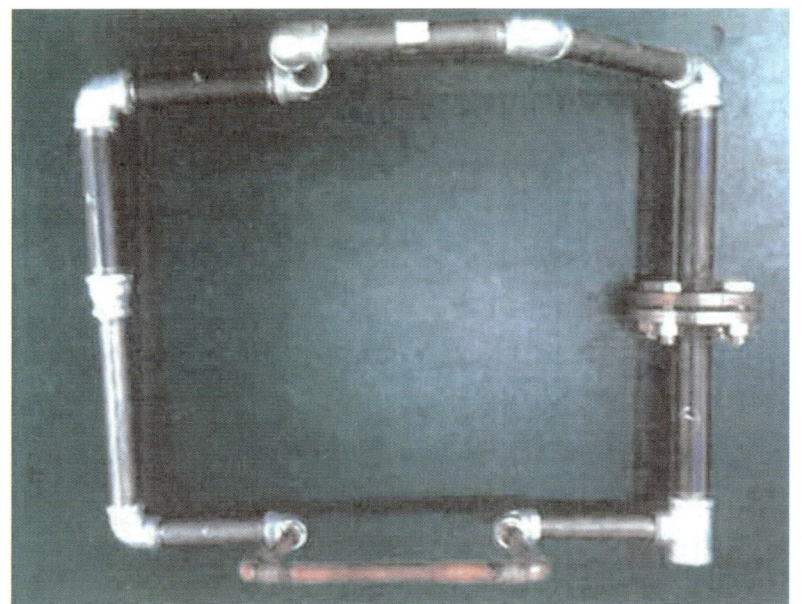

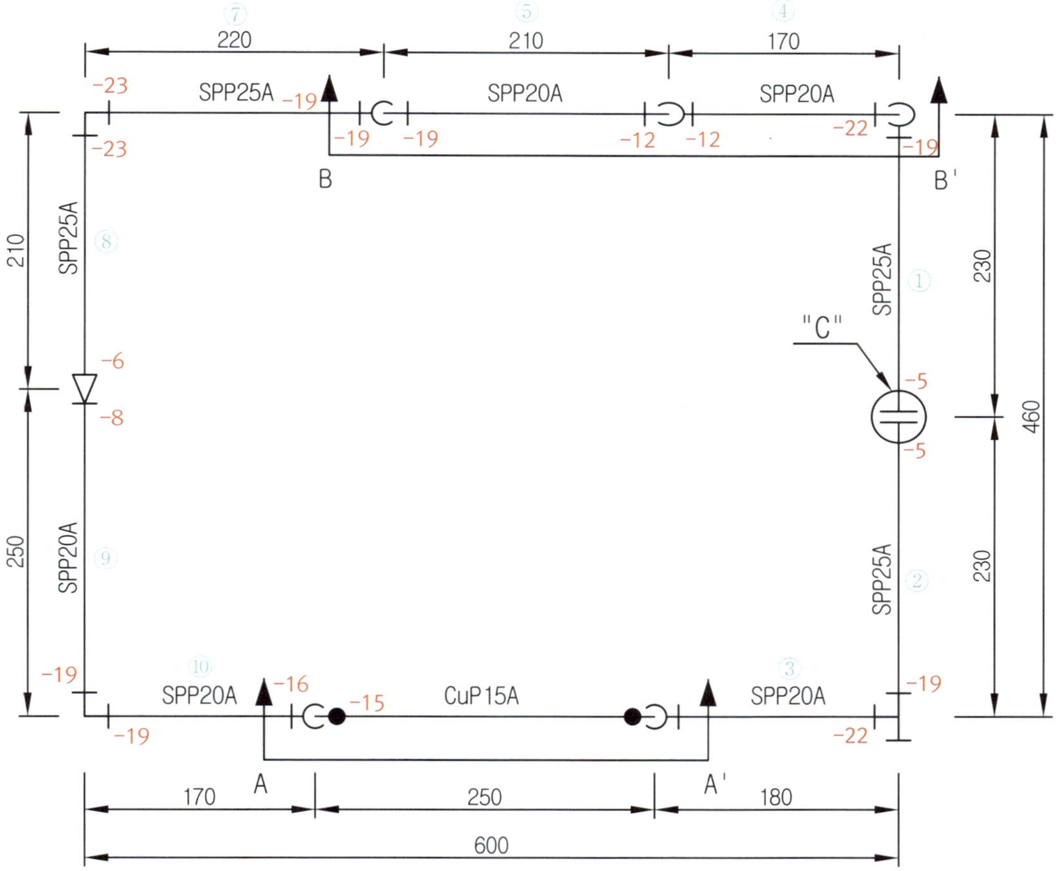

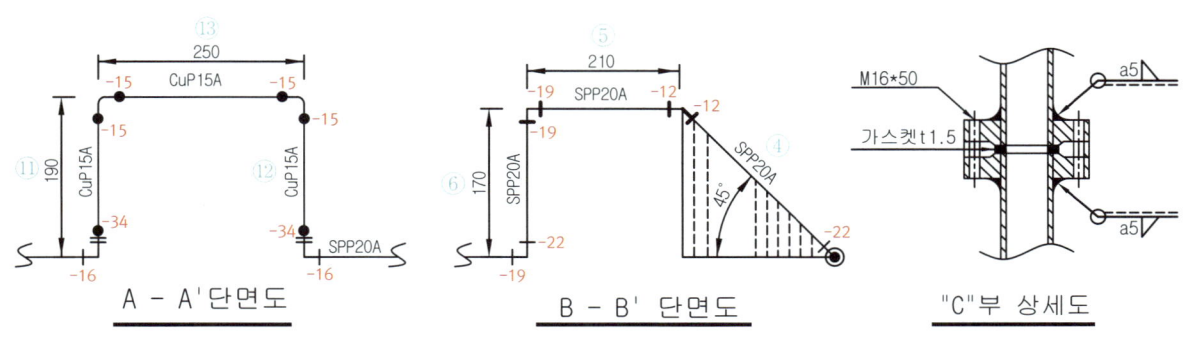

## ※ 4번 도면 강관 및 동관 치수계산 하기

① 25[A]플랜지와 25 × 20[A] 90°엘보우 부분
   300 − (플랜지부분 5mm + 25 × 20[A] 90°엘보우 19mm) = 276mm

② 25[A]플랜지와 25[A] 90°엘보우 부분
   200 − (플랜지부분 5mm + 25[A] 90°엘보우 23mm) = 172mm

③ 25[A] 90°엘보우와 25 × 20[A] 레듀셔 부분
   310 − (25[A] 90°엘보우 23mm + 25 × 20[A] 레듀셔 6mm) = 281mm

④ 25 × 20[A] 레듀셔와 25 × 25 × 20[A] 티 부분
   310 − (25 × 20[A] 레듀셔 8mm + 25 × 25 × 20[A] 티 22mm) = 280mm

⑤ 25 × 20[A] 90°엘보우와 20 × 15[A] 90°엘보우 부분
   180 − (25 × 20[A] 90°엘보우 22mm + 20 × 15[A] 90°엘보우 16mm) = 142mm

⑥ 25 × 25 × 20[A] 티와 25 × 20[A] 90°엘보우 부분
   150 − (25 × 20[A] 티 부분 19mm + 25 × 20[A] 90°엘보우 19mm) = 112mm

⑦ 20[A] 90°엘보우 내려가는 부분
   170 − (20[A] 90°엘보우 19mm + 25 × 20[A] 90°엘보우 22mm) = 129mm

⑧ 20[A] 45°엘보우와 20[A] 90°엘보우 부분
   180 − (20[A] 45°엘보우 12mm + 20[A] 90°엘보우 19mm) = 149mm

⑨ 20[A] 90°엘보우와 20[A] 45°엘보우 부분
   170 × 1.414 = 240.38mm
   240.38 − (20[A] 90°엘보우 19mm + 20[A] 45°엘보우 12mm) = 209.38mm

⑩ 20[A] 90°엘보우와 20 × 15[A] 90°엘보우 부분
   180 − (20[A] 90°엘보우 19mm + 20 × 15[A] 90°엘보우 16mm) = 145mm

⑪⑫ 동관부분으로 C × M어댑터를 용접한후 실링테이프를 감고 조립후
   20 × 15[A] 90°엘보우 중심에서 170 − 15(동관엘보우 여유수치) = 155mm를 동관 커터로 절단한다.

⑬ 동관부분
   260 − (15 + 15) = 230mm 절단후 동관 엘보우를 용접한다.

[도면 4]

| 자격종목 | 에너지관리산업기사 | 과제명 | 강관 및 동관조립 | 척도 | N.S |

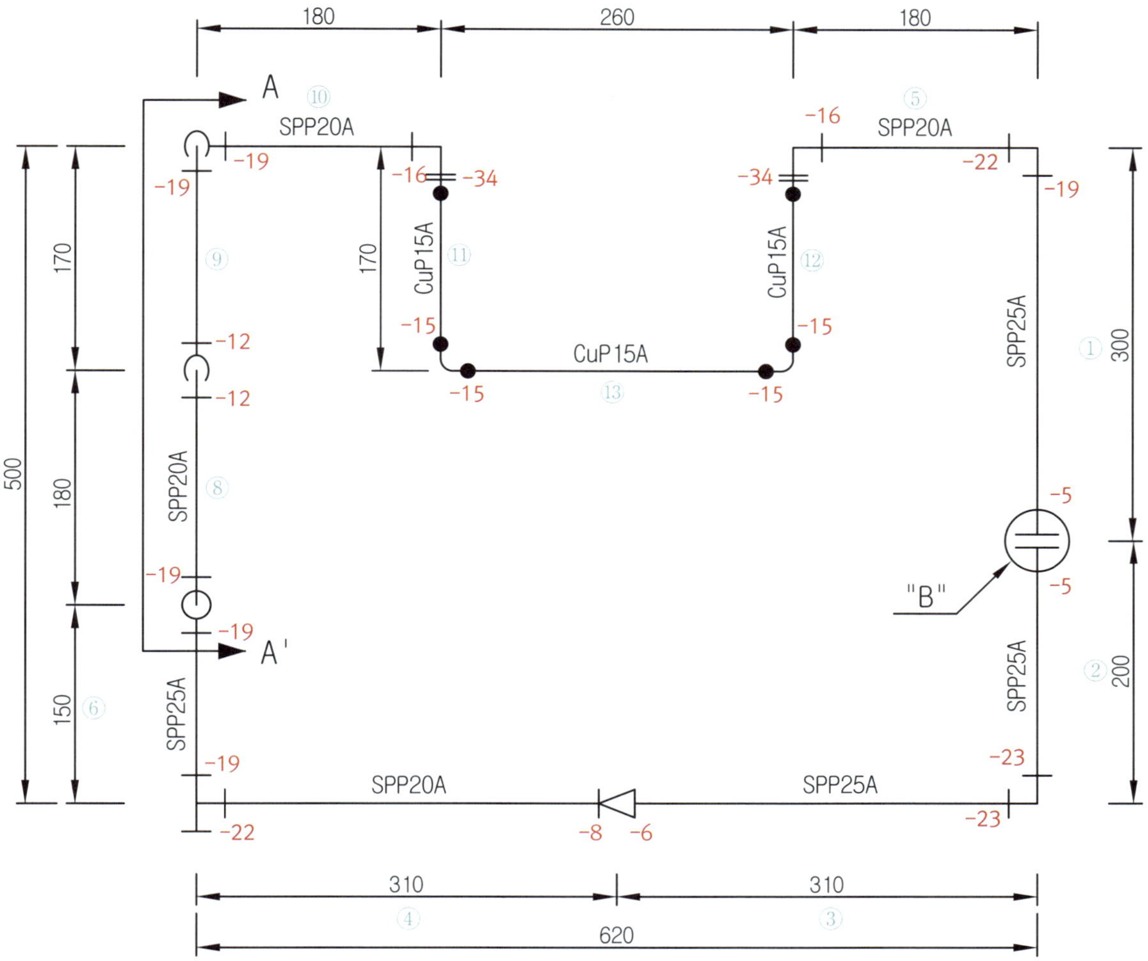

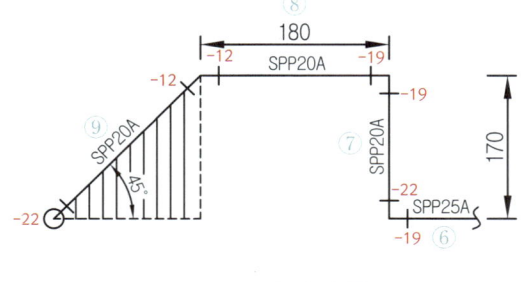

A - A' 단면도

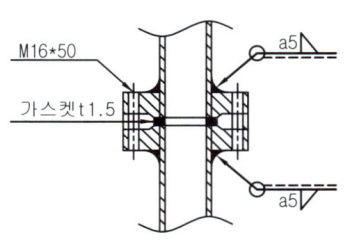

"B"부 상세도

## ※ 5번 도면 강관 및 동관 치수계산 하기

① 25[A]플랜지와 25 × 20[A] 90°엘보우 부분
　240 − (플랜지부분 5mm + 25 × 20[A] 90°엘보우 19mm) = 216mm

② 25[A]플랜지와 25[A] 90°엘보우 부분
　240 − (플랜지부분 5mm + 25[A] 90°엘보우 23mm) = 212mm

③ 25[A] 90°엘보우와 25 × 20[A] 90°엘보우 부분
　170 − (25[A] 90°엘보우 23mm + 25 × 20[A] 90°엘보우 19mm) = 128mm

④ 25 × 20[A] 90°엘보우와 20[A] 45°엘보우 부분
　180 × 1.414 = 254.52mm
　254.52 − (25 × 20[A] 90°엘보우 19mm + 20[A] 45°엘보우 12mm) = 223.52mm

⑤ 20[A] 45°엘보우와 20[A] 90°엘보우 부분
　200 − (20[A] 45°엘보우 12mm + 20[A] 90°엘보우 19mm) = 169mm

⑥ 20[A] 90°엘보우 내려가는 부분
　180 − (20[A] 90°엘보우 부분 19mm + 20[A] 90°엘보우 19mm) = 142mm

⑦ 25 × 20[A] 90°엘보우와 25 × 25 × 20[A] 티 부분
　260 − (20[A] 90°엘보우 19mm + 25 × 25 × 20[A] 티 22mm) = 219mm

⑧ 25 × 25 × 20[A] 티와 25 × 20[A] 레듀셔 부분
　180 − (25 × 20[A] 티 19mm + 25 × 20[A] 레듀셔 6mm) = 155mm

⑨ 25 × 20[A] 레듀셔와 20 × 15[A] 90°엘보우 부분
　290 − (25 × 20[A] 레듀셔 8mm + 20 × 15[A] 90°엘보우 16mm) = 266mm

⑩ 25 × 20[A] 90°엘보우와 20 × 15[A] 90°엘보우 부분
　150 − (25 × 20[A] 90°엘보우 22mm + 20 × 15[A] 90°엘보우 16mm) = 112mm

⑪ 동관부분으로 C × M어댑터를 용접한후 실링테이프를 감고 조립후
　20 × 15[A] 90°엘보우 중심에서 280 − 15(동관엘보우 여유수치) = 265mm를 동관 커터로 절단한다.

⑫ 동관부분으로 C × M어댑터를 용접한후 실링테이프를 감고 조립후 20 × 15[A] 90°엘보우 중심에서 190 − 15(동관엘보우 여유수치) = 175mm를 동관 커터로 절단한다.

⑬ 동관부분
　150 − (15 + 15) = 120mm 절단후 동관 엘보우를 용접한다.

[5번 도면 완성 작품]

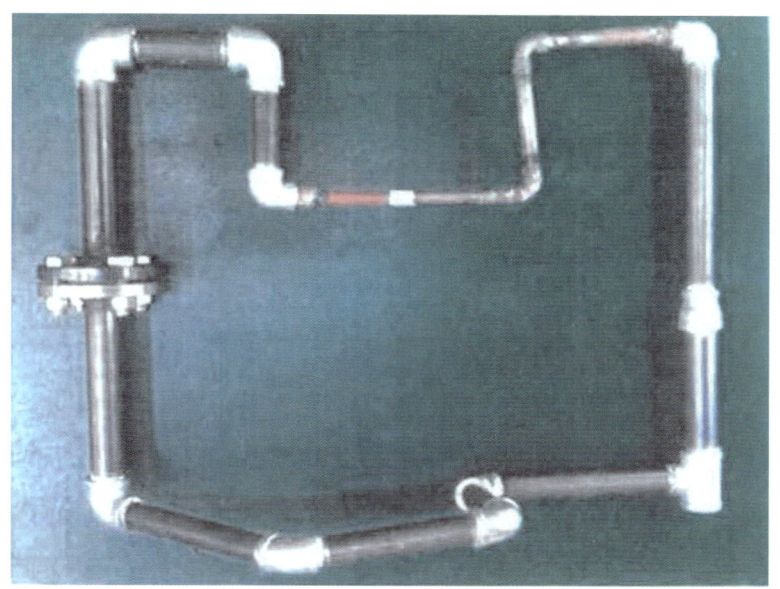

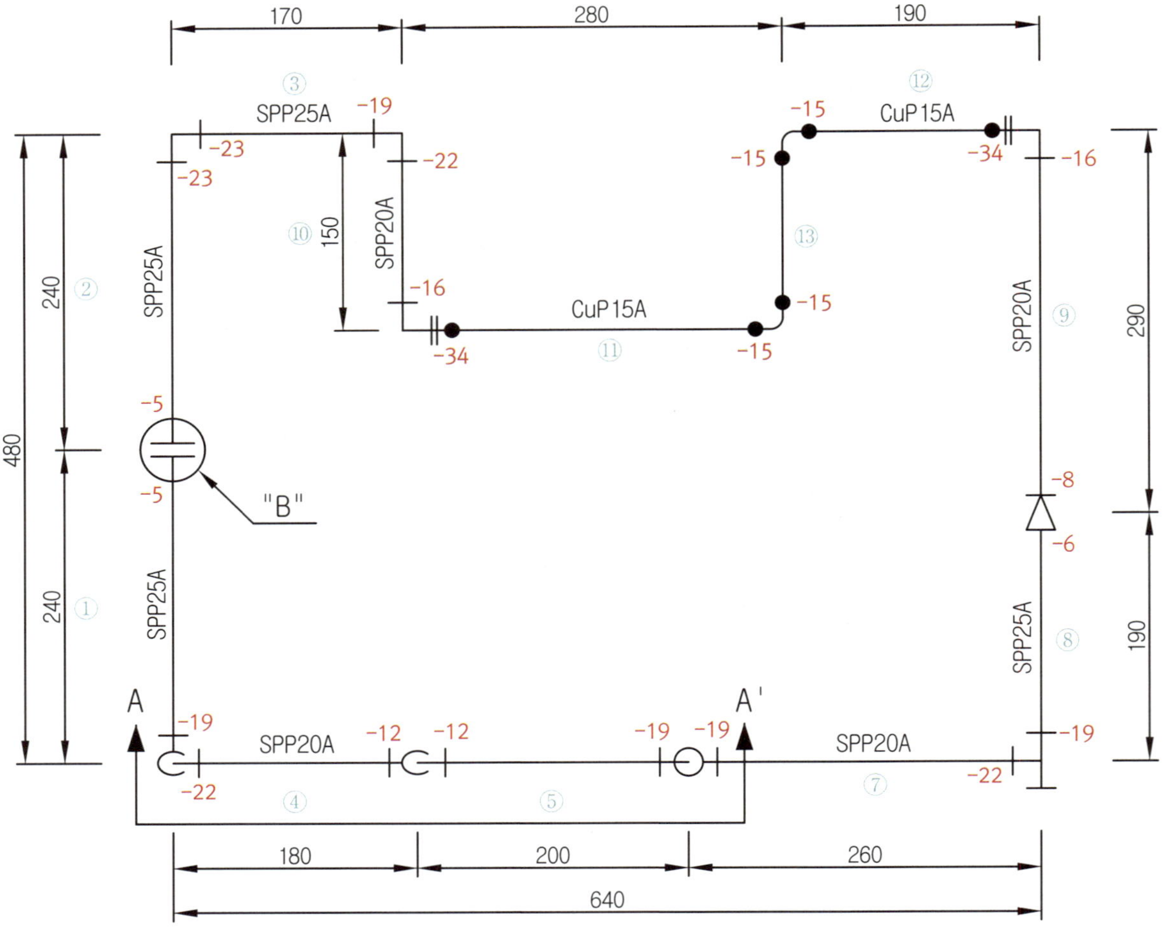

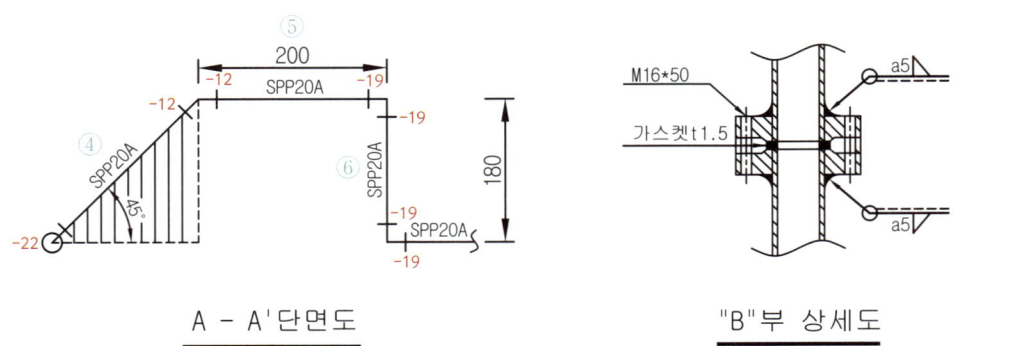

## ※ 6번 도면 강관 및 동관 치수계산 하기

① 25[A]플랜지와 25 × 20[A] 90°엘보우 부분

350 − (플랜지부분 5mm + 25 × 20[A] 90°엘보우 19mm) = 326mm

② 25[A]플랜지와 25 × 20[A] 티 45°로 기울인 부분

280 − (플랜지부분 5mm + 25 × 20[A] 티 19mm) = 256mm

③ 25 × 20[A] 90°엘보우와 20 × 15[A] 90°엘보우 부분

340 − (25 × 20[A] 90°엘보우 22mm + 20 × 15[A] 90°엘보우 16mm) = 302mm

④ 25 × 25 × 20[A] 티와 20[A] 45°엘보우 부분

160 × 1.414 = 226.24mm

226.24 − (25 × 20[A] 티 22mm + 20[A] 45°엘보우 12mm) = 192.24mm

⑤ 20[A] 45°엘보우와 20[A] 90°엘보우 부분

160 − (20[A] 45°엘보우 12mm + 20[A] 90°엘보우 19mm) = 129mm

⑥ 20[A] 90°엘보우 내려가는 부분

160 − (20[A] 90°엘보우 부분 19mm + 25 × 20[A] 90°엘보우 22mm) = 119mm

⑦ 25 × 20[A] 90°엘보우와 25[A] 90°엘보우 부분

180 − (25 × 20[A] 90°엘보우 19mm + 25[A] 90°엘보우 23mm) = 138mm

⑧ 25[A] 90°엘보우와 25 × 20[A] 레듀셔 부분

190 − (25[A] 90°엘보우 23mm + 25 × 20[A] 레듀셔 6mm) = 161mm

⑨ 25 × 20[A] 레듀셔와 20[A] 90°엘보우 부분

160 − (25 × 20[A] 레듀셔 8mm + 20[A] 90°엘보우 19mm) = 133mm

⑩ 20[A] 90°엘보우와 20 × 15[A] 90°엘보우 부분

160 − (20[A] 90°엘보우 19mm + 20 × 15[A] 90°엘보우 16mm) = 125mm

⑪⑫ 동관부분으로 C × M어댑터를 용접한후 실링테이프를 감고 조립후

20 × 15[A] 90°엘보우 중심에서 170 − 15(동관엘보우 여유수치) = 155mm를 동관 커터로 절단한다.

⑬ 동관부분

280 − (15 + 15) = 250mm 절단후 동관 엘보우를 용접한다.

[6번 도면 완성 작품]

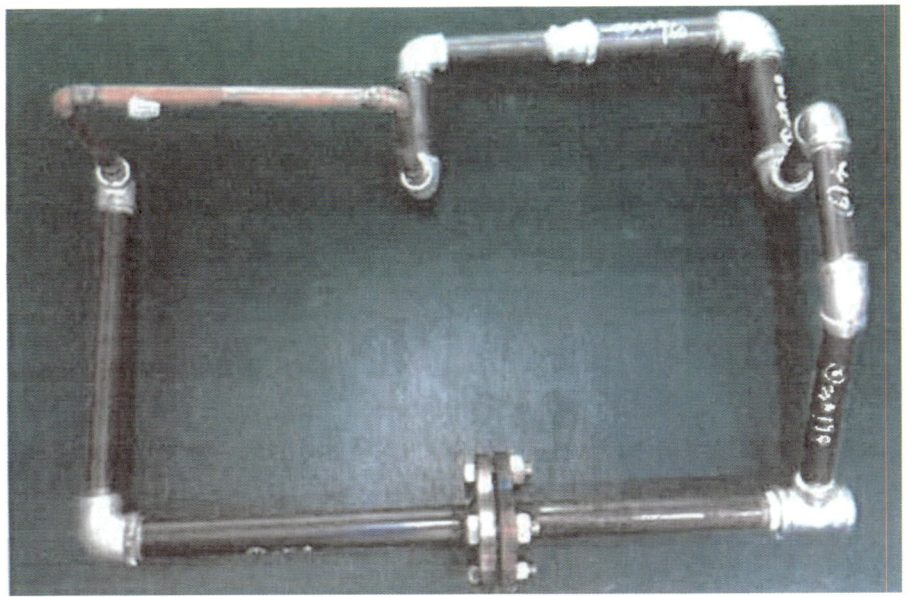

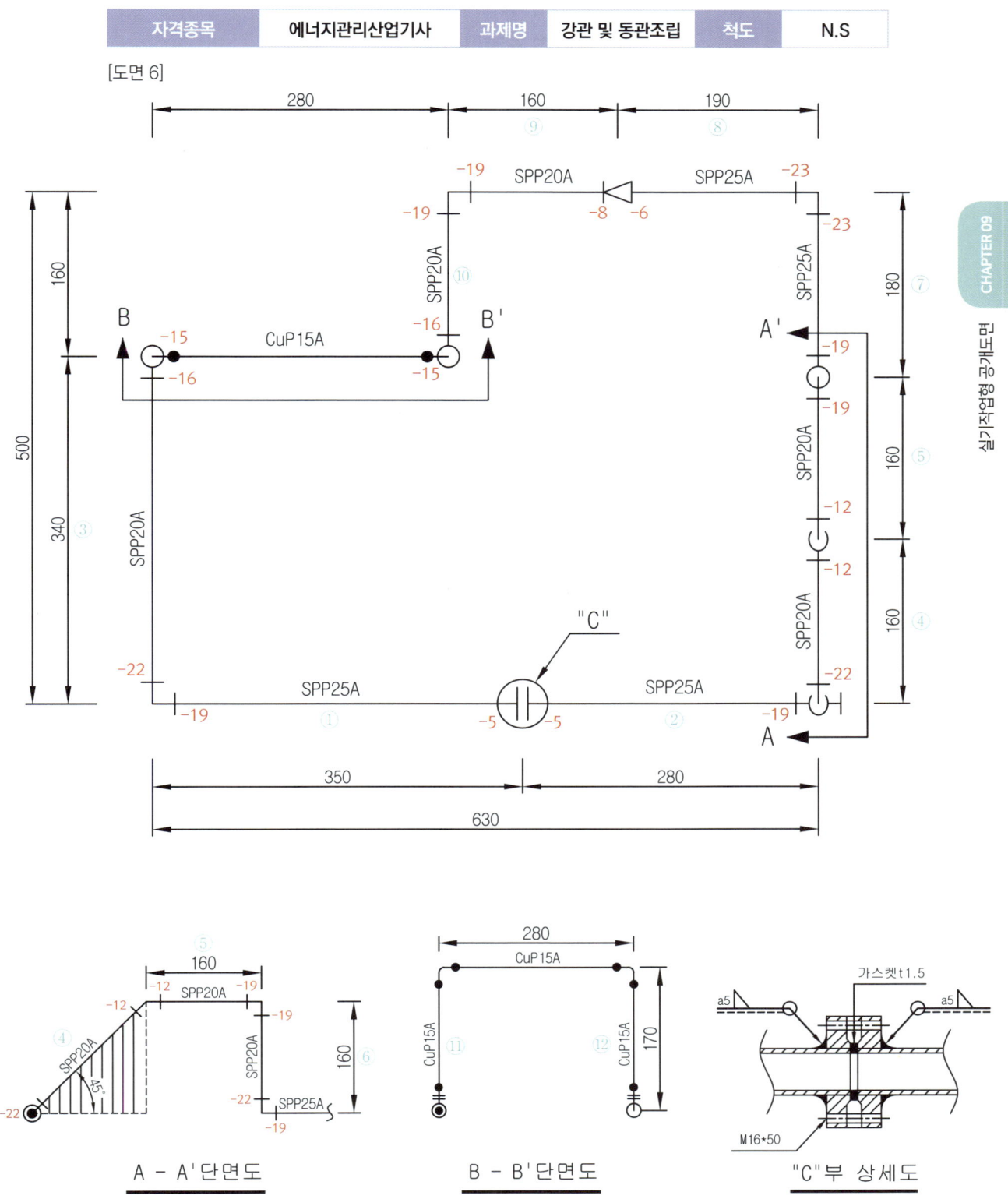

# CHAPTER 10

PART 2. 필답 실기편

## 에너지관리산업기사 실기(필답) 예상문제 01회

**001** 아래 조건을 이용하여 연소공기의 현열(kcal/kg)을 계산하시오.

〈 조건 〉
- $O_2$ : 6.7%, CO : 0.13%, $CO_2$ : 11.8%
- 보일러 최대 연속증발량 : 500kg/h
- 보일러 최고 압력(상용) : 5kg/cm², 외기온도 20℃, 실내온도 25℃
- 이론 연소 공기량 : 10.709Nm³/kg, 공기비열 : 0.31kcal/Nm³ · ℃
- 공기비(m) : 1.47

**정답 및 해설**

- 계산과정 : $10.709 \times 1.47 \times 0.31 \times (25 - 20) = 24.40$
- 답 : 24.40kcal/kg

**참고**

공기의 현열 = 실제공기량 × 공기의 비열 × 온도차

**002** 동관 접합 방식의 종류를 3가지만 쓰시오.

**정답 및 해설**

플레어 접합(압축 이음), 납땜 접합, 용접 접합

**참고**

동관 접합의 종류
① 플레어 접합(압축 이음)　　② 납땜 접합(연납땜, 경납땜)
③ 용접 접합　　　　　　　　④ 플랜지 접합

**003** 자동제어에서 신호 전송방법 2가지를 쓰시오.

> **정답 및 해설**
> - 전기식, 유압식

> **참고**
> 신호 전송방법
> ① 전기식
> ② 유압식
> ③ 공기식

**004** 프로판 가스의 연소화학식에 알맞은 수를 쓰시오.

$$C_3H_8 + (①)O_2 \rightarrow 3CO_2 + (②)H_2O + 2,4370 kcal/Nm^3$$

> **정답 및 해설**
> ① 5, ② 4

> **참고**
> 프로판($C_3H_8$)의 완전연소 반응식
> $C_3H_8 + 5O_2 \rightarrow 3CO_2 + 4H_2O + 2,4370 kcal/Nm^3$

**005** 온수순환 펌프의 나사 이음 바이패스(by-pass) 배관도를 아래의 부속을 사용하여 사각형 안에 도시하고, 유체흐름 방향을 화살표로 표시하시오.

〈 사용부속 〉
- 펌프(P) : 1개
- 글로브 밸브 : (⋈) : 1개
- 유니언(⊣⊢) : 3개
- 엘보 : 2개
- 게이트 밸브(⋈) : 2개
- 스트레이너(⋎) : 1개
- 티 : 2개

**정답 및 해설**

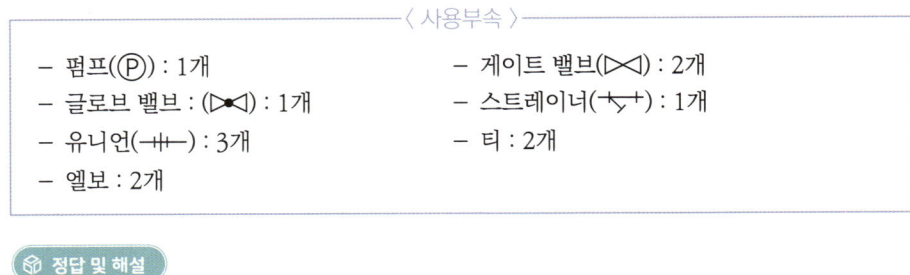

**006** 보일러에 부착되는 안전장치의 종류를 5가지만 쓰시오.

**정답 및 해설**

- 안전 밸브
- 증기압력제한기
- 저수위 경보장치
- 가용전
- 방폭문

**007** 다음 그림은 연소가스 흐름 방향에 따른 과열기의 형태이다. 각각 어떤 형식의 과열기인지 쓰시오.

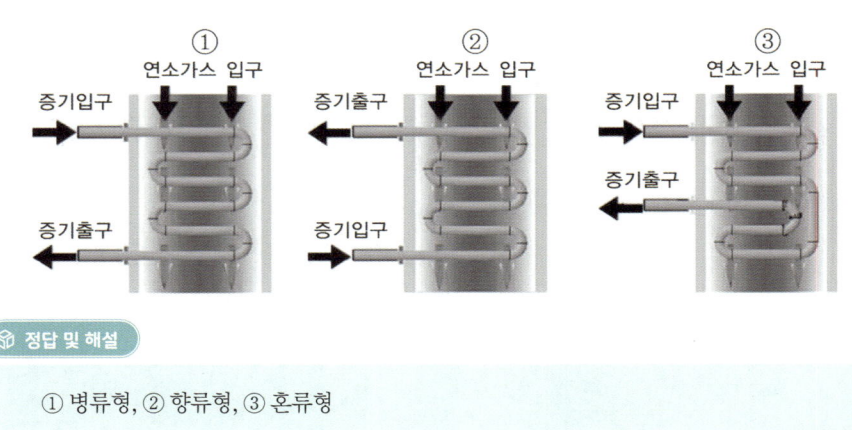

**정답 및 해설**

① 병류형, ② 향류형, ③ 혼류형

**008** 보온재의 구비조건을 5가지만 쓰시오.

> 정답 및 해설
> 
> - 열전도율이 작을 것
> - 독립성 다공질일 것
> - 흡수, 흡습성이 작을 것
> - 기계적 압축강도가 있을 것
> - 시공성이 우수할 것

> 참고
> 
> 보온재의 구비조건
> ① 독립기포의 다공질일 것
> ② 시공성이 우수할 것
> ③ 열전도율이 작을 것
> ④ 기계적 압축강도가 있을 것
> ⑤ 비중(밀도)이 작을 것
> ⑥ 흡수, 흡습성이 작을 것

**009** 유류 연소 온수 보일러의 정격출력(부하)이 49,000kcal/h이고, 보일러 효율이 80%인 경우 1시간당 연료 소비량(kg/h)을 계산하시오. (단, 연료의 발열량은 9,800 kcal/kg이다.)

> 정답 및 해설
> 
> - 계산과정 : $\dfrac{49,000}{9,800 \times 0.8} = 6.25$
> - 답 : 6.25kg/h

010 상향 공급식 중력 순환의 온수난방에서 송수의 온도가 90℃이고, 환수의 온도가 70℃이다. 실내온도를 20℃로 할 경우 응접실에 설치할 방열기의 소요 방열 면적(m²)을 구하시오. (단, 방열계수는 7kcal/m²·h·℃이고, 난방 부하가 4,200kcal/h이다.)

> **정답 및 해설**
>
> - 계산과정 : $\dfrac{4,200}{7 \times (\dfrac{90+70}{2} - 20)} = 10$
>
> - 답 : 10m²

> **참고**
>
> 난방부하 = 방열량 × 방열면적
>
> - 면적 = $\dfrac{난방부하}{방열량}$
>
> - 소요방열량 = (방열기 내 평균온도 − 실내온도)

011 다음은 어떤 도면에 표시된 주철방열기 도시기호이다. 아래 사항은 각각 무엇을 표시하는지 쓰시오.

$$\dfrac{\dfrac{18}{5-650}}{25 \times 20} \times 3$$

> **정답 및 해설**
>
> - 18 : 쪽수
> - 5 : 5세주형
> - 650 : 높이치수 650mm
> - 25 : 유입 측의 관지름 25A
> - 3 : 방열기 3개

012 어느 건물의 외기에 접한 벽체 면적이 64m²인 사무실에 4.8m² 면적의 유리 창문을 4개소 설치할 경우 이 벽체를 통한 손실열량(kcal/h)을 구하시오. (단, 실내온도는 20℃, 외기온도 −8℃, 벽체의 열관류율은 0.53kcal/m²·h·℃이며, 이 건물은 동향으로 위치하고 있다. 이때 건물의 방위계수는 1.1을 적용하고, 유리 창문을 통한 손실열량은 제외한다.)

> **정답 및 해설**
> 
> - 계산과정 : $0.53 \times 64 \times (20+8) \times 1.1 = 1044.736$
> - 답 : 1044.74kcal/h

# 에너지관리산업기사 실기(필답) 예상문제 02회

**001** 가스용 강철제 소형온수보일러의 수압시험 압력에 대한 설명이다. ( )에 들어갈 알맞은 용어 또는 숫자를 쓰시오.

> 보일러의 최고사용압력이 0.43MPa 이하일 때에는 그 ( ① )의 ( ② )배로 한다.
> 다만, 그 시험압력이 ( ③ )MPa 미만인 경우에는 ( ④ )MPa로 한다.

🔹 **정답 및 해설**

① 최고사용압력, ② 2, ③ 0.2, ④ 0.2

**002** 다음은 온수보일러의 난방 계통도이다. ① ~ ③의 부품의 명칭과 ⓐ, ⓑ 관의 명칭을 쓰시오.

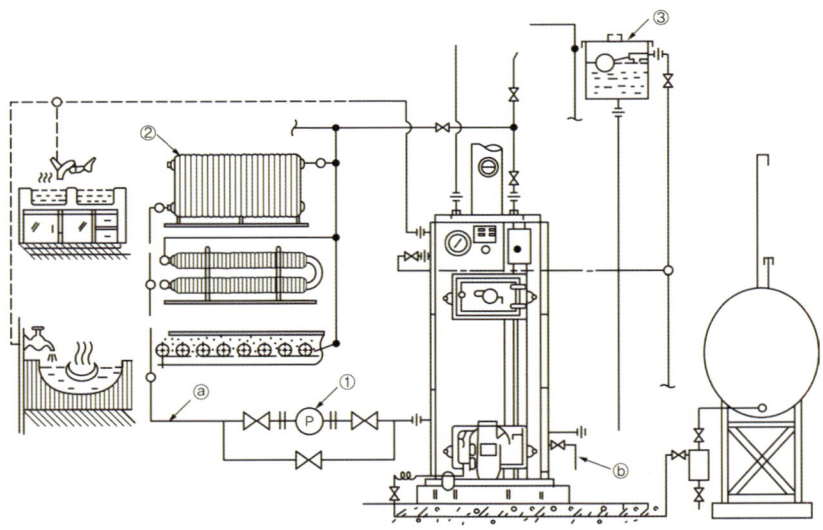

🔹 **정답 및 해설**

① 순환 펌프, ② 방열기, ③ 팽창 탱크
ⓐ 환수주관, ⓑ 분출관(배수관)

**003** 다음은 송풍기에서의 상사법칙에 관한 설명이다. 각각 ( ) 안에 들어갈 내용을 쓰시오.

( ① )은(는) 송풍기 회전수에 비례하며, ( ② )은(는) 송풍기 회전수의 제곱에 비례하고, ( ③ )은(는) 송풍기 회전수의 세제곱에 비례한다.

🔷 **정답 및 해설**

① 풍량 ② 풍압 ③ 동력

🔷 **참고**

송풍기의 상사법칙
① 회전수 변화의 1제곱에 비례하는 것(풍량)
$$Q_2 = Q_1 \times (N_2/N_1)$$
② 회전수 변화의 2제곱에 비례하는 것(정압, 풍압)
$$Ps_2 = Ps_1(N_2/N_1)^2$$
③ 회전수 변화의 3제곱에 비례하는 것(마력, 동력)
$$P_2 = P_1 \times (N_2/N_1)^3$$

**004** 지름이 같은 강관을 직선 연결할 때 사용하는 이음쇠 종류 2가지를 쓰시오.

🔷 **정답 및 해설**

- 소켓
- 유니언

🔷 **참고**

나사 이음의 사용목적별 분류
① 배관의 방향을 바꿀 때 : 엘보, 벤드
② 관을 도중에서 분기할 때 : 티, 와이(Y), 크로스(+)
③ 같은 지름의 관(동경관)을 직선연결 할 때 : 소켓, 유니온, 플랜지, 니플
④ 서로 다른 지름의 관(이경관)을 연결할 때 : 이경 소켓, 이경 엘보, 이경 티, 부싱
⑤ 관 끝을 막을 때 : 플러그, 캡

**005** 다음 그림은 보일러 자동 피드백 제어의 회로구성을 나타낸 것이다. ① ~ ⑤에 해당하는 제어요소를 각각 쓰시오.

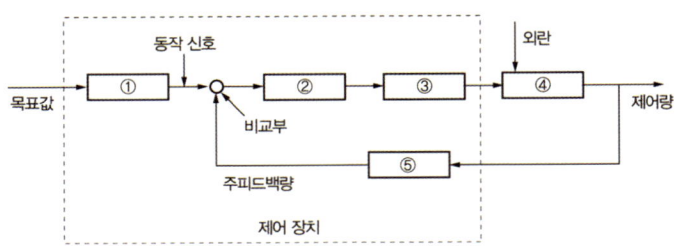

> 정답 및 해설
>
> ① 설정부
> ② 조절부
> ③ 조작부
> ④ 제어대상
> ⑤ 검출부

**006** 열손실량이 5,000kcal/h인 어떤 온수 배관에 보온 피복을 하였더니 손실열량이 1,000kcal/h가 되었다. 시공된 보온재의 보온 효율(%)을 구하시오.

> 정답 및 해설
>
> • 계산과정 : $\dfrac{5,000 - 1,000}{5,000} \times 100 = 80$
>
> • 답 : 80%

> 참고
>
> 보온 효율 = × 100

**007** 10℃의 물이 길이 25m의 동관 내에서 물의 온도가 90℃로 상승한 경우 동관의 팽창 길이(mm)를 계산하시오. (단, 동관의 선팽창계수는 0.000018mm/mm·℃이고, 동관의 온도는 동관 내 물의 온도와 일치한다.)

> **정답 및 해설**
>
> - 계산과정 : $0.000018 \times 25{,}000 \times (90 - 10) = 36\text{mm}$
> - 답 : 36mm

**008** 배관 치수 기입법에 대한 설명이다. 알맞은 표시 기호를 쓰시오.
가. 지름이 다른 관의 높이를 나타낼 때 적용되며 관 외경의 아랫면까지를 기준으로 표시
나. 포장된 지표면을 기준으로 배관장치의 높이를 표시
다. 1층의 바닥면을 기준으로 하여 높이를 표시

> **정답 및 해설**
>
> 가. BOP
> 나. GL
> 다. FL

> **참고**
>
> 높이표시
> ① EL : 배관의 높이를 관의 중심을 기준으로 표시한 것
> ② BOP : 지름이 서로 다른 관의 높이 표시방법으로 관 바깥지름의 아랫면까지의 높이를 기준으로 표시한 것
> ③ TOP : 관의 바깥지름의 윗면을 기준으로 표시한 것
> ④ GL : 포장된 지면을 기준으로 하여 배관장치의 높이를 표시할 때 적용된다.
> ⑤ FL : 각층 바닥을 기준으로 하여 높이를 표시한 것

**009** [보기]의 설명을 읽고 내용에 알맞은 장치의 명칭을 쓰시오.

〈 보기 〉

가. 고압수관 보일러에서 기수 드럼에 부착하여 송수관을 통하여 상승하는 증기 중에 혼입된 수분을 분리하기 위한 내부의 부속기구

나. 둥근 보일러 동 내부의 증기 취출구에 부착하여, 송기 시 비수 발생을 막고 캐리오버 현상을 방지하기 위한 다수의 구멍이 많이 뚫린 횡관을 설치한 것

다. 주증기 밸브에서 나온 증기를 잠시 저장한 후 각 소요처에 증기량을 조절하여 보내주는 설비

라. 여분의 발생증기를 일시 저장하는 기구이며 잉여분의 저축한 증기를 과부하 시에 방출하여 증기의 부족량을 보충하는 기구

마. 증기계통이나 증기관 방열기 등에서 고인 응축수를 연속 자동으로 외부로 배출하는 기구

### 정답 및 해설

가. 기수 분리기
나. 비수 방지관
다. 증기 헤더
라. 증기 축열기
마. 증기 트랩

---

**010** 어느 주택에서 온수보일러를 설치하기 위해 부하를 측정한 결과 다음과 같은 결과를 얻었다. 이 주택에 설치해야 할 온수보일러의 정격 용량(kW)을 구하시오.

- 난방부하 : 10,000kcal/h
- 배관부하 : 4,000kcal/h
- 증발률 : 20kg/m² · h
- 급탕부하 : 8,500kcal/h
- 시동부하 : 2,500kcal/h
- 급탕량 : 4,500`L/h

### 정답 및 해설

- 계산과정 : $10,000 + 8,500 + 4,000 + 2,500 = 25,000 \text{kcal/h} = \dfrac{25,000}{860} = 29.10$

  ※ 1kW = 860kcal/h

- 답 : 29.10kW

**011** 보일러의 급수제어방식(FWC, Feed Water Control) 중 급수제어를 위한 3요소식의 필요 요소 3가지를 쓰시오.

> **정답 및 해설**
>
> 수위, 증기량, 급수량

> **참고**
>
> 급수제어(FWC : Feed Water Control)
> 급수의 양을 자동으로 보충하여 조절하는 제어장치
> ① 단요소식(수위만 검출)
> ② 2요소식(수위와 증기량 검출)
> ③ 3요소식(수위·증기량·급수량 검출)

**012** 동관의 연납(soldering) 이음 작업 시 필요한 공구를 5가지만 쓰시오. (단, 재료의 준비 단계에서부터 작업의 완성 단계까지 필요한 공구이며, 측정공구는 제외한다.)

> **정답 및 해설**
>
> 사이징 툴, 튜브벤더, 익스팬더, 플레어링 툴, 토치 램프

> **참고**
>
> 동관용 공구
> ① 토치 램프 : 납땜, 동관접합, 벤딩 등의 작업을 하기 위해 가열용으로 사용하는 가열공구로서, 가솔린용과 석유용이 있다.
> ② 사이징 툴 : 동관의 끝을 정확하게 원형으로 가공하는 공구
> ③ 튜브 벤더 : 동관 굽힘용 공구
> ④ 익스팬더 : 동관 확관용 공구
> ⑤ 플레어링 툴 : 동관 압축 접합용 공구

# 에너지관리산업기사 실기(필답) 예상문제 03회

**001** 다음 그림은 어떤 온수보일러의 계통도이다. ① ~ ⑤의 명칭을 각각 쓰시오.

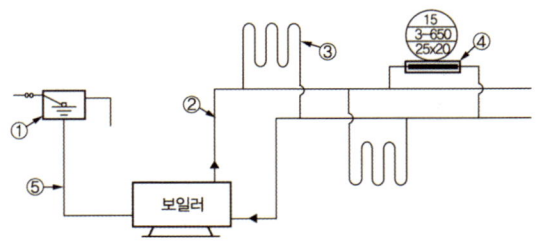

🟦 정답 및 해설

① 팽창 탱크　② 송수주관　③ 방열관　④ 방열기　⑤ 팽창관

**002** 증기난방과 비교하여 온수난방의 장점을 5가지만 쓰시오.

🟦 정답 및 해설

① 방열량 조절이 쉽다.
② 동결의 위험이 작다.
③ 방열면적을 넓게 할 수 있다.
④ 취급이 용이하다.
⑤ 증기난방에 비해 쾌감도가 좋다.

🟦 참고

증기난방과 비교한 온수난방의 특징
① 예열시간이 길다.
② 방열량의 조절이 쉽다.
③ 동결의 위험이 작다.
④ 방열면적이 넓고 취급이 쉽다.
⑤ 건축물의 높이에 제한을 받는다.
⑥ 증기난방에 비해 쾌감도가 좋다.

**003** 호칭지름 20A의 강관을 곡률반경 100mm로 90° 굽힘 할 때 곡관부의 길이(mm)를 구하시오.

> 📦 **정답 및 해설**
> 
> - 계산과정 : $3.14 \times 200 \times \dfrac{90}{360} = 157$
> - 답 : 157mm

> 📦 **참고**
> 
> $2\pi r \times \dfrac{각도}{360}$ 즉, $\pi D \times \dfrac{각도}{360}$

**004** 다음 보온재를 무기질 보온재와 유기질 보온재로 구분하시오. (무기질 보온재인 경우 "무", 유기질 보온재인 경우 "유" 자를 쓰시오.)

- 규조토 :
- 탄산마그네슘 :
- 글라스 울 :
- 우모 펠트 :
- 세라믹 파이버 :

> 📦 **정답 및 해설**
> 
> - 규조토 : 무
> - 탄산마그네슘 : 무
> - 글라스 울 : 무
> - 우모 펠트 : 유
> - 세라믹 파이버 : 무

**005** 난방 부하가 15,300kcal/h인 주택에 효율 85%인 가스보일러로 난방하는 경우 시간당 소요되는 가스의 양(Nm³/h)을 구하시오. (단, 가스의 저위발열량은 6,000kcal/Nm³이다.)

**정답 및 해설**

- 계산과정 : $\dfrac{15{,}300}{6{,}000 \times 0.85} = 3$
- 답 : 3Nm³/h

**참고**

$$효율 = \dfrac{난방부하}{연료의\ 발열량 \times 연료사용량}$$

**006** 아래 그림과 같이 지름 20A인 강관을 2개의 45 엘보로 결합하고자 한다. 관의 실제 길이는 몇 mm로 절단해야 하는지 구하시오. (단, 엘보의 나사 물림부 길이는 15mm이고, 엘보 중심에서 끝단까지의 길이는 25mm이다.)

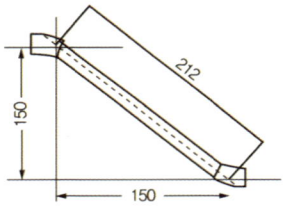

**정답 및 해설**

- 계산과정 : 212 − 2(25 − 15) = 192
- 답 : 192mm

**007** 다음은 보일러의 설치 검사 기준에 따른 급수 밸브의 크기에 관한 설명이다. ① ~ ② 안에 내용을 맞게 쓰시오.

> 급수 밸브 및 체크 밸브의 크기는 전열면적 $10m^2$ 이하의 보일러에서는 호칭 ( ① ) 이상, $10m^2$를 초과하는 보일러에서는 호칭 ( ② ) 이상이어야 한다.

**정답 및 해설**

① 15A  ② 20A

**008** 보일러에서 보염장치의 설치목적을 5가지만 쓰시오.

**정답 및 해설**

① 연료의 분무를 돕고 공기와의 혼합을 양호하게 한다.
② 안정된 착화를 도모한다.
③ 화염의 형상을 조절한다.
④ 연소실의 온도분포를 고르게 하고 국부과열을 방지한다.
⑤ 연소가스의 체류시간을 지연시켜 전열을 돕는다.

**참고**

설치목적
① 연료의 분무를 돕고 공기와의 혼합을 양호하게 한다.
② 안정된 착화를 도모한다.
③ 화염의 형상을 조절한다.
④ 연소실의 온도분포를 고르게 하고 국부과열을 방지한다.
⑤ 연소가스의 체류시간을 지연시켜 전열을 돕는다.

**009** 증기난방과 비교한 온수난방의 특징을 5가지만 쓰시오.

> **정답 및 해설**
> 
> ① 예열시간이 길다.
> ② 방열량의 조절이 쉽다.
> ③ 동결의 위험이 작다.
> ④ 방열면적이 넓고, 취급이 쉽다.
> ⑤ 건축물의 높이에 제한을 받는다.

> **참고**
> 
> 증기난방과 비교한 온수난방의 특징
> ① 예열시간이 길다.
> ② 방열량의 조절이 쉽다.
> ③ 동결의 위험이 작다.
> ④ 방열면적이 넓고, 취급이 쉽다.
> ⑤ 건축물의 높이에 제한을 받는다.

**010** 자연순환식 온수배관은 온수의 밀도차에 의해 생기는 순환력을 이용하므로 배관(마찰) 저항을 가능한 한 최소화해야 한다. 주로 저항이 많이 발생하는 배관부위 3곳을 쓰시오.

> **정답 및 해설**
> 
> ① 주관에서 분기되는 부분
> ② 배관에 부속품이 설치된 곳
> ③ 곡관부(방열관 등)

011 다음과 같은 방열기 도시기호를 보고 해당하는 내용을 쓰시오.

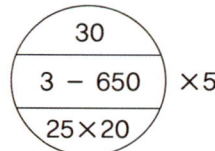

가. 방열기의 종별
나. 방열기 1조(組)당 쪽(section) 수
다. 방열기 높이
라. 방열기 유입 관경
마. 시공에 소요되는 방열기의 총 쪽(section) 수

> 정답 및 해설
> 가. 3세주형
> 나. 30쪽
> 다. 650mm
> 라. 25mm
> 마. 150쪽

012 내화물의 기본 제조공정 5단계를 순서에 맞게 쓰시오.

> 정답 및 해설
> 분쇄 → 혼련 → 성형 → 건조 → 소성

> 참고
> 일반적으로 내화물은 분쇄 → 혼련 → 성형 → 건조 → 소성 등의 기본 공정을 거쳐 제조된다.

# 에너지관리산업기사 실기(필답) 예상문제 04회

**001** 다음은 보일러 강제 통풍 방식에 대한 설명으로 ( ) 안에 들어갈 용어를 각각 쓰시오.

> 연소용 공기를 송풍기로 연소실 앞에서 연소실로 밀어 넣는 통풍방식을 ( ① )통풍이라고 하고, 연도에 배풍기를 설치하고 배기가스를 유인하여 연돌로 빨아내는 방식을 ( ② ) 통풍이라고 하며, 송풍기와 배풍기를 함께 사용하는 방식을 ( ③ )통풍이라고 한다.

### 정답 및 해설

① 압입 ② 유인(흡입) ③ 평형

### 참고

① 압입통풍 : 연소실 앞에 압입송풍기를 설치하여 연소실로 밀어 넣는 통풍방식으로 노내압이 대기압보다 높아(정압) 연소가스나 화염의 누설이 발생할 수 있다. 배기가스의 유속은 8[m/sec] 정도이며 예열용 공기를 사용할 수 있다.
② 유인통풍 : 흡입통풍이라고도 하며 연도에 배풍기를 설치하여 배기가스를 유인하여 빨아내는 통풍하는 방식으로 노내압이 대기압보다 낮아(부압) 외기공기의 누입이 발생할 수 있다. 배기가스의 유속은 10[m/sec] 정도이며 예열된 공기 사용이 불가능하다.
③ 평형통풍 : 송풍기와 배풍기를 함께 사용하는 형식으로 노내압을 정·부압으로 임의 조정하여 사용할 수 있다. 배기가스 유속은 10[m/sec] 이상이며 실제적으로 가장 많이 사용되는 통풍방식으로 소요동력이나 설치비가 많이 든다.

**002** 보일러 증발량 1,300kg/h의 상당증발량이 1,500kg/h일 때, 사용연료가 150kg/h이고, 비중이 0.8kg/ 이면 상당증발 배수를 구하시오.

### 정답 및 해설

- 계산과정 : $\dfrac{1{,}500}{150} = 10$
- 정답 : 10kg/kg

> **참고**
> 
> $$\therefore \text{상당증발 배수} = \frac{\text{상당증발량}}{\text{연료사용량}} \text{(kg/kg)}$$

**003** 어느 건물의 단위 면적당 평균 열손실 지수가 125kcal/m²·h이고, 열손실 면적이 52m²이면, 시간당 손실열량(kcal/h)을 구하시오.

> **정답 및 해설**
> 
> - 계산과정 : 125 × 52 = 6,500
> - 정답 : 6,500kcal/h

**004** 배관 도면에 다음과 같은 표시기호가 있을 때 기기의 명칭을 [보기]에서 골라 쓰시오.

〈 보기 〉

팬코일 유닛, 콘벡터, 공기 빼기 밸브, 체크 밸브

> **정답 및 해설**
> 
> - F.C.U. : 콘벡터
> - A.V : 공기 빼기 밸브

**005** 다음 난방장치에 대하여 난방 송수주관에서 ①, ②, ③을 거쳐 환수주관으로 이르기까지의 배관을 완성(연결)하시오.

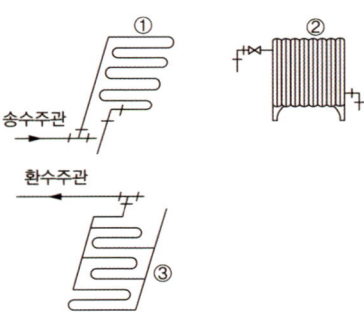

> **정답 및 해설**
>
>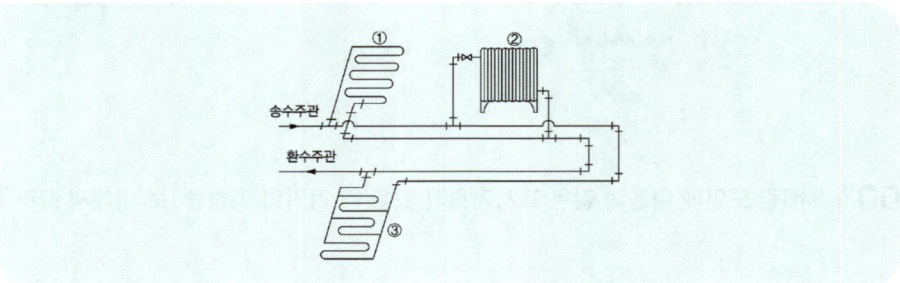

**006** 온수방열기의 전 방열면적이 150m², 온수 급탕량 50kg/h인 경우, 설치해야 할 온수 보일러의 용량(정격출력)(kcal/h)을 구하시오. (단, 급수온도 : 15℃, 출탕온도 : 75℃, 배관부하($\alpha$) : 0.25, 예열부하($\beta$) : 1.2, 출력저하계수($k$) : 1.1, 방열기 방열량 : 450kcal/m²·h, 물의 비열 : 1 kcal/kg·℃ 이다.)

> **정답 및 해설**
>
> - 계산과정 : $\dfrac{[(450 \times 150) + 50 \times 1 \times (75 - 15)] \times (1 + 0.25) \times 1.2}{1.1} = 96{,}136.36$
> - 정답 : 96,136.36kcal/h

> **참고**
>
> $$H_m = \dfrac{[H_1 + H_2] \times (1 + \alpha)\beta}{K}$$

**007** 보일러 운전과 조작 등에 관한 용어를 [보기]에서 골라 답란에 각각 쓰시오.

〈 보기 〉
- 프라이밍
- 역화
- 캐리오버
- 프리퍼지
- 포밍
- 포스트퍼지

가. 보일러를 점화할 때는 점화순서에 따라 해야 하며, 연소가스 폭발 및 (　)에 주의해야 한다.
나. 보일러 운전이 끝난 후, 노내와 연도에 있는 가연성 가스를 송풍기로 취출시키는 것을 (　)(이)라고 한다.
다. 보일러 용수 중의 용해물이나 고형물, 유지분 등에 의해 보일러수가 증기에 혼입되어 증기관으로 운반되는 현상을 (　)(이)라고 한다.
라. 보일러 점화 전, 댐퍼를 열고 노내와 연도에 있는 가연성 가스를 송풍기로 취출 하는 것을 (　)(이)라고 한다.
마. 관수의 격렬한 비등에 의하여 기포가 수면을 교란하며 물방울이 비산하는 현상을 (　)(이)라고 한다.

> **정답 및 해설**
>
> 가. 역화　　　　　　나. 포스트 퍼지
> 다. 캐리오버　　　　라. 프리퍼지
> 마. 프라이밍

**008** 통풍력을 증가시키는 요인 5가지를 쓰시오.

> **정답 및 해설**
>
> - 연돌의 높이를 높인다.
> - 배기가스 온도를 높인다.
> - 굴곡부를 줄인다.(굴곡부 3개소 이내)
> - 연돌 상부 단면적을 크게 한다.
> - 연돌을 보온(단열) 조치한다.

> **참고**
> 
> 통풍력을 크게 하려면
> ① 연돌의 높이를 높인다.
> ② 배기가스 온도를 높인다.
> ③ 굴곡부를 줄인다.(굴곡부 3개소 이내)
> ④ 연돌 상부단면적을 크게 한다.
> ⑤ 연돌을 보온(단열) 조치한다.

**009** 연돌의 높이가 50m, 배기가스의 평균온도가 200℃, 외기온도가 25℃, 표준상태에서 대기의 비중량이 1.29kg/Nm³, 가스의 비중량이 1.34kg/Nm³이다. 이 경우 이론통풍력($mmH_2O$)을 구하시오.

> **정답 및 해설**
> 
> - 계산과정 : $50 \times \left( \dfrac{273 \times 1.29}{273 + 25} - \dfrac{273 \times 1.34}{273 + 200} \right) = 20.42$
> - 정답 : $20.42 mmH_2O$

> **참고**
> 
> $$Z = H \times \left( \dfrac{273 \times r_a}{273 + t_a} - \dfrac{273 \times r_g}{273 + t_g} \right)$$

**010** 실제공기량과 이론공기량의 비를 공기비라 한다. 공기비가 적정 공기비보다 적을 때 발생되는 현상 3가지를 쓰시오.

> **정답 및 해설**
> 
> - 불완전연소가 되기 쉽다.
> - 미연소가스에 의한 가스 폭발과 매연 발생
> - 미연소가스에 의한 열손실 증가

> 📌 **참고**
>
> **공기비의 특징**
> - 공기비(m)가 적을 때
>   ① 불완전연소가 되기 쉬움
>   ② 미연소가스에 의한 가스 폭발과 매연 발생
>   ③ 미연소가스에 의한 열손실 증가
> - 공기비(m)가 클 때
>   ① 연소실 온도 저하
>   ② 배기가스량이 많아져서 열손실이 증가
>   ③ 배기가스 중 NO 및 $NO_2$ 발생으로 부식 촉진과 대기오염을 초래

**011** 보일러 자동제어에 이용되는 신호전달 방식 3가지를 쓰시오.

> 📌 **정답 및 해설**
>
> - 전기식   - 유압식   - 공기식

**012** 자연 통풍방식의 보일러에서 연돌의 통풍력을 증가시키기 위한 방법을 5가지 쓰시오.

> 📌 **정답 및 해설**
>
> - 연돌의 높이를 높인다.
> - 배기가스 온도를 높인다.
> - 굴곡부를 줄인다.(굴곡부 3개소 이내)
> - 연돌 상부단면적을 크게 한다.
> - 연돌을 보온(단열) 조치한다.

> 📌 **참고**
>
> **통풍력을 크게 하려면**
> ① 연돌의 높이를 높인다.
> ② 배기가스 온도를 높인다.
> ③ 굴곡부를 줄인다.(굴곡부 3개소 이내)
> ④ 연돌 상부단면적을 크게 한다.
> ⑤ 연돌을 보온(단열) 조치한다.

# 에너지관리산업기사 실기(필답) 예상문제 05회

**001** 난방 면적이 120m²인 사무실에 온수로 난방을 하려고 한다. 열손실지수가 150 kcal/m²·h일 때, 난방부하(kcal/h)와 방열기 소요 쪽수를 구하시오. (단, 방열기의 방열량은 표준으로 하고, 쪽당 방열면적은 0.2m²이다.)

> **정답 및 해설**
>
> 가. 난방부하
>   - 계산과정 : $150 \times 120 = 18{,}000$
>   - 정답 : 18,000kcal/h
>
> 나. 방열기 쪽수
>   - 계산과정 : $\dfrac{18{,}000}{450 \times 0.2} = 200$
>   - 정답 : 200쪽

> **참고**
>
> - 난방부하(kcal/h) = 방열량(열손실지수) × 면적
> - 방열기 쪽수 = $\dfrac{\text{난방부하}}{\text{방열량}} \times$ 방열기 쪽당면적

**002** 배관계에 걸리는 하중을 위에서 걸어 당겨 지지하는 장치인 행거의 종류를 3가지만 쓰시오.

> **정답 및 해설**
>
> - 리지드
> - 스프링
> - 콘스탄트

> 📎 **참고**
>
> ① 행거(hanger) : 배관 중량을 위(천장)에서 지지할 목적으로 사용된다.
> ② 행거의 종류
>   - 리지드 행거 : I 빔 턴버클을 이용 지지하는 것으로 수직방향으로 변위가 없는 곳에 사용
>   - 스프링 행거 : 턴버클 대신에 스프링을 사용
>   - 콘스탄트 행거 : 배관의 상하이동에 관계없이 관지지력이 일정한 것

**003** 온수난방에서 보일러, 방열기 및 배관 등의 장치 내에 있는 전수량(全水量)이 1,000kg이고, 전철량(全鐵量)이 4,000kg일 때, 이 난방장치를 예열하는 데 필요한 예열부하(kcal)를 구하시오. (단, 물의 비열 1kcal/kg·℃, 철의 비열 0.12kcal/kg·℃, 운전 시의 온도의 평균온도 80℃, 운전 개시 전의 물의온도 5℃이다.)

> 📎 **정답 및 해설**
>
> - 계산과정 : $[(1,000 \times 1) + (4,000 \times 0.12)] \times (80 - 5) = 111,000$
> - 정답 : 111,000kcal

> 📎 **참고**
>
> 예열부하(kcal) = [(전수량 × 물의 비열) + (철의 무게 × 철의 비열)] × 온도 차

**004** 용기 내의 어떤 가스의 압력이 6kg$_f$/cm², 체적 50L, 온도 5℃였는데, 이 가스가 상태변화를 일으킨 후 압력이 6kg$_f$/cm², 온도가 35℃로 변화된 경우의 체적(L)을 구하시오.

> 📎 **정답 및 해설**
>
> - 계산과정 : $\dfrac{50 \times (273 + 35)}{273 + 5} = 55.40$
> - 정답 : 55.40L

> 📎 **참고**
>
> $\dfrac{V_1}{T_1} = \dfrac{V_2}{T_2} \quad \therefore \ V_2 = \dfrac{V_1 T_2}{T_1}$

**005** 다음 보일러 시공 작업도면을 보고, A – A'의 단면도를 아래 사각형 내에 그리시오.
(단, 단면도의 높이는 170mm로 하고, 각 부속 사이의 관경 및 치수도 기입하시오.)

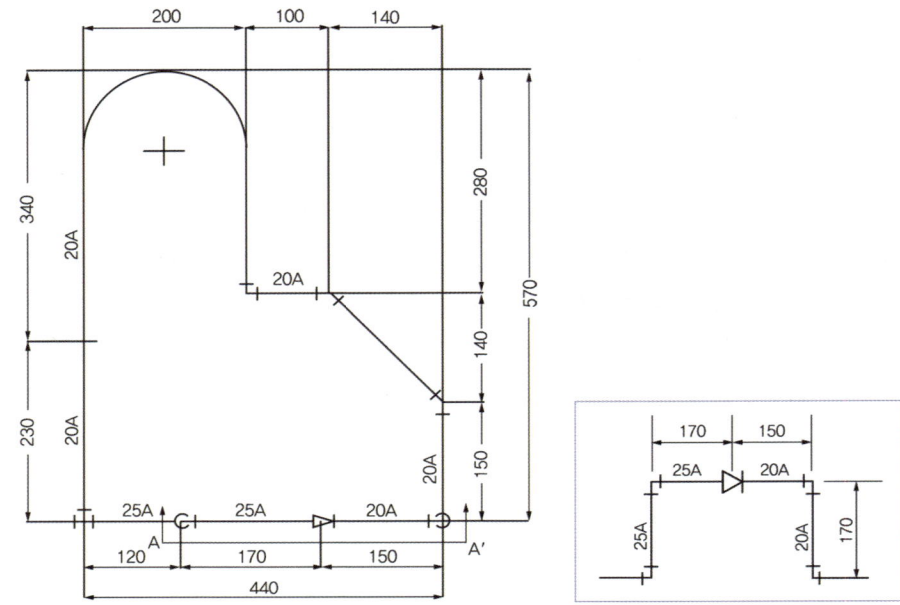

**006** 다음 자동제어 방식에 맞는 용어를 쓰시오.

가. 보일러의 기본 제어로 제어량과 결과치의 비교로 정정 동작을 하는 제어
나. 구비조건에 맞지 않을 때 작동정지를 시키는 제어
다. 점화나 소화과정과 같이 미리 정해진 순서를 순차적으로 진행하는 제어

> 🔷 정답 및 해설
>
> 가. 피드백 제어
> 나. 인터록
> 다. 시퀀스 제어

> 참고

자동제어방식에 의한 분류
① 피드백 제어 : 자동제어방식의 기본적인 것으로 신호에 의하여 주어진 목표값과 조작한 결과인 제어량이 원인이 되어 제어동작을 되돌려 진행하는 것으로 출력 측의 신호를 입력 측으로 돌려보내는 조작으로 폐회로를 구성한다. 즉, 보일러의 기본 제어로 제어량과 결과치의 비교로 정정 동작을 하는 제어
② 시퀀스 제어(sequence control system) : 피드백 제어에 의하지 않고 정해진 순서에 따라 제어단계를 순차적으로 진행하는 방식
③ 인터록 제어 : 운전 조작상태에서 조건이 불충분하다거나 다음의 진행에 미루어 불합리한 동작으로 변화하게 될 때 동작을 다음 단계에 도달하기 전에 기관을 정지하는 제어방식

**007** 다음 동관 작업 시 사용되는 공구 명칭을 각각 쓰시오.

가. 동관의 끝 부분을 원형으로 정형하는 공구
나. 동관의 관 끝 직경을 크게 확대하는 데 사용하는 공구
다. 동관을 압축 이음하기 위하여 관 끝을 나팔 모양으로 만드는 데 사용하는 공구

> 정답 및 해설

가. 사이징 툴
나. 익스팬더(확관기)
다. 플레어링 툴

> 참고

동관용 공구
① 토치 램프 : 납땜, 동관접합, 벤딩 등의 작업을 하기 위해 가열용으로 사용하는 가열공구
② 사이징 툴 : 동관의 끝을 정확하게 원형으로 가공하는 공구
③ 튜브 벤더 : 동관 굽힘용 공구
④ 익스팬더(확관기) : 동관 확관용 공구
⑤ 플레어링 툴 : 동관을 압축 이음하기 위하여 관 끝을 나팔 모양으로 만드는 데 사용하는 공구

**008** 다음은 유류용 온수보일러의 설치 개략도이다. 아래 각 부품에 맞는 번호를 개략도에서 찾아 쓰시오.

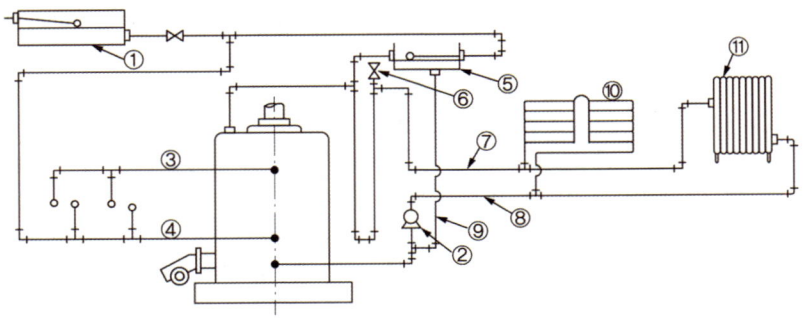

> 🎁 정답 및 해설
>
> 가. 급탕용 온수공급관 : ③
> 나. 난방용 온수환수관 : ⑧
> 다. 급수탱크 : ①
> 라. 팽창관 : ⑨
> 마. 방열관 : ⑩

**009** 증기난방과 비교한 온수난방의 특징 5가지만 쓰시오.

> 🎁 정답 및 해설
>
> - 예열시간이 길다.
> - 방열량 조절이 쉽다.
> - 동결의 우려가 작다.
> - 취급이 용이하고, 소규모 주택에 적합하다.
> - 온도조절이 용이하다.

> 🎁 참고
>
> 증기난방과 비교한 온수난방의 특징
> ① 예열시간이 길다.
> ② 방열량의 조절이 쉽다.
> ③ 동결의 위험이 작다.
> ④ 취급이 용이하고, 소규모 주택에 적합하다.
> ⑤ 온도조절이 용이하다.

**010** 다음 온수난방 방식에 대한 설명으로서 ① ~ ⑤에 알맞은 용어를 각각 쓰시오. (5점)

> 온수난방 방식은 분류 방법에 따라 여러 가지가 있는데 온수의 온도에 따라 분류하면 저온수 난방과 ( ① ) 난방이 있으며, 온수의 순환 방법에 따라 ( ② )식과 ( ③ )식으로 구분할 수 있으며, 온수의 공급 방향에 따라 ( ④ )식과 ( ⑤ )식이 있다.

### 정답 및 해설

① 고온수, ② 자연순환, ③ 강제순환, ④ 상향, ⑤ 하향

### 참고

**온수난방 방식**
- 온수 순환방식에 따른 분류 : 자연 순환식, 강제 순환식
- 배관방식에 따른 분류 : 단관식, 복관식
- 온수 순환방향에 따른 분류 : 상향식, 하향식
- 온수의 온도에 따른 분류 : 저온수 난방, 고온수 난방

**011** 난방 방식은 크게 개별식 난방과 중앙식 난방으로 나눌 수 있다. 그중 중앙식 난방법의 정의를 쓰고, 중앙식 난방법의 종류 3가지를 쓰시오.

### 정답 및 해설

가. 정의 : 건물 내의 한곳에 보일러, 가열기 등을 집중적으로 설치하여 건물의 각 부에 증기나 온수, 온풍 등을 공급하는 난방
나. 종류 : 직접 난방, 간접 난방, 복사(방사) 난방

### 참고

**난방법에 의한 분류**
① 개별식 난방 : 단독주택, 일반가정용 단독난방
② 중앙식 난방 : 건물 내의 한 곳에 보일러, 가열기 등을 집중적으로 설치하여 건물의 각 부에 증기나 온수, 온풍 등을 공급하는 난방
  - 직접 난방
  - 간접 난방
  - 방사 난방

**012** 관을 보온 피복하지 않았을 때 방열량이 650kcal/m²·h이고, 보온 피복하였을 때 방열량이 390kcal/m²·h이다. 이 보온재에 의한 보온 효율(%)을 구하시오.

> **정답 및 해설**
>
> - 계산과정 : $\dfrac{650 - 390}{650} \times 100 = 40$
> - 정답 : 40%

> **참고**
>
> 보온 효율 $= \dfrac{Q_0 - Q}{Q_0} \times 100$

# 에너지관리산업기사 실기(필답) 예상문제 06회

**001** 온수보일러를 설치한 후 가동 전에 온수보일러 설치·시공 기준에 따라 적합 여부를 확인해야 할 항목을 5가지 쓰시오.

> **정답 및 해설**
> - 수압시험
> - 보일러의 연소 및 배기성능시험
> - 연료계통의 누설상태검사
> - 순환펌프에 의한 온수순환시험
> - 자동제어에 의한 작동검사

> **참고**
> 설치·시공 검사항목
> ① 수압시험
> ② 보일러의 연소 및 배기성능시험
> ③ 연료계통의 누설상태검사
> ④ 순환펌프에 의한 온수순환시험
> ⑤ 자동제어에 의한 작동검사

**002** 다음에 주어진 배관 부속품 및 기호를 이용하여, 유체의 흐름방향을 고려하여 유량계의 바이패스(by-pass) 회로 배관을 완성하시오.

〈 사용부속 〉
- 유량계(Ⓟ) : 1개
- 스트레이너 : 1개
- 엘보 : 2개
- 밸브 : 3개
- 유니언 : 3개
- 티 : 2개

**정답 및 해설**

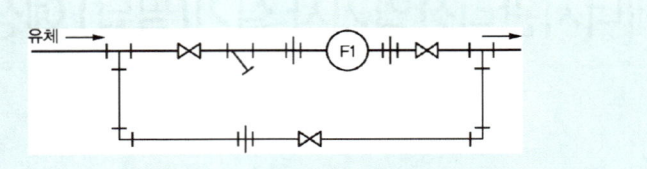

**003** 수동 롤러(로터리)형으로 강관을 180 굽힘 작업하였는데, 강관의 탄성 때문에 벤딩이 약간 펴지는 현상이 발생하였다. 이를 고려하여 굽힘 각도 180보다 3 ~ 5를 더 구부려 작업하는데, 이렇게 벤딩이 펴지는 현상을 무엇이라고 하는지 쓰시오.

**정답 및 해설**

스프링 백 현상

**참고**

강관을 구부림 작업했을 때 탄성 때문에 벤딩이 펴지는 현상을 스프링 백 현상이라 한다.

**004** 배관 시공 시 관을 배열해 놓고 수평을 맞출 필요가 있을 때 사용하는 측정기의 명칭을 쓰시오.

**정답 및 해설**

수평계

**005** 연소가스의 속도가 4m/sec이고, 가스의 양이 16m³/sec일 때, 굴뚝의 지름(m)을 구하시오.

**정답 및 해설**

- 계산과정 : $\sqrt{\dfrac{4 \times 16}{3.14 \times 4}} = 2.26$
- 정답 : 2.26m

> 참고

**006** 가동하기 전 보일러수의 온도가 20℃이고, 운전 시의 온수 온도가 80℃이다. 보일러 철의 무게가 0.8ton, 철의 비열이 0.12kcal/kg·℃일 때, 철만 가열하는 데 필요한 예열부하(kcal)를 구하시오.

> 정답 및 해설
> - 계산과정 : 800 × 0.12 × (80 − 20) = 5,760
> - 정답 : 5,760kcal

> 참고
> 예열부하 = [(철의 무게 × 철의 비열) + (전 수량 × 물의 비열)] × 온도 차

**007** 보일러 자동제어 중에서 인터록의 종류 3가지를 쓰고, 각각에 대하여 설명하시오.

> 정답 및 해설
> - 초과압력 인터록 : 보일러 운전 중 운전압력이 설정 압력 초과 시 보일러를 정지하는 제어
> - 저수위 인터록 : 보일러 운전 중 수위가 감소되어 저수위사고 직전에 경보를 울리고 저수위까지 수위가 감소하면 보일러 운전을 정지하는 제어
> - 불착화 인터록 : 노내 연료의 착화 과정에서 착화에 실패한 경우 미연소가스에 의해 가스폭발 또는 역화를 막기 위하여 연료공급을 차단하는 제어

> **참고**
>
> **인터록 제어**
> 운전 조작상태에서 조건이 불충분하다거나 다음의 진행에 미루어 불합리한 동작으로 변화하게 될 때 동작을 다음 단계에 도달하기 전에 기관을 정지하는 제어방식
> ① 초과압력 인터록 : 보일러 운전 중 운전압력이 설정 압력 초과 시 보일러를 정시시키는 제어
> ② 저수위 인터록 : 보일러 운전 중 수위가 감소되어 저수위사고 직전에 경보를 울리고 저수위까지 수위가 감소하면 보일러 운전을 정지하는 제어
> ③ 저연소 인터록 : 노 내 처음 점화 시 급격한 연소에 의한 내화물, 부동팽창, 보일러 재질의 악영향 등을 방지하기 위하여 최대 부하의 약 30% 정도에서 연소를 진행하다가 점차 부하를 증가시켜야 하는데, 이것이 순조롭게 이행되지 못하고 급격한 연소로 인하여 저연소 상태가 되지 않을 경우 연소를 차단시키는 제어
> ④ 프리퍼지 인터록 : 송풍기 고장으로 노 내에 통풍이 되지 않을 경우 연료공급 차단으로 보일러 운전이 정지되는 제어
> ⑤ 불착화 인터록 : 노 내 연료의 착화 과정에서 착화에 실패한 경우 미연소가스에 의해 가스폭발 또는 역화를 막기 위하여 연료공급을 차단시키는 제어

**008** 다음 파이프 관의 각 이음 기호를 도시하시오.

가. 나사 이음 :

나. 플랜지 이음 :

다. 유니언 이음 :

> **정답 및 해설**
>
> 가. 나사 이음 : ─┼─
>
> 나. 플랜지 이음 : ─╢╟─
>
> 다. 유니언 이음 : ─╢┃╟─

**009** 어떤 장치 내의 물을 가열하여 온도를 높이는 경우 물의 팽창량(L)을 구하는 식에 대하여 아래 기호를 사용하여 나타내시오. (단, $V = $ 가열 전 장치 내 전수량(L), $\rho_1$ : 가열 후 물(온수)의 밀도(kg/L), $\rho_2$ : 가열 전 물(온수)의 밀도(kg/L)이다.)

### 정답 및 해설

물의 팽창량$(L)$ : $\left(\dfrac{1}{\rho_1} - \dfrac{1}{\rho_2}\right) \times V$

### 참고

물의 팽창량$(L) = \left(\dfrac{1}{\rho_1} - \dfrac{1}{\rho_2}\right) \times V$

**010** 회전식 버너의 점화가 안 될 때 원인을 5가지만 쓰시오.

### 정답 및 해설

- 주전원 전압의 이상
- 점화용 트랜스의 전기 스파크 불량
- 공기량이 너무 많이 공급되었다.
- 점화버너의 가스압 이상
- 공기비의 조정 불량

### 참고

버너의 점화불량 원인
① 점화 버너의 가스압 이상
② 공기비의 조정 불량
③ 점화용 트랜스의 전기 스파크 불량
④ 보염기의 위치 불량
⑤ 공기압력 부족이나 과잉
⑥ 주전원 전압의 이상

**011** 중력순환식 온수난방을 위한 배관 설계를 하고자 한다. 보일러에서 최원단 방열기까지의 배관 직선길이가 100m이고. 순환수두는 200mmAq일 때 배관의 마찰손실(mmAq/m)을 구하시오. (단, 국부저항에 의한 상당길이는 직선길이의 50%로 한다.)

> 🔷 정답 및 해설
>
> - 계산과정 : $\dfrac{200}{50} = 4 (100 \times 0.5 = 50m \therefore 상당길이 = 직선길이 \times 0.5)$
> - 정답 : 4mmAq/m

**012** 지역난방(district heating system)에 대하여 설명하시오.

> 🔷 정답 및 해설
>
> 열공급시설의 열발생처에서 고압의 증기, 고온수를 생산하여 일정지역을 대상으로 공급함으로써 사용처에서는 열의 생산설비(보일러) 없이 공급라인을 통해 직접 또는 열교환기 등으로 저압의 증기, 저온수로 바꾸어 난방 및 급탕을 이용하는 집단난방 방식

# 에너지관리산업기사 실기(필답) 예상문제 07회

**001** 보일러 재료의 강도가 부족한 부분 또는 변형이 쉬운 부분에 설치하여 강도 증가와 변형방지를 위한 것이 버팀(스테이)이다. 아래 각 특징에 맞는 버팀의 명칭을 [보기]에서 골라 쓰시오.

〈 보기 〉
- 경사 스테이
- 관 스테이
- 나사 스테이
- 가셋 스테이
- 막대 스테이

가. 스코치 보일러의 간격이 좁은 두 개의 나란한 경판을 보강하는 스테이
나. 동체판과 경판 또는 관판에 연강봉을 경사지게 부착하여 경판을 보강하는 스테이
다. 연관보일러에 있어서 연관의 팽창에 따른 관판이나 경판의 팽출에 대한 보강재로서 총 연관의 30%가 스테이이며 연관 역할을 동시에 하는 스테이
라. 평 경판에 사용하며 경판과 동판 또는 관판이나 동판의 지지 보강대로서 판에 접속되는 부분이 큰 스테이
마. 진동충격 등에 따른 동체의 눌림 방지 목적으로 화실 천정의 압궤방지를 위한 가로 버팀이며 관판이나 경판 양쪽을 보강하는 스테이

> **정답 및 해설**
>
> 가. 나사 스테이
> 나. 경사 스테이
> 다. 관 스테이
> 라. 가셋 스테이
> 마. 막대 스테이

**002** 난방배관 시공 시 증기주관에서 입하관을 분기할 때의 이상적인 배관 시공도를 그리시오. (단, 사용 이음쇠는 티 1개, 90 엘보 3개이다.)

> 🔲 정답 및 해설

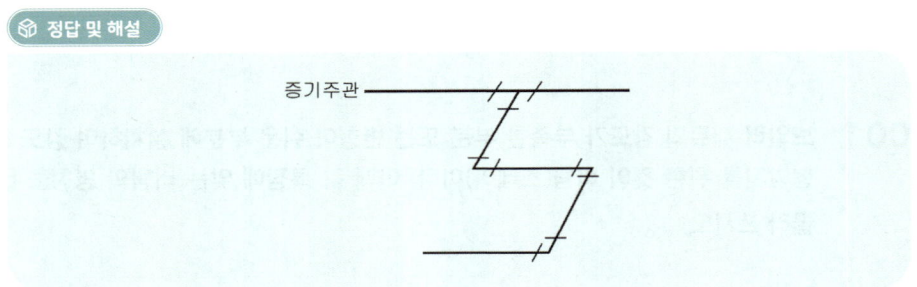

**003** 온수보일러의 순환펌프 설치 방법에 대한 설명이다. ( ) 안에 알맞은 말을 [보기]에서 골라 써 넣으시오.

〈 보기 〉

송수주관, 최대, 온수공급관, 여과기, 수평, 바이패스, 최소, 트랩, 환수주관, 수직

순환펌프에는 하향식 구조 및 자연순환이 곤란한 구조를 제외하고는 ( ① ) 회로를 설치해야 하며, 펌프와 전원콘센트 간의 거리는 가능한 한 ( ② )(으)로 하고, 누전 등의 위험이 없어야 하며, 순환펌프의 모터 부분을 ( ③ )(으)로 설치한다. 또한 펌프의 흡입 측에는 ( ④ )을(를) 설치해야 하며, ( ⑤ )에 설치한다.

> 🔲 정답 및 해설
>
> ① 바이패스 ② 최소 ③ 수평 ④ 여과기 ⑤ 환수주관

**004** 보일러의 실제 증발량이 1,000kg/h 이고, 발생증기의 엔탈피는 619kcal/kg, 급수엔탈피는 80kcal/kg일 때 이 보일러의 상당증발량(환산증발량, kg/h)을 구하시오.

> 🔲 정답 및 해설
>
> • 계산과정 : $\dfrac{1{,}000 \times (619 - 80)}{539} = 1{,}000$
>
> ∴ 상당증발량 $= \dfrac{\text{매시간당 증발량} \times (\text{증기엔탈피} - \text{급수엔탈피})}{539}$
>
> • 정답 : 1,000kg/h

**005** 어떤 거실의 방열기 상당방열 면적이 12m²이다. 온수난방일 때 난방부하(kcal/h)를 구하시오. (단, 방열기의 방열량은 표준방열량으로 한다.)

> **정답 및 해설**
> 
> - 계산과정 : 450 × 12 = 5,400  ∴ 난방부하 = 방열량 × 방열면적
> - 정답 : 5,400kcal/h

**006** 5ton/h인 수관식 보일러에서 연돌로 배출되는 배기가스량이 9,100Nm³/h이고, 연돌로 배출되는 배기가스 온도는 250℃이다. 이때 연돌의 상부 최소단면적이 0.7m²일 경우 배기가스 유속(m/s)을 구하시오.

> **정답 및 해설**
> 
> - 계산과정 : $\dfrac{9{,}100 \times (1 + 0.0037 \times 250)}{3{,}600 \times 0.7} = 6.95$
> 
> $$A = \dfrac{Q \times (1 + 0.0037 t℃) \times \dfrac{760}{P_t}}{3{,}600 \times V}$$
> 
> - 정답 : 6.95m/s

**007** 온수가 배관 내 흐를 때 관 내부와 마찰을 일으켜 압력손실을 가져오게 되는데, 이러한 손실을 줄이기 위하여 다음 각 요소를 어떻게 해야 하는지 쓰시오.

가. 굽힘 개소 :

나. 관경 :

다. 배관 길이 :

라. 유속 :

마. 유체 점도 :

> **정답 및 해설**
> 
> 가. 적게   나. 크게   다. 짧게   라. 느리게   마. 낮게

**008** 주택의 난방부하가 60,000kcal/h이고, 소요 급탕량이 40kg/h, 보일러 급수온도 15℃, 급탕온도 65℃일 때, 보일러 정격용량(kcal/h)을 구하시오. (단, 사용온수의 비열은 1kcal/kg·℃이고, 배관 열손실부하는 20%, 예열부하는 25%이다.)

> **정답 및 해설**
> - 계산과정 : [60,000 + 40 × 1 × (65 − 15)] × (1 + 0.2) × 1.25 = 93,000kcal/h
> - 답 : 93,000kcal/h

> **참고**
> $$H_m = (H_1 + H_2) \cdot (1+\alpha)\beta$$

**009** 90℃의 급탕 온수와 10℃의 냉수를 혼합하여 50℃의 온수 2,000kg/h가 되기 위해서는 90℃의 온수 급탕량(kg/h)이 얼마이어야 하는지 구하시오.

> **정답 및 해설**
> - 계산과정 : $\dfrac{2,000 \times 1 \times (90-50)}{1 \times (90-10)} = 1,000$
> - 답 : 1,000kg/h

**010** 자동제어의 신호전달 방식을 공기압식, 유압식, 전기식으로 분류할 때 전기식 신호전달 방식의 장점을 3가지 쓰시오.

> **정답 및 해설**
> - 신호전달의 지연이 없다.
> - 배선 용이
> - 장거리 신호의 전달이 가능하다.

> 참고

| 전달방식 | 장점 | 단점 |
|---|---|---|
| 공기식 | ① 배관이 용이하다.<br>② 위험성이 없다.<br>③ 보존이 비교적 용이하다. | ① 신호의 전달 지연이 있다.<br>② 조작 지연이 있다.<br>③ 원하는 특성을 살리기 어렵다. |
| 유압식 | ① 조작속도가 크다.<br>② 조작력이 강대하다.<br>③ 원하는 특성의 것을 만드는 것이 용이하다. | ① 기름이 넘치면 더럽다.<br>② 인화의 위험이 있다.<br>③ 수기압 정도의 유압원이 필요하다. |
| 전기식 | ① 배선의 용이하다.<br>② 신호의 전달지연이 없다.<br>③ 신호의 복잡한 취급이 용이하다. | ① 조작속도가 빠른 비례조작부를 만드는 것이 곤란하다.<br>② 보존에 기술이 요한다. |

**011** 여러 개의 온수방열기가 연결된 경우 배관의 순환율을 같게 하여 건물 내의 각실 온도를 일정하게 유지시키는 배관 방식을 쓰시오.

> 정답 및 해설

역귀환 방식(리버스 리턴 방식)

**012** 두께 1m의 벽체가 있다. 실내온도가 50℃이고 실외온도가 30℃일 때 벽체면적 $5m^2$로부터 손실하는 열량(kcal/h)을 구하시오. (단, 벽체의 열전도율은 760kcal/m·h·℃이다.)

> 정답 및 해설

• 계산과정 : $\dfrac{760 \times 5 \times (50-30)}{1} = 76{,}000$

• 답 : 76,000kcal/h

> 참고

$$Q = \dfrac{\lambda \times A \times \Delta t}{b}$$

# 에너지관리산업기사 실기(필답) 예상문제 08회

**001** 다음 중 온수난방과 관련된 사항으로 옳게 설명된 것을 골라 그 번호를 모두 쓰시오.

> ① 운전이 정지되면 전체 배관 내에 공기가 채워진다.
> ② 물의 현열을 이용한다.
> ③ 대규모의 아파트 단지에 적합하다.
> ④ 운전정지 후 일정시간 방열이 지속된다.
> ⑤ 예열부하가 크다.
> ⑥ 열매체의 잠열과 현열을 이용하는 난방법이다.
> ⑦ 방열기 표면 온도가 낮아 쾌감도가 높고, 화상의 위험이 적다.
> ⑧ 배관 방식에 따라 중력 순환식과 강제 순환식 온수난방으로 구분한다.
> ⑨ 방열기를 이용한 온수난방은 대류 난방법에 속한다.

**정답 및 해설**

②④⑤⑦⑨

**002** 강관과 비교한 동관의 특징을 설명한 것이다. ( )속에 단어 중 옳은 것을 표시하시오.

> 동관은 강관에 비하여 유연성이 ( 크고, 작고 ), 유체 흐름에 대한 마찰저항이 ( 크다, 작다 ). 또한, 내식성이 ( 작으며, 크며 ), 열전도율이 ( 크고, 작고 ), 같은 호칭경으로 비교할 경우 무게가 ( 가볍다, 무겁다 ).

**정답 및 해설**

동관은 강관에 비하여 유연성이 ( 크고 ), 유체 흐름에 대한 마찰저항이 ( 작다 ). 또한, 내식성이 ( 크며 ), 열전도율이 ( 크고 ), 같은 호칭경으로 비교할 경우 무게가 ( 가볍다 ).

**003** 보일러 내부 부식에 대한 종류 및 원인 또는 현상이다. ( )안에 알맞은 용어를 적으시오.

| 구분 | 부식의 종류 | 원인 또는 현상 |
|---|---|---|
| 내부 부식 | ( 가 ) | 보일러수 pH 12이상<br>[$Fe(OH)_2$] |
| | ( 나 ) | 좁쌀알크기의 반점<br>[용존산소] |
| | ( 다 ) | 열응력에 의한 홈<br>[V, U자] |

> **정답 및 해설**
>
> 가. 알칼리부식(가성취화)
> 나. 점식
> 다. 구식(Grooving)

**004** 다음은 보일러에 관련된 자동제어 용어에 대한 설명이다. 각각 어떤 자동제어인지 쓰시오.

가. 미리 정해진 순서에 따라 제어의 각 단계가 순차적으로 진행되는 제어
나. 결과(출력)를 원인(입력) 쪽으로 되돌려 입력과 출력과의 편차를 계속적으로 수정시키는 제어

> **정답 및 해설**
>
> 가. 시퀀스 제어
> 나. 피드백 제어

> **참고**
>
> ① 피드백 제어(feed-back control system) : 자동제어방식의 기본적인 것으로 신호에 의하여 주어진 목표값과 조작한 결과인 제어량이 원인이 되어 제어동작을 되돌려 진행하는 것으로 출력측의 신호를 입력측으로 돌려보내는 조작으로 폐회로를 구성한다.
> ② 시퀀스 제어(sequence control system) : 피드백 제어에 의하지 않고 정해진 순서에 따라 제어단계를 순차적으로 진행하는 방식

**005** 다음의 방열기 도면 표시를 보고 아래 [보기] 설명의 ① ~ ⑤에 알맞은 숫자를 쓰시오.

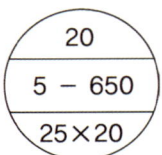

〈 보기 〉

위의 방열기는 ( ① )세주형, 높이 ( ② )mm, ( ③ )섹션을 조합하였고, 유입관의 지름이 ( ④ )mm, 유출관의 지름은 ( ⑤ )mm 이다.

> 🎁 정답 및 해설
>
> ① 5세주형
> ② 650
> ③ 20
> ④ 25
> ⑤ 20

**006** 원심식 송풍기의 풍량조절 방법 3가지를 쓰시오.

> 🎁 정답 및 해설
>
> • 댐퍼의 조절에 의한 방법
> • 섹션 베인의 개도에 의한 방법
> • 전동기(송풍기) 회전수에 의한 방법

> 🎁 참고
>
> ① 댐퍼의 조절에 의한 방법
> ② 섹션 베인의 개도에 의한 방법
> ③ 전동기(송풍기) 회전수에 의한 방법
> ④ 가변피치 조절에 의한 방법(송풍기 케이스 흡입구에 붙인 가변날개)

**007** 보일러가 연속 운전되는 동안 증기의 부하가 변하면 수위 변동이 발생한다. 이때 일정 수위를 유지하기 위해 설치하는 수위제어 검출 방식 종류를 3가지만 쓰시오.

> **정답 및 해설**
> - 플로트식(맥도널식)
> - 전극봉식
> - 코프스식

**008** 배관의 관 높이 표시기호에 대하여 각각 설명하시오.

가. G.L(Ground Line) :

나. B.O.P(Bottom of pipe) :

> **정답 및 해설**
> 가. 포장된 지면을 기준으로 하여 배관장치의 높이를 표시할 때 적용된다.
> 나. 지름이 서로 다른 관의 높이 표시방법으로 관 바깥지름의 아랫면까지의 높이를 기준으로 표시한 것.

> **참고**
> ① E.L 표시 : 배관의 높이를 관의 중심을 기준으로 표시한 것
> ② B.O.P : 지름이 서로 다른 관의 높이 표시방법으로 관 바깥지름의 아랫면까지의 높이를 기준으로 표시한 것
> ③ T.O.P : 관의 바깥지름의 윗면을 기준으로 표시한 것
> ④ G.L : 포장된 지면을 기준으로 하여 배관장치의 높이를 표시할 때 적용된다.
> ⑤ F.L : 각층 바닥을 기준으로 하여 높이를 표시한 것

**009** 호칭지름 15A의 관으로 다음 그림과 같이 나사이음을 할 때 중심간의 길이를 600mm로 하려면 관의 절단 길이($l$)는 몇 mm로 해야 하는지 구하시오. (단, 호칭 15A 엘보의 중심선에서 단면까지의 길이는 27mm, 나사에 물리는 최소 길이는 11mm이다.)

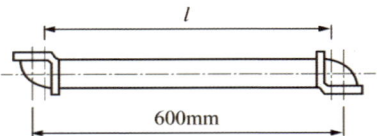

> **정답 및 해설**
>
> - 계산과정 : $600 - 2(27 - 11) = 568$
> - 답 : 568mm

**010** 열교환기의 효율을 향상시키는 방법을 3가지 쓰시오.

> **정답 및 해설**
>
> - 열교환기를 자주 세척한다.
> - 열교환기 면적을 넓게 한다.
> - 마찰저항을 적게 한다.

**011** 연소의 3요소를 쓰시오.

> **정답 및 해설**
>
> - 가연물
> - 산소공급원
> - 점화원

012  다음 그림은 온수보일러 설치 개략도이다. 아래 물음에 답하시오.

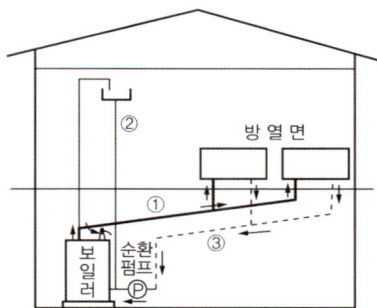

가. 온수의 공급방향에 따라 분류할 때, 위의 그림은 어떤 방식인지 쓰시오.

나. 위의 그림에서 ① ~ ③은 용도상 어떤 관을 의미하는지 쓰시오.

> **정답 및 해설**
>
> 가. 상향식
> 나. ① 송수주관 ② 팽창관 ③ 환수주관

# 에너지관리산업기사 실기(필답) 예상문제 09회

**001** 풍량이 150m³/min이고 풍압이 6kPa인 송풍기가 있다. 송풍기의 전압효율이 60%일 때, 송풍기의 축동력(kW)을 구하시오.

> **정답 및 해설**
>
> - 계산과정 : $\dfrac{150 \times 600}{102 \times 60} = 14.71$
>
>   ∴ 6kPa를 600kg/m²으로 환산한다.
> - 답 : 14.71KW

**002** 다음은 PB관(Polybutylene)의 연결 방법에 대한 설명이다. 가 ~ 라 안에 적합한 답을 아래 [보기]에서 골라 그 번호를 쓰시오.

> PB관 이음부속은 캡(cap), ( 가 ), 와셔(washer), ( 나 )의 순서로 구성되며, 용접이나 나사이음이 필요 없이 ( 다 )방식으로 시공한다. 부속에 관을 연결할 때는 절단된 관의 끝부분 속으로 ( 라 )를 밀어 넣어야 한다.

〈 보기 〉

① 그랩 링(grab ring)  ② 푸시 피트(push – fit)
③ 오 – 링(O – ring)  ④ 압착 이음(pressure fit)
⑤ 서포트 슬리브(support sleeve)  ⑥ 얀(yarn)

> **정답 및 해설**
>
> 가. ③
> 나. ①
> 다. ②
> 라. ⑤

참고

**003** 다음은 열전달 형태와 그와 관련된 법칙을 나열한 것이다. 서로 관계있는 것끼리 선으로 연결하시오.

전도 •                • 푸리에(Fourier)의 법칙
대류 •                • 스테판 – 볼츠만(Stefan – Boltzman)의 법칙
복사 •                • 뉴턴(Newton)의 법칙

 정답 및 해설

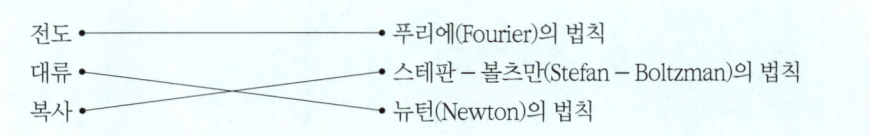

 참고

① 전도(푸리에의 법칙)
② 대류(뉴튼의 냉각 법칙)
③ 복사(스테판 – 볼츠만의 법칙)

**004** 난방부하가 21kW인 사무실의 방열면적(m²)을 구하시오. (단, 방열기의 방열량은 523.3W/m²이다.)

> 🔲 **정답 및 해설**
>
> - 계산과정 : $\dfrac{21{,}000}{523.3} = 40.13$
> - 답 : 40.13m²

> 🔲 **참고**
>
> 방열면적 = $\dfrac{난방부하}{방열기\ 방열량}$

**005** 다음의 배관 등각투상도를 보고 아래 답란에 '평면도'로 나타내시오.(단, 각 연결부위는 나사접합이다.)

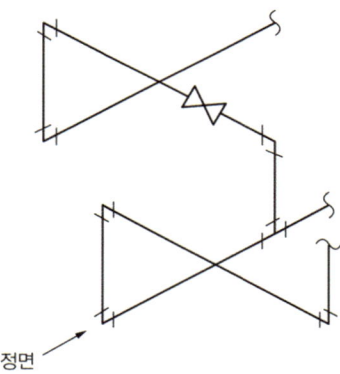

정면

> 🔲 **정답 및 해설**

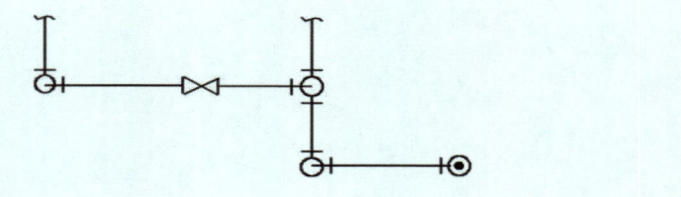

**006** 아래 그림(①, ②)은 체크밸브의 단면을 간략하게 도시한 것이다. 각 물음에 답하시오.

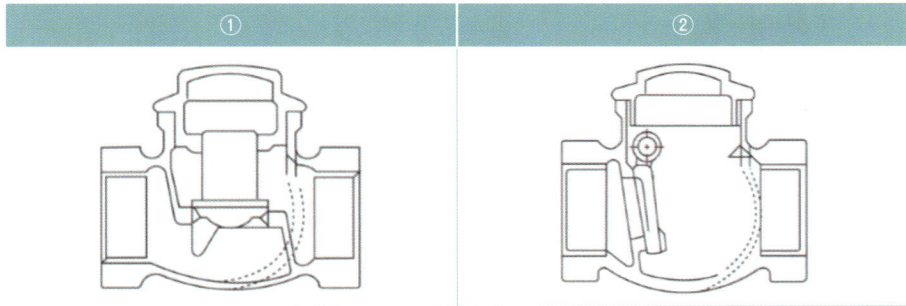

가. 구조를 보고 ①, ②체크밸브의 형식을 쓰시오.
나. 구조상 수평배관에만 사용 가능한 밸브는 ①, ② 중 어느 것인지 그 번호를 쓰시오.

> **정답 및 해설**
>
> 가. ① 리프트식 ② 스윙식
> 나. ①

> **참고**
>
> 체크밸브(역류방지밸브)
> 유체의 역류를 방지하기 위해 설치되며, 스윙식은 수직, 수평배관에 사용이 가능하나 리프트식은 수평배 관에만 사용이 가능하다.

**007** 온도 10℃, 길이 15m인 강관이 있다. 강관 내에 온수가 통과하면서 강관의 온도가 85℃가 되었다면 열팽창에 의해 관의 늘어난 길이(mm)를 구하시오. (단, 강관의 평균 선팽창계수는 0.0002mm/mm·℃이다.)

> **정답 및 해설**
>
> - 계산과정 : $0.0002 \times 15{,}000 \times (85 - 10) = 225$
> - 답 : 225mm

> **참고**
>
> 열팽창에 의한 늘어난 길이
> 선팽창계수 × 길이 × 온도차

**008** 내경 25mm인 관에 유속 7m/s로 물이 흐른다면 시간당 급수량(m³/h)을 구하시오.

> **정답 및 해설**
> 
> - 계산과정 : $\dfrac{3.14 \times (0.025)^2}{4} \times 7 \times 3{,}600 = 12.36$
> - 답 : 12.36m³/h

> **참고**
> 
> $Q = A \times V = \dfrac{\pi \times (D)^2}{4} \times V$

**009** 온수난방 배관도에 다음과 같은 방열기 도시기호가 표시되어 있다. 아래 물음에 답하시오.

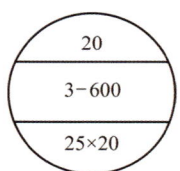

가. 방열기의 형식과 높이(치수)를 각각 쓰시오.
- 형식 :
- 높이(치수) : 600mm

나. 방열기 1조당 섹션수(쪽수)를 쓰시오.

다. 유입 관경과 유출 관경을 각각 쓰시오.
- 유입 관경 :
- 유출 관경 :

> **정답 및 해설**
> 
> 가. 형식 : 3세주형, 높이(치수) : 600mm
> 나. 20
> 다. 유입 관경 : 25mm, 유출 관경 : 20mm

**010** 기체연료의 장점을 5가지만 쓰시오.

> 🎁 **정답 및 해설**
>
> - 연소효율이 높다.
> - 작은 공기비로 완전연소가 가능하다.
> - 대기오염을 초래하지 않는다.
> - 점화, 소화가 용이하다.
> - 전열면 오손이 적다.

**011** 다음은 보일러의 자동제어에 관한 설명이다. 가, 나의 ( )안에 들어갈 알맞은 내용을 쓰시오.

> 보일러 자동제어의 요소 중 검출부에서 검출한 제어량과 목표치를 비교하여 나타낸 그 오차를 ( 가 )(이)라고 하며, 편차의 정(+), 부(−)에 의하여 조작 신호가 최대·최소가 되는 제어 동작을 ( 나 )동작이라고 한다.

> 🎁 **정답 및 해설**
>
> 가. 제어 편차
> 나. ON − OFF 동작 또는 2위치 동작

> 🎁 **참고**
>
> ① 제어편차 : 제어계에서 어느 목푯값의 변화나 외란이 주어졌을 때 제어량과 목푯값과의 사이에 생긴 편차
> ② ON − OFF 동작 : 편차의 정(+), 부(−)에 의하여 조작 신호가 최대·최소가 되는 제어 동작

**012** 보일러의 부하가 34000kcal/h, 효율이 85%인 경우, 버너의 연료소비량(kg/h)을 구하시오. (단, 사용 연료의 저위발열량은 10000kcal/kg으로 한다.)

> **정답 및 해설**
>
> - 계산과정 : $\dfrac{34,000}{0.85 \times 10,000} = 4$
> - 답 : 4kg/h

> **참고**
>
> $$연료소비량 = \dfrac{보일러\ 부하}{효율 \times 연료의\ 발열량}$$

# 에너지관리산업기사 실기(필답) 예상문제 10회

**001** 다음 〈보기〉의 내용은 난방배관에 대해 설명한 것이다. 가 ~ 라의 (   )안에 들어갈 알맞은 내용을 각각 쓰시오.

〈 보기 〉

- 집단주택 등 소속구 내의 각 건물 혹은 시가지에서 특정지역 전부에 걸쳐 특정의 보일러에서 열매체를 보내 전체를 난방하는 일종의 중앙식 난방법은 ( 가 ) 난방법이다.
- 응축수 환수법에 따라 증기난방법을 분류하면 기계환수식, ( 나 ), ( 다 )(으)로 나눌 수 있다.
- 보통 고온수식 난방은 ( 라 )℃ 이상의 고온수를 사용하며, 밀폐식 팽창탱크를 설치한다.

### 정답 및 해설

가. 지역
나. 진공환수식
다. 중력환수식
라. 100

### 참고

① 지역난방 : 집단주택 등 소속구 내의 각 건물 혹은 시가지에서 특정지역 전부에 걸쳐 특정의 보일러에서 열매체를 보내 전체를 난방하는 형식
② 응축수 환수법 : 중력환수식, 기계환수식, 진공환수식
③ 온수의 온도에 의한 분류
  - 고온수식 온수난방 : 장치내 압력을 가해 온수의 온도를 100[℃] 이상으로 난방하며 이를 위해 밀폐식 팽창 탱크를 설치한다.
  - 보통온수식 온수난방 : 85~90[℃]의 온수로 난방하며 장치의 최상부에 개방식 팽창 탱크를 설치한다.

**002** 강철제보일러의 최고사용압력이 0.4MPa일 때 수압시험 압력(MPa)은 얼마인지 쓰시오.

> 정답 및 해설
> 
> $0.4 \times 2 = 0.8 \text{Mpa}$

> 참고
> 
> ① 강철제 보일러
> - 최고사용압력이 0.43MP(4.3kgf/cm$^2$) 이하일 때에는 그 최고사용압력의 2배의 압력으로 한다. 다만, 그 시험압력이 0.2MPa(2kgf/cm$^2$) 미만인 경우에는 0.2MPa(2kgf/cm$^2$)로 한다.
> - 최고 사용압력이 0.43MPa(4.3kgf/cm$^2$) 초과 1.5MPa(15kgf/cm$^2$) 이하일 때에는 그 최고사용압력의 1.3배에 0.3MPa(3kgf/cm$^2$)를 더한 압력으로 한다.
> - 보일러의 최고사용압력이 1.5MPa(15kgf/cm$^2$)를 초과할 때에는 그 최고사용압력의 1.5배의 압력으로 한다.
> ② 주철제보일러
> - 최고사용압력이 0.43MPa(4.3kgf/cm$^2$) 이하 일 때는 그 최고사용압력의 2배의 압력으로 한다. 다만, 시험 압력이 0.2MPa(2kgf/cm$^2$) 미만인 경우에는 0.2MPa( kgf/cm$^2$)로 한다.
> - 최고사용압력이 0.43MPa(4.3kgf/cm$^2$)를 초과 할 때는 그 최고사용압력의 1.3배에 0.3MPa(3kgf/cm$^2$)을 더한 압력으로 한다.

**003** 그림과 같이 벽의 좌측 고온 유체로부터 우측의 저온 유체로 열이 통과하고 있다. 다음 기호를 사용하여 열관류율(W/m$^2$·K)을 구하는 공식을 쓰시오.

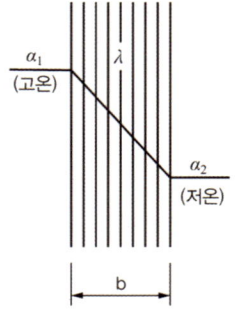

$K$ : 열관류율(W/m$^2$ · K)
$\alpha_1$ : 고온 유체와 벽과의 열전달률(W/m$^2$ · K)
$\alpha_2$ : 저온 유체와 벽과의 열전달률(W/m$^2$ · K)
$\lambda$ : 벽 내부의 열전도율(W/m · K)
$b$ : 벽의 두께(m)

> 정답 및 해설
> 
> $$K = \dfrac{1}{\dfrac{1}{\alpha_1} + \dfrac{b}{\lambda} + \dfrac{1}{\alpha_2}}$$

**004** 관 지지 장치 중 행거(hanger)의 종류를 3가지 쓰시오.

> **정답 및 해설**
> - 리지드 행거
> - 스프링 행거
> - 콘스탄트 행거

> **참고**
> 행거(hanger)
> 배관의 하중을 위에서 잡아주는 장치
> ① 리지드 행거(rigid hanger) : I빔에 턴버클을 이용 지지하는 것으로 상하방향에 변위에 없는 곳에 사용한다.
> ② 스프링 행거(spring hanger) : 턴버클 대신 스프링을 사용한 것이다.
> ③ 콘스탄트 행거(constant hanger) : 배관의 상하이동에 관계없이 관지지력이 일정한 것으로 중추식과 스프링식이 있다.

**005** 내경 20mm인 관을 통하여 보일러에 시간당 $0.25m^3$의 급수를 하는 경우 관내 급수의 유속(m/s)을 구하시오.

> **정답 및 해설**
> - 계산과정 : $\dfrac{0.25}{\dfrac{3.14 \times (0.02)^2}{4} \times 3{,}600} = 0.22$
> - 답 : 0.22m/s

> **참고**
> $Q = A \times V$
> $\therefore V = \dfrac{Q}{\dfrac{\pi D^2}{4}}$

**006** 다음 각 보일러설비에 해당되는 기기 및 부속명을 [보기]에서 골라 모두 쓰시오.

〈 보기 〉
점화장치, 인젝터, 과열기, 분연장치, 급수내관, 절탄기, 방폭문, 안전밸브

가. 급수장치 :

나. 연소장치 :

다. 폐열회수장치 :

라. 안전장치 :

> 📦 정답 및 해설
>
> 가. 인젝터, 급수내관
> 나. 점화장치, 분연장치
> 다. 과열기, 절탄기
> 라. 방폭문, 안전밸브

**007** 아래에서 설명하는 증기트랩의 종류를 쓰시오.

- 열교환기와 같이 많은 양의 응축수가 연속적으로 발생되는 곳에 적합하다.
- 구조상 공기의 배제가 곤란하여, 공기를 배제하기 위한 벨로즈를 내장한 형식도 있다.
- 에어벤트(air vent)를 별도로 설치하여야 한다.
- 동파의 우려가 있으며 수격작용이 심한 곳에는 사용하기 곤란하다.

> 📦 정답 및 해설
>
> 플로트식 트랩

**008** 용융 석영을 방사하여 만든 실리카 물이나 고석회질의 규산유리로 융점이 높고, 내약품성이 우수하여 고온용 단열재로 사용되며 최고 사용온도는 1100℃ 정도인 무기질 보온재의 종류를 쓰시오.

> 정답 및 해설
>
> 실리카 화이버

**009** 다음은 온수온돌의 시공 순서이다. 순서에 맞게 ( ) 안에 알맞은 작업명을 아래 [보기]에서 골라 쓰시오.

〈 보기 〉

배관작업 수압시험 방수처리 골재 충진작업 보일러 설치
배관기초 → ( 가 ) → 단열처리 → 받침재 설치 → ( 나 ) → 공기방출기 설치 → ( 다 ) → 팽창탱크 설치 → 굴뚝 설치 → ( 라 ) → 온수 순환시험 및 경사 조정 → ( 마 ) → 시멘트 모르타르 바르기 → 양생 건조 작업

> 정답 및 해설
>
> 가. 방수처리
> 나. 배관작업
> 다. 보일러 설치
> 라. 수압시험
> 마. 골재 충전작업

**010** 다음은 온수보일러 순환펌프 주위 바이패스 배관을 나타낸 것이다. 아래 물음에 답하시오.

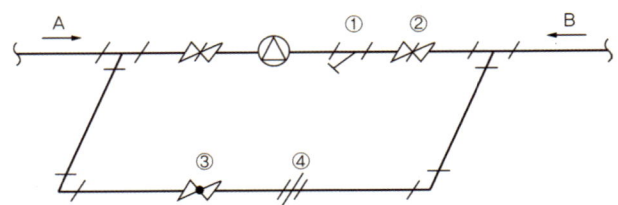

가. 부품 ① ~ ④의 명칭을 각각 쓰시오.

나. 온수의 흐름 방향은 "A"와 "B" 중 어느 것인지 쓰시오.

> 🟦 정답 및 해설
>
> 가. ① 여과기, ② 슬로스 밸브, ③ 글로브 밸브, ④ 유니언
> 나. B

**011** 상향 공급식 중력순환의 온수난방에서 송수의 온도는 86℃이고 환수의 온도는 64℃이다. 응접실에 설치 할 방열기의 소요방열면적($m^2$)을 구하시오. (단, 실내온도는 18℃이고, 응접실의 난방부하는 4kW, 방열기의 방열계수는 8.25W/$m^2 \cdot$℃이다.)

> 🟦 정답 및 해설
>
> • 계산과정 : $\dfrac{4,000}{8.25 \times \left(\dfrac{86+64}{2} - 18\right)} = 8.51$
>
> • 답 : 8.51$m^2$

> 🟦 참고
>
> ①
> ②

**012** 방의 온수난방에서 실내온도를 20℃로 유지하려고 하는데 소요되는 열량이 시간당 125MJ이 소요된다고 한다. 이 때 송수의 온도가 80℃이고, 환수의 온도가 15℃라면 온수의 순환량(kg/h)을 구하시오. (단, 온수의 비열은 4174J/kg·℃이다.)

> 정답 및 해설
>
> - 계산과정 : $\dfrac{125{,}000{,}000}{4{,}174 \times (80-15)} = 460.73$
> - 답 : 460.73kg/h

# CHAPTER 11

PART 2. 필답 실기편

# 에너지관리산업기사 과년도 복원 문제

| 에너지관리산업기사 실기(필답형) 과년도 복원문제 | | | |
|---|---|---|---|
| 자격종목 | 에너지관리산업기사 | 시행년도 | 2023년 1회 |

**001** 이론통풍력이 10mmAq, 배기가스 평균온도 150°C, 외기공기온도가 20°C일 때 굴뚝의 높이는 몇 m인지 구하시오. (단, 표준 상태에서 공기의 비중량은 1.29kg/Nm³, 연소가스 비중량은 1.34kg/Nm³이며 굴뚝 내의 각종 압력 손실은 무시한다.)

**정답 및 해설**

$$H = \frac{10}{273 \times \left(\frac{1.29}{(273+20)} - \frac{1.34}{(273+150)}\right)} = 29.66 \text{m}$$

**참고**

이론통풍력 계산식
① $Z(mmH_2O) = H \times (ra - rg)$
② $Z(mmH_2O) = H \times 273 \times \left(\frac{ra}{273+ta} - \frac{rg}{273+rg}\right)$
③ $Z(mmH_2O) = 355 \times H \times \left(\frac{1}{273+ta} - \frac{1}{273+rg}\right)$

여기서 $H$ : 굴뚝높이m, $rg$ : 가스비중량(kg/Nm³), $ra$ : 대기 비중량(kg/Nm³)
$ta$ : 외기온도 °C, $tg$ : 배기가스온도 °C

**002** 관내 유체가 압력 1.2MPa, 관지름이 25mm인 오리피스 속을 20m/s 유속으로 흐를 때 유량은 몇 kg/h인가? (단, 압력 1.2MPa에서 유체 비체적은 0.15 m²/kg이다)

### 정답 및 해설

$$Q = \frac{\pi \times 0.025^2 (m^2)}{4} \times 20(m/s) \times 3600(s/h) = 35.34 \, m^3/h$$

$$\therefore \frac{35.34(m^3/h)}{0.15(m^3/kg)} = 235.61 \, (kg/h)$$

### 참고

$Q = A \cdot V$ 에서 $Q = $ 유량($m^3/h$), $A = $ 단면적($m^2$), $V = $ 유속(m/sec)

$$\therefore Q = A \cdot V = \frac{\pi \times d^2}{4} \times V$$

**003** 조성이 C : 80(%) H : 10(%), O : 3(%), S : 2(%), 기타(비연소물) : 5(%)인 중유를 연소하고자 할 때 발생되는 배기가스량(습연소가스량)[Nm³/kg]를 구하시오. (단, 이론 공기량은 9.75[Nm³/kg]이다)

### 정답 및 해설

이론 배기가스량 = $(1-0.21)A_0 + CO_2 + H_2O + SO_2 + $ 기타 [Nm³/kg]에서

$= (1 - 0.21)9.75 + \left(\frac{22.4}{12} \times 0.8\right) \div \left(\frac{22.4}{2} \times 0.1\right) + \left(\frac{22.4}{32} \times 0.02\right) + (1 \times 0.05)$

$= 10.38 [Nm^3/kg]$

### 참고

이론산소량($O_0$) =
$1.867 C + 5.6 \left(H - \frac{O}{8}\right) = 0.7 S [Nm^3/kg] = 2.667 C + 8\left(H - \frac{O}{8}\right) + 1 S [Nm^3/kg]$

이론공기량($A_0$) =
$8.89 C + 26.27 \left(H - \frac{O}{8}\right) + 3.33 S [Nm^3/kg]$
$= 8.89 C + 26.67 H + 3.33 (S - 0)$
$= \left[1.867 + 5.6\left(H - \frac{O}{8}\right) + 0.7 S\right] \times \frac{100}{21} [Nm^3/kg]$

배기가스 관계식

1. 건배기가스

① 이론 건배기가스량($G_{od}$) = $8.89C + 21.07(H - \dfrac{O}{8}) + 3.33S + 0.8N$ [Nm³/kg]

② 실제 건배기가스량($G_d$) = $G_{od} + (m-1)A_0 = G_w - W_g$ [Nm³/kg]

2. 습배기가스

① 이론 습배기가스량($G_{ow}$) = $G_{od} - 1.244(9H + W)$
 = $8.89C + 32.27(H - \dfrac{O}{8}) + 3.33S + 0.8N + 1.244W$ [Nm³/kg]

② 실제 습배기가스량($G_w$) = $G_{ow} + (m-1)A_0 = G_d - W_g$ [Nm³/kg]

3. 연소생성 수증기량 : $W_g = 1.244(9H + W)$

**004** 아래의 화염 검출기에 대한 설명을 보고 ( )에 알맞은 기호를 보기에서 골라 쓰시오.

가. 연소중 발생되는 연소가스의 열에 의해 전기적 신호를 만들어 화염의 유무를 검출한다. ( )

나. 화염 광선이 들어오면 저항치가 변화하는 이러한 광학적 현상을 이용하여 화염을 검출한다. ( )

다. 화염의 광선이 닿으면 금속으로부터 광전자가 방출하는 광전 효과에 의해 화염을 검출한다. ( )

라. 보일러 버너의 로드(전극)에 교류 전압을 가하여 화염의 도전현상을 이용해 화염을 검출한다. ( )

〈 보기 〉

① 황화카드뮴셀, 황화납셀
② 바이메탈식, 열전대식
③ 적외선 광전관식, 자외선 광관식
④ 플레임로드

**정답 및 해설**

가. ② 나. ① 다. ③ 라. ④

> 참고

**화염검출기의 종류**
① 프레임아이(빛의 발광체 이용): (광학적 성질) 방사선을 전기적 신호로 바꾸어 화염의 점화 유무 검출
  ▶ 종류 :
    ㉠ CdS(황화카드뮴광전도)셀 : 경유버너용
    ㉡ PBS(황화납)셀 : 기름, 가스연소용
    ㉢ 적외선광전관
    ㉣ 자외선광전관 : 기름, 가스연소용
② 프레임로드(가스연료용) : 화염의 이온화 현상을 전기전도성으로 검출
  ▶ 종류 :
    ㉠ PBS(황화납)셀 : 기름, 가스연소용
    ㉡ 자외선광전관 : 기름, 가스연소용
    ㉢ 프레임로드
③ 스틱스위치 : 화염의 발열현상을 이용한 바이메탈에 의한 팽창현상으로 화염 검출(연도에 설치)

**005** 배관을 지지할 목적으로 사용하는 행거의 종류 3가지를 쓰시오.

> 정답 및 해설

① 리지드 행거    ② 스프링 행거    ③ 콘스탄트 행거

> 참고

**관 지지쇠**
1) 행거 : 배관중량을 천장에서 지지하는 것.
  ▶ 종류
    ① 리지드 행거    ② 스프링 행거    ③ 콘스탄트 행거
2) 리스드레인트 : 온팽창으로 인한 배관의 좌우, 상하 이동을 제한하는 장치
  ▶ 종류
    ① 행거    ② 스톱    ③ 가이드
3) 서포트 : 배관하중을 밑에서 떠받쳐 지지하는 것.
  ▶ 종류
    ① 스프링 서포트    ② 롤러 서포트    ③ 파이프 슈    ④ 리지드 서포트

**006** 호칭지름이 20[A]인 동관의 곡률 반지름이 120[mm]이고, 굽힘 각도를 90°로 벤딩하고자 할 때 필요한 곡선부의 길이는 몇 mm인가?

**정답 및 해설**

$$\ell = \frac{2\pi R\theta}{360} \text{에서 } \frac{2 \times \pi \times 120 \times 90}{360} = 188.50\text{mm}$$

**참고**

곡관길이 계산식

$$\ell = \frac{2\pi R\theta}{360} \quad (R : 곡률반경, \ \theta : 각도)$$

**007** 1시간에 20℃의 물 600kg을 열교환기에 의해 80℃의 온수로 만들 때 0.2MPa 증기를 생산하는 열교환기의 전열면적 [㎡]는 얼마인가? (단, 물과 증기의 대수평균 온도차는 80℃, 현열 562[kJ/kg], 잠열 216[kJ/kg], 온수비열 4.184[kJ/kg℃], 열전달계수 2,511[kJ/㎡ h℃]이다.)

**정답 및 해설**

$$600 \times 4.184 \times (80-20) = 2,511 \times A \times 80$$

$$\therefore A = \frac{600 \times 4.184 \times (80-20)}{2,511 \times 80} = 0.75$$

**008** 온수 순환 펌프의 나사이음 바이패스(by-pass) 배관도를 아래 보기의 부속을 사용하여 도시하고, 유체 흐름 방향을 화살표로 표시하시오.

〈 보기 〉

- 펌프(P) : 1개
- 티 : 2개
- 글로브 밸브 : (⋈) : 1개
- 유니언(⊣⊢) : 3개
- 게이트 밸브(⋈) : 2개
- 엘보 : 2개
- 스트레이너(⊣) : 1개

> **정답 및 해설**

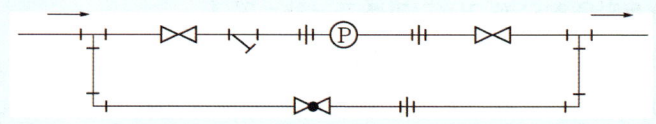

> **참고**
>
> 바이패스(배관)회로 : 보일러 배관에서 순환펌프, 유량계, 수량계, 감압밸브 등의 고장이나 보수 수리에 대비하여 설치하는 배관.

**009** 보일러에 사용되는 연돌의 설치 목적 3가지를 쓰시오.

> **정답 및 해설**
>
> 배기가스를 배출한다. 유효한 통풍량을 얻기 위함(자연통풍). 매연에 의한 대기오염을 방지한다. (역풍 방지)

**010** 복사난방 장점을 2가지를 쓰시오.

> **정답 및 해설**
>
> 쾌감도가 좋다. 실내공간의 이용률이 높다. 동일 방열량에 대한 열손실이 적다.

> **참고**
>
> ① 장점: 쾌감도가 좋다. 실내공간의 이용률이 높다(방열기 설치 불필요). 동일 방열량에 대한 열손실이 적다.
> ② 단점 : 매입배관이므로 시공/수리 곤란. 외기온도 변화에 대한 조절이 곤란. 고장 발견이 곤란하고 시설비가 비싸다.

**011** 다음의 내용 중에서 동관 작업시 사용되는 공구의 명칭을 쓰시오.

(가) 동관을 절단 후 거스러미를 제거하는 공구
(나) 동관을 확관하는데 필요한 공구
(다) 동관작업 후 관끝을 원형으로 교정하는데 필요한 공구

> 🔷 정답 및 해설
>
> (가) 리머
> (나) 확관기(익스펜더)
> (다) 싸이징 툴

**012** 방열기 도시기호에 대한 (가)~(마) 물음에 답하시오.

(가) 방열기의 종별 :
(나) 방열기 1조당 쪽수 :
(다) 방열기의 높이 :
(라) 방열기의 유입관경 :
(마) 시공에 소요되는 방열기 총 쪽수 :

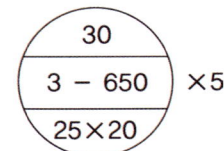

> 🔷 정답 및 해설
>
> (가) 3세주형  (나)  30쪽  (다) 650mm  (라) 25mm 또는 25(A)  (마) 150쪽

> 🔷 참고
>
> • 방열기 종류
>   ① 주형 : 2주형(Ⅱ), 3주형(Ⅲ), 3세주형(3C), 5세주형(5C)
>   ② 벽걸이형(W) : 종형(V), 횡형(H)   ③ 길드형   ④ 대류 방열기
> • 방열기 도시법
>   ① 쪽수   ② 종별   ③ 형(치수, 높이)   ④ 유입관경(mm)   ⑤ 유출관경(mm)
>   ⑥ 조의수
> • 방열기 호칭법
>   ① 주형 : Ⅱ – 700 × 5 (2주형 높이 700mm, 5쪽)
>   ② 벽걸이형 : W – H × 3 (벽걸이형 횡형 3쪽)

## 에너지관리산업기사 실기(필답형) 과년도 복원문제

| 자격종목 | 에너지관리산업기사 | 시행년도 | 2023년 2회 |

**001** 어떤 벽체의 두께가 1m, 벽체 면적이 5㎡, 실내온도 50℃, 실외온도 30℃일 때 이 벽을 통한 손실열량은 몇 [W]인지 구하시오. (단, 벽체의 열전도율은 760[W/m℃]이다.)

### 정답 및 해설

$Q = K \cdot F \cdot \Delta t$ 에서

$\therefore \dfrac{760\ W/m℃}{1m} \times 5m^2 \times (50-30)℃ = 76{,}000\ W$

### 참고

**열관류율(열통과율)**

$Q = K \cdot F \cdot \Delta t$

($K$ : 열관류율 W/m²℃, $F$ : 단면적(m²), $\Delta t$ : 온도차(℃))

$K = \dfrac{1}{R}$   $R$은 열저항($R$ : 열저항 m²℃/W)

$\therefore R = \dfrac{1}{\dfrac{1}{a_1} + \dfrac{b}{\lambda} + \dfrac{1}{a_2}}$

여기서 $\lambda$: 열전도도, $b$: 벽 두께, $a_1, a_2$: 열전달율

1kw = 1kj/s = 3600kj/h

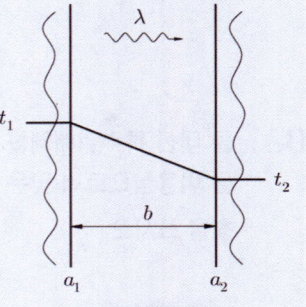

**002** 다음 그림은 온수보일러 계통도이다. ① ~ ⑤의 명칭을 각각 쓰시오.

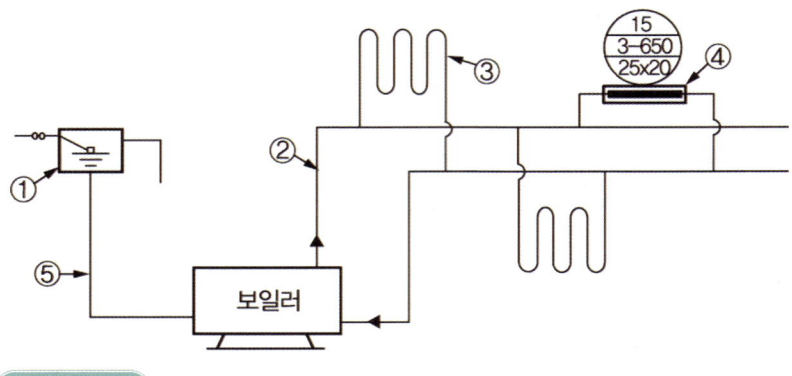

> 🟦 정답 및 해설
>
> ① 팽창탱크
> ② 송수주관
> ③ 방열관
> ④ 방열기
> ⑤ 팽창관

**003** 물 대신 특수열매체를 사용하여 증기를 발생시키는 보일러는 물보다 비열이 낮은 물질을 이용함으로써 낮은 압력에서도 250℃ 이상의 고온을 얻을 수 있다. 이 보일러의 명칭을 쓰시오.

> 🟦 정답 및 해설
>
> 특수열매체 보일러

> 🟦 참고
>
> 특수열매체 사용유체: 수은, 다우썰, 쎄큐리티53, 모빌썸, 카네쿨 등

**004** 어느 보일러의 출력이 15.2[KW]이고, 연료소비량 2[kg/h], 연료의 발열량 41,900[kj/kg]일 때 이 보일러의 효율을 구하시오.

> **정답 및 해설**
>
> $$\eta(효율) = \frac{15.2 \times 3,600[kj/h]}{2[kg/h] \times 41,900[kj/kg]} \times 100[\%] = 65.30[\%]$$

> **참고**
>
> - 보일러 효율식
>
> $$\eta(효율) = \frac{Q(유효출열[kj/h])}{Gf(연료사용량[kg/h]) \times Hl(저위발열량[kj/kg])} \times 100[\%]$$
>
> - 1[kw] = 1[kj/s] = 3,600[kj/h]

**005** 보일러 내부 부식에 대한 종류 및 원인 또는 현상이다. ( ) 안에 알맞은 용어를 [보기]에서 골라 쓰시오.

― 〈 보기 〉 ―

저온부식, 알칼리부식, 국부부식, 점식, 전면식, 구루병(구식), 산화부식

| 구분 | 부식의 종류 | 원인 또는 현상 |
|---|---|---|
| 내부부식 | (가) | 보일러수 pH12 이상 [$Fe(OH)_2$] |
|  | (나) | 좁쌀알 크기의 반점 [용존산소] |
|  | (다) | 열응력에 의한 흠 [V, U자] |

> **정답 및 해설**
>
> (가) : 알칼리부식
> (나) : 점식
> (다) : 구루병(구식)

> 📦 참고

보일러 부식
① 외부부식 : 고온부식, 저온부식, 산화부식
② 내부부식 : 점식, 국부부식, 전면식, 구식(구루병), 알칼리부식
※ 점식 : 물에 함유된 $CO_2$와 산소 작용으로 점모양의 부식
- 발생장소 : 보일러동저면
- 방지법 : ① 용존산소 제거, ② 아연판 부착, ③ 방청도장, 보호피막(그래파이트),
　　　　　 ④ 약한 전류통전
※ 구루병(구식) : 이음부 부근에서 발생하는 도랑형태 부식, 수면선을 따라 얇은 패임의 띠 모양 부식
- 발생장소 : ① 노통보일러 플랜지 둥근부분
　　　　　　② 코르니시/랭카셔보일러 노통의 플랜지 만곡부분
　　　　　　③ 가셋트 스테이 부착부분
　　　　　　④ 접시형경판의 구석 둥근 부분
- 방지법 : ① 용존산소 제거
　　　　　 ② 아연판 부착
　　　　　 ③ 방청도장, 보호피막(그래파이트),
　　　　　 ④ 약한 전류통전

**006** 보일러 자동 급수제어의 검출요소는 1요소식, 2요소식, 3요소식이 있다. 이중 3요소식의 검출요소 3가지를 쓰시오.

> 📦 정답 및 해설

수위량　　증기량　　급수량

> 📦 참고

- 보일러 자동제어(ABC : Automatic Boiler Control)
1) 자동연소제어(ACC) : ① 증기압력제어, ② 온수온도제어, ③ 노내압제어
2) 급수제어(FWC) : 급수량을 자동으로 보충하여 조절하는 제어장치
　① 1요소식(수위만 검출), ② 2요소식(수위와 증기량 검출),
　③ 3요소식(수위, 증기량, 급수량 검출)
3) 증기온도제어(STC)
4) 로컬 제어(LC : Local Control) : 부속장치 및 설비를 자동으로 조작가능하게 제어

**007** 다음 동관의 접합 방법과 관련된 설명 중 ( )에 알맞은 용어를 쓰시오.

> 기계의 절감, 보수 또는 관을 분해할 경우를 대비한 접합 방법은 ( 가 ) 접합이며, 용접접합법은 ( 나 ) 현상을 이용한 것으로 연납 용접과 경납 용접으로 나눌 수 있다. 이 중 용접강도가 큰 것은 ( 다 ) 용접이며, 경납 용접의 용재는 ( 라 ), ( 마 ) 가 사용된다.

### 정답 및 해설

(가) : 플레어
(나) : 모세관
(다) : 경납
(라) : 은납
(마) : 인동납

### 참고

- 겹납 용접재(료) 종류 : 경납 용접재(료) 종류 : 연납, 인동납, 은납, 황동납, 양은납, 알루미늄납
- 경납 용제 종류 : 붕사, 붕산, 산화제일동, 식염, 빙정석 등
- 연납 용접재(료) 종류 : 납 (주석+납합금)
- 연납 용제 종류 : 염화아연, 염산, 염화암모늄 등

**008** 기체연료의 특징 5가지를 쓰시오.

### 정답 및 해설

① 적은 공기비로 완전연소가 가능하다.
② 연소효율이 높고 공해문제가 없다.
③ 화분이 없고, 전열면 오손이 적다.
④ 부하변동에 신속히 응하여 쉽다.
⑤ 저장, 수송에 주의할 요망이 된다.
⑥ 누설 시 화재, 폭발 위험이 크다.
⑦ 유지관리 및 설비비가 많이 든다.

> **참고**
>
> 1) 액체연료 특징
>    [장점]
>      ① 품질이 균일하며, 발열량이 크다.
>      ② 연소효율이 높고, 완전 연소가능
>      ③ 회분이 적고, 연소조절 용이
>      ④ 운반, 저장, 취급 용이
>    [단점]
>      ① 화재, 폭발 위험 존재
>      ② 국부가열 우려
>      ③ 황분이 많고, 버너 소음 유발
> 2) 기체연료 특징
>    [장점]
>      ① 적은 공기비로 완전연소 가능
>      ② 연소효율이 높고 공해문제가 없다
>      ③ 회분이 없고, 전열면 오손이 적다
>      ④ 부하변동에 신속히 응하기 쉽다.
>    [단점]
>      ① 누설 시 화재, 폭발 위험이 크다
>      ② 저장, 수송에 주의 요망
>      ③ 설비비가 많이 든다.

**009** 다음은 보일러 설치 검사 기준에 따른 급수밸브 및 체크밸브의 크기에 관한 설명이다. (가), (나), (다) 안에 알맞은 내용을 쓰시오.

> 급수밸브 및 체크밸브의 크기는 전열면적 ( 가 )[$m^2$] 이하의 보일러에서는 호칭 지름을 ( 나 )[A] 이상으로 하고, ( 나 )[$m^2$]을 초과하는 보일러는 호칭 지름을 ( 다 )[A] 이상으로 하여야 한다.

> **정답 및 해설**
>
> (가) : 10
> (나) : 15
> (다) : 20

> 📦 참고
>
> 급수 밸브 크기
> • 전열면적 10㎡ 이하 : 15A 이상
> • 전열면적 10㎡ 이상 : 20A 이상

## 010 보일러 열정산시 입열에 해당하는 항목 3가지를 쓰시오.

> 📦 정답 및 해설
>
> ① 연료의 발열량
> ② 연료의 현열
> ③ 공기의 현열 & 노내 분입증기에 의한 입열

> 📦 참고
>
> 출열항목 (유효출력+연소손실)
> ① 불완전 연소가스로 인한 열손실      ② 배기가스 손실열
> ③ 방산열에 대한 열손실              ④ 발생증기의 보유열(유효출)
> ⑤ 연소 잔재물 중 미연소분에 의한 손실   ⑥ 노내 분입증기에 의한 열 손실

## 011 다음은 압루미늄 방열기 도시기호이다. ①~⑤는 각각 무엇을 의미하는지 쓰시오.

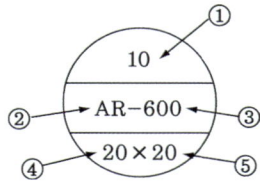

> 📦 정답 및 해설
>
> ① 방열기 쪽수가 10쪽을 의미          ② 압루미늄 방열기 종별을 의미
> ③ 방열기 높이가 600mm를 의미        ④ 방열기 유입관경이 20mm(A)를 의미
> ⑤ 방열기 유출관경이 20mm(A)를 의미

**012** 아래 배관이음을 각각 도시기호로 그리시오.

(가) 나사이음

(나) 플랜지이음

(다) 유니언이음

> **정답 및 해설**
>
> (가) ——+——
> (나) ——++——
> (다) ——+++——

| 자격종목 | 에너지관리산업기사 | 시행년도 | 2023년 3회 |

**에너지관리산업기사 실기(필답형) 과년도 복원문제**

## 001 원심식 송풍기의 풍량 조절방법 3가지를 쓰시오.

**정답 및 해설**

- 댐퍼의 조절에 의한 방법
- 섹션 베인의 개도에 의한 방법
- 전동기(송풍기) 회전수에 의한 방법
- 가변피치 조절에 의한 방법(송풍기 케이스 흡입구에 붙인 가변날개)

## 002 다음 배관용 탄소강관의 명칭을 KS도시기호로 쓰시오.

가. 배관용 탄소강관 :

나. 압력 배관용 탄소강관 :

다. 보일러 열교환기용 합금강관 :

**정답 및 해설**

가 : SPP  나 : SPPS  다 : STHA

**참고**

각 관의 KS 도시기호

| | | | | | |
|---|---|---|---|---|---|
| 배관용 | 배관용 탄소강관 | SPP | 열전달용 | 보일러·열교환기용 탄소강관 | STH |
| | 압력 배관용 탄소강관 | SPPS | | 보일러·열교환기용 합금강관 | STHB |
| | 고압 배관용 탄소강관 | SPPH | | | |
| | 고온 배관용 탄소강관 | SPHT | | 보일러·열교환기용 스테인리스강관 | STS×TB |
| | 배관용 아크용접탄소강 강관 | SPW | | | |
| | 배관용 합금강관 | SPA | | | |
| | 배관용 스테인리스강관 | STS×T | | 저온 열교환기용 강관 | STLT |
| | 저온 배관용 강관 | SPLT | | | |
| 수도용 | 수도용 아연도금 강관 | SPPW | 구조용 | 일반 구조용 탄소강 강관 | STS |
| | 수도용 도복장 강관 | STPW | | 기계 구조용 탄소강 강관 | SM |
| | | | | 구조용 합금강 강관 | STA |

**003** 다음 그림은 보일러 자동 피드백 제어의 회로 구성을 나타낸 것이다. 제어 요소인 ㉮~㉱항에 알맞은 명칭을 쓰시오.

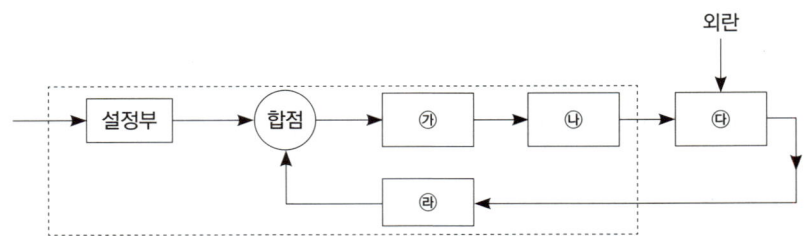

### 정답 및 해설

① 조절부
② 조작부
③ 제어대상
④ 검출부

### 참고

- 피드백 제어 : 폐회로로 구성되어 제어하고자 하는 제어량을 목표값에 가깝도록 출력값을 입력측으로 되먹임 작업을 하는 회로 (보일러 운전중 신호)

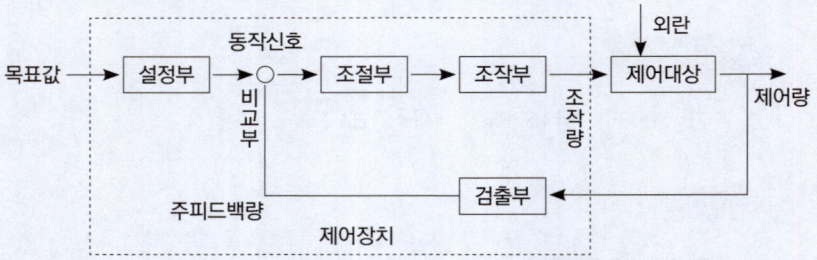

- 제어 요소
① 제어량 : 증기압력, 노내압력, 보일러 급수위, 증기온도 등
② 조작량 : 연료량, 공기량, 급수량, 전열량, 연소가스량 등
③ 검출부 : 제어대상으로부터 입력이나 온도, 유량 등의 제어량을 검출하여 신호로 만드는 역할을 하는 부분
④ 조절부 : 동작신호를 받아 규정된 동작을 하기 위해 조작신호를 만들어 조작부로 보내는 부분
⑤ 조작부 : 실제로 제어대상에 그 역할을 하는 부분으로 조절신호를 받아서 조작신호로 변환
⑥ 외란 : 제어계를 혼란시키는 외부작용으로 가스유량, 탱크 주위온도, 가스공급압 및 목표값 변경 등의 변화를 말함
⑦ 제어편차 : 목표값에서 제어량값을 뺀 값

**004** 기체연료의 단점 3가지를 쓰시오.

> **정답 및 해설**
> ① 누설 시 화재, 폭발의 위험이 크다.
> ② 저장 및 수송에 주의를 요한다.
> ③ 설비비가 많이 든다.

> **참고**
> 기체연료 특징
> [장점]
> ① 작은 공기비로 완전연소 가능하다.
> ② 연소효율이 높고 공해문제가 없다.
> ③ 회분이 없고, 전열적 오손이 적다.
> ④ 부하변동에 신속히 응답이 쉽다.
> [단점]
> ① 누설시 화재, 폭발 위험이 크다
> ② 저장, 수송에 주의 요망
> ③ 설비비가 많이 든다.

**005** 다음은 압력계 설치 기준에 관한 내용이다. (　) 안에 알맞은 내용을 쓰시오.

> 압력계와 연결된 증기관은 최고 사용압력에 견디는 것으로, 그 크기는 황동관 또는 ( 가 )을 사용할 때에는 6.5mm 이상으로 하고, ( 나 )를 사용할 때는 12.7mm 이상이어야 하며, 증기온도가 ( 다 )를 넘을 때에는 황동관 또는 ( 라 )를 사용하여서는 안된다.

> **정답 및 해설**
> 가 : 동관
> 나 : 강관
> 다 : 210℃(또는 483°K)
> 라 : 동관

**006** 다음은 온수보일러 시공층 단면도이다. ㉮~㉯까지의 명칭을 쓰시오.

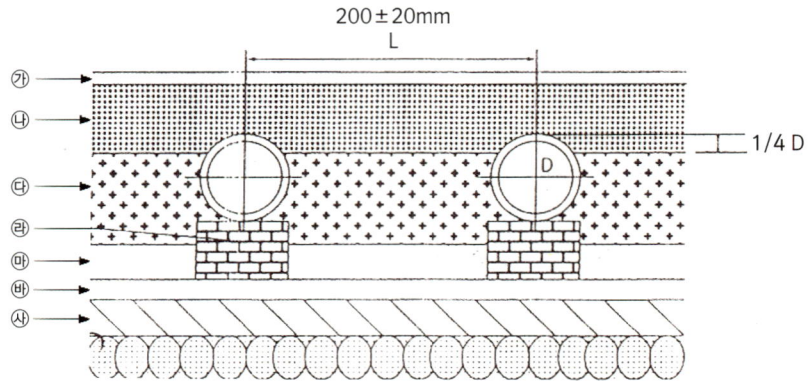

📦 **정답 및 해설**

㉮ 장판층　　　　　㉯ 시멘트 모르타르 층
㉰ 자갈층　　　　　㉱ 받침재
㉲ 보온 단열층　　　㉳ 방수층
㉴ 배관기초(시멘트 콘크리트 층)

---

**007** 어느 보일러 성능 검사 결과가 아래와 같을 때 상당증발량 (kg/h)를 계산하시오.

- 증기압력 : 500[KPa]
- 급수엔탈피 : 335 [kJ/kg]
- 증기 엔탈피 : 2,592 [kJ/kg]
- 실제증발량 : 1,000 [kg/h]

📦 **정답 및 해설**

- 계산과정: $Ge = \dfrac{1000(2592-335)}{2257}$

- 답 : 1,000 [kg/h]

📦 **참고**

물의 증발잠열 : 539 [kcal/kg], SI단위 : 2,257 [kJ/kg]

**008** 보일러 배관 중 바이패스 배관을 설치하는 목적을 쓰시오.

> **정답 및 해설**
>
> 보일러 배관에서 순환펌프, 유량계, 수량계, 감압밸브 등의 고장이나 보수 수리에 대비하여 설치하는 배관.

> **참고**
>
>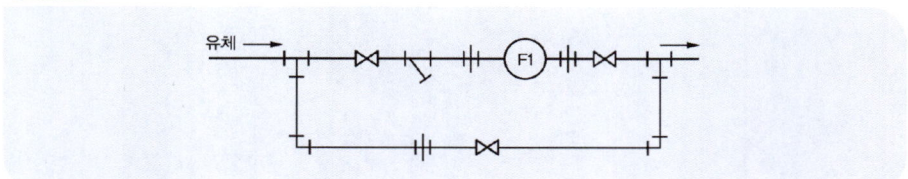

**009** 어떤 주택의 온수난방 시 열손실지수가 174[W/㎡]이고, 방열면적이 120[㎡]일 때, (가) 난방부하를 구하고 (나) 온수방열기의 쪽수를 계산하시오. (단, 5세주 650mm 주철제 온수 방열기로 표준 방열량은 523[W/㎡]이고, 쪽당 방열면적은 0.2[㎡]이다.)

> **정답 및 해설**
>
> 가. 난방부하
> - 계산과정 : 174 × 120
> - 답 : 20,880 [W]
>
> 나. 방열기 쪽수
> - 계산과정 : $\dfrac{20.880}{523 \times 0.2} = 199.61$쪽
> - 답 : 200쪽

**010** 다음 배관의 평면도를 등각투상도로 그리시오.

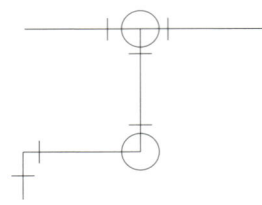

> 정답 및 해설

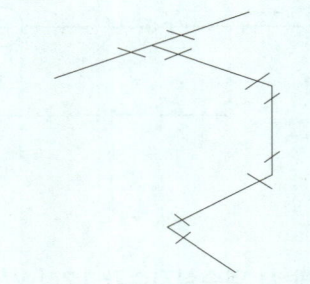

> 참고

등각투상도 : 세 모서리가 이루는 각이 모두 120°가 되도록 그린 투상도

**011** LNG(액화천연가스)의 주성분 2가지 쓰시오.

> 정답 및 해설

메탄($CH_4$), 에탄($C_2H_6$)

> 참고

- 기체 연료 종류
  ① 액화 천연가스(LNG) : 주성분 : $CH_4$(메탄), $C_2H_6$(에탄) 비등점 : −162℃
  ② 액화석유가스(LPG) : 주성분 : $C_3H_8$(프로판), $C_4H_{10}$(부탄), $C_4H_8$(부틸렌) $C_4H_6$(부타디엔)
- 액화천연가스 특징
  ① 발열량이 크고 저장이 용이    ② 완전연소 시 다량의 공기량이 필요
  ③ 공기보다 비중이 무거워 누설 시 낮은 곳에 체류하여 인화, 폭발위험
  ④ 연소소 속도가 느려 집중화염을 얻기 어렵다.
  ⑤ 용기는 40℃ 이하 보관 필요

**012** 어느 벽체의 두께가 230[mm]이고, 손실열량이 588.24[KW], 내측 벽온도 800[℃], 외측 벽온도가 300[℃]일 때, 이 벽체의 1㎡당 열전도율 [KW/m·K]을 구하시오.

### 정답 및 해설

$$Q = \lambda \cdot \frac{A \cdot \Delta t}{l} \text{에서 } \frac{Q \times l}{A \times \Delta t}$$

$$\lambda = \frac{588.24 kw \times 0.23 m}{1 m^2 \times [(800+273)-(300+273)]k} = 0.27 [\text{kw/m·k}]$$

### 참고

① 열전도율(열전도) : 고체 내에서의 열 이동(푸리에 법칙)

$$Q = \lambda \cdot \frac{A \cdot \Delta t}{l}$$

(Q:이동열량(kW), λ:열전도율(kW/m·K), A:전열면적(m²), Δt:온도차(℃), l:두께(m)

② 열관류율(K)(열통과) (kW/m²·K) : 온도가 다른 유체가 고체벽을 사이에 두고 있을 때, 고온 유체에서 저온 유체로 열이 이동하는 것

$$Q = \frac{A(t_1 - t_2)}{\frac{1}{a_1} + \frac{d}{\lambda} + \frac{1}{a_2}} [kw] = Q = K \cdot A \cdot \Delta T$$

| 자격종목 | 에너지관리산업기사 | 시행년도 | 2023년 4회 |

**에너지관리산업기사 실기(필답형) 과년도 복원문제**

**001** 다음 설명에 알맞은 장치의 명칭을 보기에서 골라 쓰시오.

(가) 고압수관 보일러에서 기수 드럼이 부족하여 송수관을 통하여 상승하는 증기 중에 물방울 부분을 분리하기 위한 내부의 부속기구

(나) 둥근 보일러 드럼 내부의 증기 취출구에 부착하여, 증기시 비산 발생을 막고 캐리오버 현상을 방지하기 위한 다수의 구멍이 많이 뚫린 평판

(다) 증기의 밸브에서 나온 증기를 잠시 저장한 후 소요처에 증기량을 조절하여 보내주는 설비

(라) 여분의 발생증기를 일시 저장하는 기구이며, 잉여분의 저축한 증기를 과부하시 방출하여 증기의 부족량을 보충하는 기구

(마) 증기 계통이나 증기관 방열기 등에서 고인 응축수를 연속 자동으로 외부로 배출시키는 기구

〈 보기 〉
스팀트랩, 스팀헤더, 증기축열기, 기수분리기, 비수방지판

**정답 및 해설**

(가) 기수분리기
(나) 비수방지판
(다) 스팀헤더
(라) 증기축열기
(마) 스팀트랩

**002** 온수 보일러의 구조도를 보고 ①~⑤번에 알맞은 배관이름을 쓰시오.

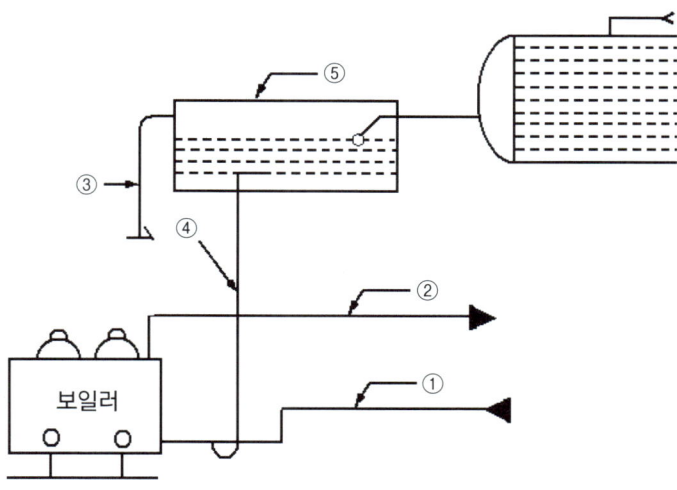

> 🎁 **정답 및 해설**
>
> ① 환수주관
> ② 송수주관
> ③ 오버플로우관(입수관)
> ④ 팽창관
> ⑤ 팽창 탱크

**003** 지역난방(district heating system)에 대하여 설명하시오.

> 🎁 **정답 및 해설**
>
> 고압의 증기 또는 고온수를 이용하여 일정 지역의 다수 건물(신도시 등)에 공급하여 난방하는 방식으로, 각 건물에 보일러가 필요 없이 유효면적을 넓게 사용할 수 있으며, 연료비가 절감되고, 연소 기술의 신기술 도입으로 대기오염을 줄일 수 있다.

> 🎁 **참고**
>
> **지역난방의 특징**
> 열설비의 고효율화가 가능하다. 대기오염을 방지할 수 있다. 보일러가 필요 없고, 열 교환기를 이용하여 공간 이용률이 좋다. 인건비 및 연료비가 절감된다. 초기 설치비가 많이 든다.

**004** 보일러 연소장치에서 고체 연료의 연소방식 3가지와 연소 공기의 공급방식에 따른 기체 연료 연소방식 2가지를 각각 쓰시오.

(가) 고체 연료의 연소방식 3가지
(나) 연소공기의 공급방식에 따른 기체 연료의 연소방식 2가지

### 정답 및 해설

(가) ① 화격자 연소방식   ② 미분탄 연소방식   ③ 유동층 연소방식
(나) ① 확산 연소방식   ② 예혼합 연소방식

### 참고

- 확산 연소방식(포트형, 버너형): 연소용 공기를 고온으로 예열 사용할 수 있는 방식으로, 고온에서 열분해가 일어나는 관계에 따라 포트형 버너형으로 구분
- 예혼합 연소방식: 가정용 보일러, LPG, LNG 연소 기구 연소 방식으로 사용된다.
  - 연료와 공기가 폭발 범위에 들지 않도록 주의한다.
  - 예혼합 연소 특징 : 역화위험이 크다. 고온을 얻기 쉽다. 연소속도가 빠르다. 예열공기 사용이 곤란하다.
  - 예혼합 방식 종류 : 저압 버너, 고압 버너, 송풍 버너

**005** 보일러 운전 중 사용되는 감압밸브의 필요성을 2가지 쓰시오.

### 정답 및 해설

① 고압증기를 저압증기로 감압하기 위함
② 부하측의 압력을 일정하게 유지하기 위함

### 참고

- 설치 목적 : 그 외 ③ 부하 변동에 따른 증기의 소비량을 줄이기 위함
- 감압밸브 종류
  ① 작동 방법에 따른 분류: 피스톤식, 다이어프램식, 벨로우즈식
  ② 구조에 따른 분류: 스프링식, 추식

**006** 프로판($C_3H_8$) 1[Kmol] 연소 시 이론산소량($O_2$)과 이론탄산가스($CO_2$) 발생량[$Nm^3$]을 계산하시오. (단, 프로판의 완전연소 반응식은 다음과 같다.)

$$C_3H_8 + 5O_2 \rightarrow 3CO_2 + 4H_2O + 24,370[Kcal/Nm^3]$$

(가) 이론산소($O_2$)량[$Nm^3$]:

(나) 이론탄산가스($CO_2$)량[$Nm^3$]:

### 정답 및 해설

(가) 이론산소($O_2$)량[$Nm^3$]: $5 \times 22.4 = 112$
(나) 이론탄산가스($CO_2$)량[$Nm^3$]: $3 \times 22.4 = 67.2$

### 참고

이론공기량($A_o$) : $\dfrac{112}{0.21} = 533.33 Nm^3$

---

**007** 증기배관 순환계통에서 응축수가 모이는 곳이나 관 말단에 설치하여 응축수를 연속적으로 배출하는 장치의 명칭을 쓰시오.

### 정답 및 해설

증기트랩

### 참고

- 증기 트랩(steam trap): 증기사용 설비 내에 설치하여 증기는 통과시키지 않고 응축수만 자동적으로 배출하여 수격작용을 방지하는 장치.
- 증기트랩 종류
  ① 기계식 트랩: 증기와 포화수의 비중 차이에 의해 분리
    - 종류 : 버켓(상향식, 하향식), 플로우트식(다량 트랩)
  ② 열역학적 트랩 : 증기와 포화수의 열역학적 특성차에 의해 분리
    - 종류 : 오리피스식, 디스크식
  ③ 온도조절식 트랩 : 증기와 포화수의 온도차에 의해 분리
    - 종류 : 벨로우즈식, 바이메탈식

**008** 내부압력이 0.2[MPa]인 온수(급탕)탱크에 증기를 분사하여, 2,500[kg/h]의 물을 20[℃]에서 60[℃]로 가열하고자 한다. 이때 필요한 증기량은 몇 [kg/h]인가? (단, 증기의 잠열은 2,163[kJ/kg]이고, 물의 비열은 4.19[kJ/(kg·℃)]이다.)

> 🔷 정답 및 해설
>
> $2500 \times 4.19 \times (60-20) = Gs \times 2163$
>
> $\therefore Gs = \dfrac{2500 \times 4.19 \times (60-20)}{2163} = 193.71\,[kg/h]$

**009** 보일러 증발량이 1,300[kg/h]이고 상대 증발량이 1,500[kg/h]일 때, 사용연료가 150[kg/h]이고, 비중이 0.80이라면 상대 증발배수[kg/kg]는 얼마인가?

> 🔷 정답 및 해설
>
> $\dfrac{1500}{140} = 10\,[kg/kg]$

> 🔷 참고
>
> 증발 배수 [kg/kg 연료]: 연료 1[kg]이 발생시키는 증발능력
> ① 증발 배수 = $\dfrac{G}{Gf}$ [kg/kg 연료]
> ② 상당(환산)증발 배수 = $\dfrac{\ge}{Gf}$ [kg/kg 연료]
>   $Gf$ : 시간 연료 소비량 [kg/h 연료] (연료 1[kg]이 발생시킨 환산 증발능력)

**010** 배관의 치수 기입법에 대한 설명이다. 알맞은 표시 기호를 쓰시오.

(가) 지름이 다른 관의 높이를 나타낼 때 적용되며 관 외경의 아래 면까지를 기준으로 표시 :

(나) 포장된 지표면을 기준으로 배관 장치의 높이를 표시 :

(다) 1층의 바닥면을 기준으로 하여 높이를 표시 :

> **정답 및 해설**
>
> (가) BOP    (나) GL    (다) FL

> **참고**
>
> 높이 표시 약호
> ① EL : 관 중심 높이
> ② BOP : 지름이 서로 다른 관에서 아래면을 기준하여 표시
> ③ TOP : 배관의 윗면 기준
> ④ GL : 포장된 지표면 기준
> ⑤ FL : 층의 바닥면 기준

**011** 아래 지문을 보고 각각 알맞은 장치의 명칭을 쓰시오.

(가) 배관에 걸리는 하중을 위에서 걸어 당겨 지지하는 장치 :

(나) 배관에 걸리는 하중을 아래에서 위로 떠받쳐 지지하는 장치 :

(다) 팽창량에 의한 배관의 운동을 구속 또는 제한하여 지지하는 장치 :

> **정답 및 해설**
>
> (가) 행거    (나) 써포트    (다) 리스트레인트

> **참고**
>
> 배관 지지심
> ① 행거 : 배관 하중을 위에서 걸어 당겨 지지 (종류 : 리지드, 스프링, 콘스탄트)
> ② 써포트 : 배관 하중을 밑에서 떠받쳐 지지 (종류 : 리지드, 스프링, 롤러형)
> ③ 리스트레인트 : 열팽창에 의한 배관의 이동을 구속 (종류 : 앵커, 스톱, 가이드)
> ④ 브레이스(방진지지, 완충기) : 펌프, 압축기 등에 의해 발생되는 진동, 충격 등을 흡수 완화하는 장치

**012** 아래 조건에 맞게 방열기 도시기호를 완성하시오.

〈 조건 〉
- 소요 쪽수 : 20개
- 방열기 형식 : 5세주형
- 방열기 높이 : 650mm
- 유입측관경 : 25mm
- 유출측관경 : 20mm

### 정답 및 해설

```
       20
    5 — 650
     25×20
```
(원 안에 표시)

### 참고

- 방열기 종류
  ① 주형 : 2주형(Ⅱ), 3주형(Ⅲ), 3세주형(3C), 5세주형(5C)
  ② 벽걸이형(W) : 종형(V), 횡형(H)
  ③ 리드형
  ④ 대류 방열기
- 방열기 도시법
  ① 쪽수                ② 종별
  ③ 형(치수, 높이)       ④ 유입관경(mm)
  ⑤ 유출관경(mm)        ⑥ 조의수
- 방열기 호칭법 : 종별 – 형 × 쪽수
  ① 주형 : Ⅱ – 700 × 5 (2주형 높이 700mm 5쪽)
  ② 벽걸이형 : W – H × 3 (벽걸이형 횡형 3쪽)

## 에너지관리 산업기사실기

| | |
|---|---|
| 초 판 발 행 | 2015년 6월 15일 |
| 개정1판 발행 | 2017년 2월 10일 |
| 개정2판 발행 | 2018년 4월 20일 |
| 개정3판 발행 | 2020년 1월 10일 |
| 개정4판 발행 | 2023년 5월 10일 |
| 개정5판 발행 | 2025년 4월 30일 |

| | |
|---|---|
| 저 자 | 안동칠·장영오 |
| 발 행 인 | 조규백 |
| 발 행 처 | 도서출판 구민사<br>(07293) 서울시 영등포구 문래북로 116, 604호(문래동 3가 46, 트리플렉스) |
| 전 화 | (02) 701-7421 |
| 팩 스 | (02) 3273-9642 |
| 홈 페 이 지 | www.kuhminsa.co.kr |
| 신 고 번 호 | 제 2012-000055호(1980년 2월 4일) |
| I S B N | 979-11-6875-555-0 (13500) |
| 정 가 | 30,000원 |

이 책은 구민사가 저작권자와 계약하여 발행했습니다.
본사의 서면 허락 없이는 어떠한 형태나 수단으로도 이 책의 내용을 이용할 수 없음을 알려드립니다.